エンジニアのための Shopify 開発バイブル

フィードフォースグループ　加藤 英也、小飼 慎一、佐藤 亮介、大道 翔太、長岡 正樹 著

注記

●本書のハンズオンは次の環境で構築、動作確認を行いました。

・Chapter4

Dawn v4.0.0

・Chapter5

Dawn v4.0.0

・8-2 Polaris

create-react-app v5.0.0

@shopify/polaris v9.0.0

@shopify/polaris-icons: v4.18.2

・8-3 App Bridge

@shopify/app-bridge: v2.0.19

@shopify/app-bridge-react: v2.0.19

@shopify/app-bridge-utils: v2.0.19

@shopify/react-form: v1.1.18

・9-4 CLIでサンプルアプリを作成する

Shopify CLI v2.13.0

Ruby v3.1.1

Node.js v16.14.0

yarn v1.22.17

●本書記載の情報は2022年5月現在の確認内容に基づきます。本書に登場するソフトウェアやサービスのバージョン、画面、機能、URL、製品のスペックなどの情報は、すべてその原稿執筆時点でのものです。執筆以降に変更されている可能性がありますので、ご了承ください。

●本書の内容は細心の注意を払って記載、確認致しました。本書の執筆範囲外の運用に当たっては、お客様自身の責任と判断で行ってください。執筆範囲外の運用の結果について、マイナビ出版および著者はいかなる責任も負いません。

●書籍のサポートサイト

書籍に関する訂正、追加情報は以下のWebサイトで更新させていただきます。

https://book.mynavi.jp/supportsite/detail/9784839978198-shopify.html

はじめに

本書を手に取っていただいた皆さまの中には「Shopify（ショッピファイ）」という言葉を聞いて、次に挙げるような疑問を抱いている方が多いかもしれません。

■ これまでのコマースシステムと何が違うのだろう
■ 開発者としてどんなことができるのだろう
■ オンラインで利用できるサービスでどこまで開発できるのだろう

Shopifyは、カナダ発の非常に多くの機能を備えたEコマースプラットフォームです。世界中でECサイトを構築するために利用されており、オンラインで登録してすぐに誰でも構築が可能な仕組みになっています。まったくコードを書かなくてもサイトを立ち上げられます。だからこそ、このプラットフォームに求められている「開発」は基本的な機能の開発ではなく、「リアルなビジネスで求められる機能の拡張・開発」です。

例えば、Shopifyはオンラインで提供されているサービスにも関わらず、次のような要望に各種開発を入れることで細かく応えることが可能となっています。

■ 特定のビジネスに合わせた商品の見せ方を実装したい
■ ウェブサイト以上のよりリッチな購買体験を構築したい
■ 特定のシステムとの連動やそのビジネスならではの管理方法を追加したい

これこそがShopifyというプラットフォームの強みとなっています。

基本機能の開発から解放され、よりビジネスの成長に直結する開発にコミットできるというのは開発者に「純粋な開発の楽しさ」をもたらしてくれます。Shopifyのコミュニティの中でさまざまな話を聞く機会がありますが、この「楽しさ」が新たなビジネスを生み、市場が成長している理由だと感じます。

本書では、Shopifyに関連したビジネスで「実際に現場で開発を行っている」著者陣が公式のドキュメントだけではなかなか感じることのできない「現場の熱量」を含めて執筆にあたりました。

＜本書の構成＞

Chapter 1：Shopifyの基礎知識
Chapter 2：開発を始める前に
Chapter 3：Shopifyのデータ構造
Chapter 4：テーマのカスタマイズ
Chapter 5：テーマカスタマイズの具体例
Chapter 6：カスタムストアフロント
Chapter 7：実環境でのカスタムストアフロント
Chapter 8：アプリ開発
Chapter 9：アプリを作成する
Appendix：Shopifyの開発に役立つヒント

それぞれハンズオンの形式も含めており、初めて開発に臨む方でも自分の手で確認しながら進められるようにしています。

Eコマースの世界は今、大きく変化しています。「売り場」を作る時代から「売る仕組み」を開発する時代になり、求められる役割は「ビジネスを加速させるための武器を作り込んでいくこと」に他なりません。本書を読み進めることで「Shopifyでの開発が楽しい」と感じていただければ幸いです。

著者陣を代表して
加藤 英也

目次

Chapter 6　カスタムストアフロント　131

Chapter 7　実環境でのカスタムストアフロント　177

Chapter 8　アプリ開発　187

Chapter 9 アプリを作成する 265

Appendix Shopifyの開発に役立つヒント 365

本書の構成

本書は、下図の構成になっています。Chapter 1〜3ではShopifyの基礎知識を説明し、環境構築やデータ構造について解説します。Chapter 4〜9では、実際にShopifyに触れながらECサイトを構築していきます。Shopifyで初めての開発に臨む方でも自分の手で確認しながら進められるように構成しました。

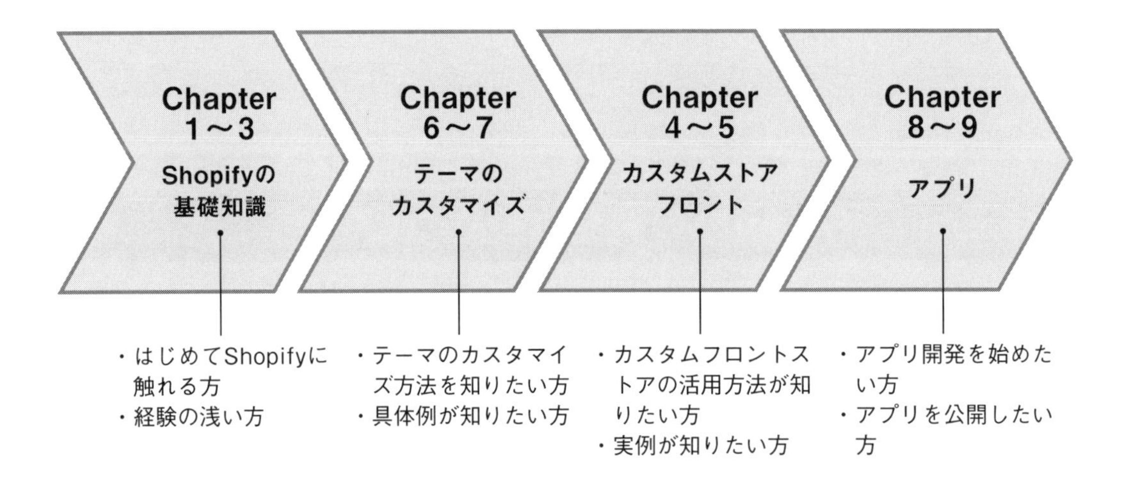

Chapter 1〜3は、Shopifyに初めて触れる方を対象にした基本的なShopifyの知識を紹介しています。Shopifyの開発背景だけでなく、環境構築、データ構造についても解説します。データ構造では実務での使用頻度が高い範囲に絞って紹介しています。Shopifyに初めて触れる方は、Chapter 1から順番に読み進めることをおすすめします。

Chapter 4以降は、実際にShopifyでの開発を体験しながら学習できます。Chapter 4〜5はテーマのカスタマイズを紹介していきます。基本的なテーマの開発方法はもちろん、実務にも役立つカスタマイズ方法も解説します。他社のテーマのカスタマイズ方法を知りたい方にもおすすめです。

Chapter 6〜7では、カスタムストアフロントを紹介していきます。Storefront APIやHydrogenを利用した開発方法をハンズオンで学べるようにしてあります。欧米での実験的なカスタムストアフロントの利用例を知りたい方にもおすすめの内容です。

Chapter 8〜9では、アプリ開発を紹介していきます。アプリ開発を通じて、認証や課金処理、アプリストアへの公開についても学べます。Shopifyに初めて触れる方でも最後まで進めるよう、できるだけ丁寧に解説していますが、この範囲は最後に学ぶことをおすすめします。

著者紹介

加藤 英也（かとう ひでや）
株式会社リワイア　代表取締役
海外の大学を卒業後、株式会社サイバーエージェントにて営業からエンジニアに転向。広告の配信システムやターゲティングシステムの開発に従事。その後、三井物産子会社である株式会社Legoliss取締役としてCDP・データ分析ビジネスの開発を担当。2020年12月にフィードフォース子会社のリワイアへ参画（取締役）、2022年3月より代表取締役（現任）。Shopifyにおけるコマーステック領域にてアプリ開発や各種インテグレーション事業を展開。音楽制作や動画編集、ものづくりが大好きです。
Twitter：@jazzyslide
本書の担当範囲：Chapter 1、Chapter 4、Chapter 5

小飼 慎一（こがい しんいち）
株式会社フィードフォース
エディトリアルデザイナー・Webデザイナーを経て、2017年2月より現職。2020年春頃より新規事業開発の一環として複数のShopifyアプリを開発、現在はPOSとShopifyを連携するサービスOmni Hubの開発に従事しています。プライベートでは洋書専門の書店（k9bookshelf.com）を運営しています。もちろんShopifyを使っています。使っているエディタはVSCodeです。
GitHub：github.com/kogai　Twitter：@iamchawan
本書の担当範囲：Chapter 6、Chapter 7

佐藤 亮介（さとう りょうすけ）
株式会社ソーシャルPLUS　執行役員/CTO
福井高専、福井大学および同大学院にて情報工学を専攻。SIer、Web系スタートアップを経て2017年1月より株式会社フィードフォースに入社。開発リーダーとして「ソーシャルPLUS」のバックエンド開発に従事する。分社化に伴い2021年9月より株式会社ソーシャルPLUSへ転籍。執行役員/CTOとして「ソーシャルPLUS」「CRM PLUS on LINE」の開発やチームビルディング、エンジニア採用に取り組む。プライベートでは1歳になった娘の育児に奮闘中。
GitHub：github.com/ryz310　Twitter：@ryosuke_sato
本書の担当範囲：Chapter 8、Chapter 9、Appendix（A-3、A-4）

大道 翔太（だいどう しょうた）
株式会社フィードフォース
大学卒業後、物流管理、転職エージェント、採用担当などの仕事を経て2018年フィードフォース入社。フィードフォースへの転職を機にWebエンジニアにキャリアチェンジしました。現在は小飼と同じチームでOmni HubというShopifyアプリの開発を担当しています。プライベートでは関西圏に移住し、地方からのフルリモートワークを行っています。
GitHub：github.com/daido1976　Twitter：@daido1976
本書の担当範囲：Chapter 2、Appendix（A-2）

長岡 正樹（ながおか まさき）
株式会社ソーシャルPLUS
SIerを経験したあと「働くを豊かに」という社風に共感し、2018年1月に株式会社フィードフォースにジョイン。2021年9月にフィードフォース社から分社化した株式会社ソーシャル PLUSに転籍。普段はShopify上でLINEやFacebookにログインする機能を簡単に提供できるShopifyアプリ「CRM PLUS on LINE」のバックエンドを開発しています。プライベートでは Flutter を使ったアプリを作っています。好きなエディタはVimです。
GitHub：github.com/masakiq
本書の担当範囲：Chapter 3、Appendix（A-2）

Chapter 1

Shopifyの基礎知識

具体的な開発に入る前にShopifyについて理解を深めていきましょう。なぜここまでEコマースの市場で注目されているのか。Shopifyというプラットフォームが開発者にとってどのような存在であるのか。これらの全体像を掴むことで開発のアイデアがうまくつながってくることでしょう。

1-1 Shopifyとは

Shopify（ショッピファイ）は世界175カ国、170万以上のビジネスで利用されているコマースプラットフォームです。管理画面が日本語化された2017年以降、日本国内でもShopifyを利用したオンラインストアの構築が広がっており、多数の業種のオンラインコマースで利用されています。

Shopifyは、CEOである「Tobias Lütke（トバイアス・ルーク：通称「トビ」）」によって創立され、カナダに本社を置く企業です。もともとはスノーボード用品を販売するオンラインストアでしたが、自身もエンジニアであるトビがRuby on Railsで実装したところから始まったシステムです。

消費者行動の変化や社会情勢の影響を受けて世界でのECサイトでの購入の割合は大きく高まっています。店舗をもつようなビジネスであってもオンラインを通じたコマース体験の構築は無視できず、多くの企業がオンラインでの販売を開始しています。

米国小売市場全体におけるECサイトの割合

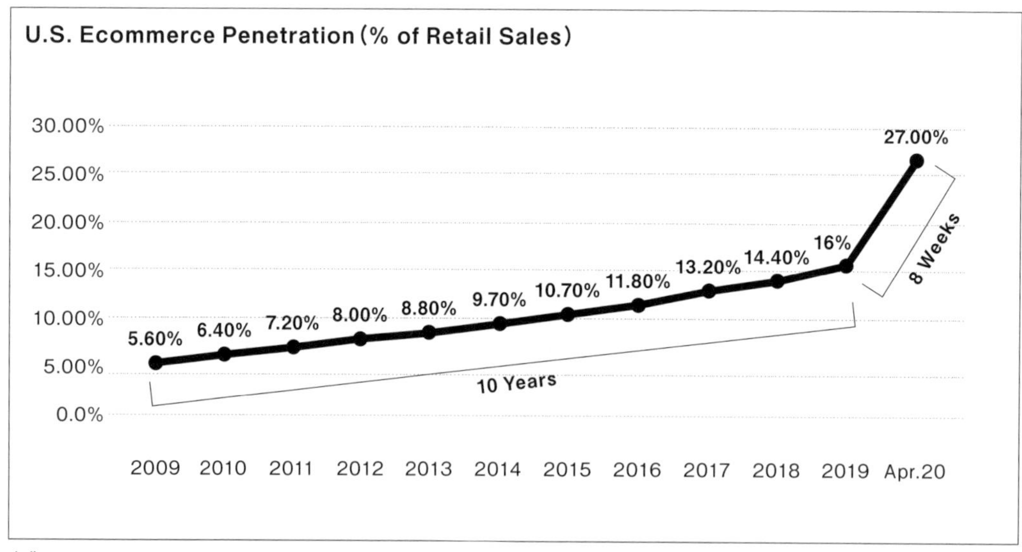

出典：GA AGENCY、BUSINESS INSIDER
https://www.businessinsider.jp/post-239007

NIKE（ナイキ）におけるD2C売上の割合

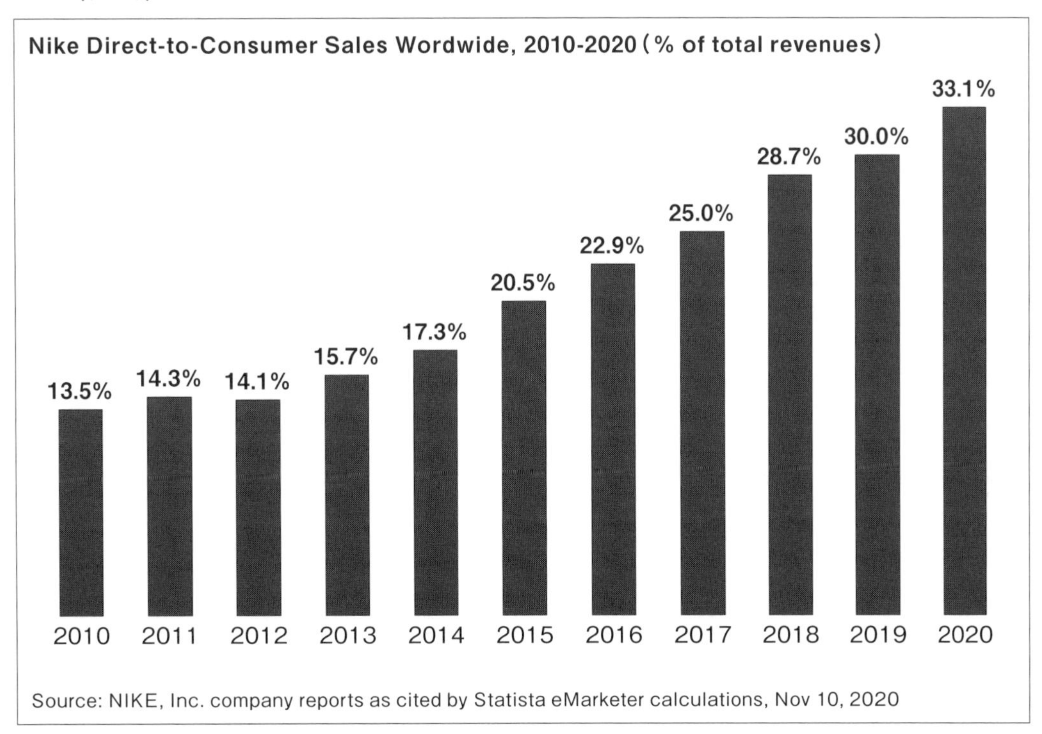

出典：eMarketerレポート「Nike's D2C sales will comprise a third of its total revenues」
https://www.emarketer.com/chart/241904/nike-direct-to-consumer-sales-worldwide-2010-2020-of-total-revenues

もともと店舗で販売していたものをオンラインで販売する、と一言で表現してもその変化は非常に複雑です。商品・在庫管理、物流、顧客管理、マーケティング、コミュニケーションなどの運用はもちろんのこと、これまでに培ってきた商品やサービスの「世界観・ブランド」を表現し、それらを購入してくれる顧客との継続したコミュニケーションを取ることを前提に、さまざまなチャネル（店舗、オンラインストア、SNSなど）をつなげていく必要があります。

Shopifyの成長の要因はそこにあります。新しいコマース体験の構築のためにリアルとオンラインの融合、顧客とのつながり、そして国境を越えたビジネス展開といった複雑さを一手に引き受け、これまで構築に時間もコストもかかってきた部分を構造化、拡張性の担保を行うことで「変化できるコマースプラットフォーム」を実現しています。

開発者にとって「作りきり」のシステムではなく、変化し続け、常にニーズに合わせた実装を行っていくことができるプラットフォームというのは非常にワクワクするでしょう。まさにトビが繰り返し発言する「commerce is just fun.（コマースはただ楽しい）」に通じる思想であり、Shopifyを活用する醍醐味でもあります。本章ではShopifyを開発者としてどのような枠組みで理解していくべきか見ていきましょう。

1-2 Shopifyが従来のECプラットフォームと異なる点

日本国内でオンラインストアを開設し、インターネット上での販売を開始するためのサービスは数多く存在しています。その中でもShopifyが現在注目を集めていることには理由があります。次に挙げる要因はあくまで一例でしかなく、どのプラットフォームを選択するかはビジネスの規模や種類にもよりますが、Shopifyという選択肢を検討する上で押さえておきたいポイントです。

①クラウド型のサービス

Shopifyはフルクラウド型/SaaSのサービスであり、別途サーバーの設置や環境構築が必要ありません。アカウントを作成して管理画面にアクセスすることで、即日中にオンラインストアの実装に着手できます。初期設定さえきちんと行えばオンラインストアをすぐにオープンし、販売を開始することも可能です。サーバーにインストールするようなパッケージ型のサービスに比べ、初期のコストが格段に押さえられ、ビジネスのスピード感に合わせた導入や、商品などの設定・運用に時間をかけることが可能です。

②拡張性の高さ

導入のハードルを下げるため、Shopifyにはエンジニア以外の担当者が利用できる仕組みが多数用意されています。

テーマ：オンラインストアをデザインするための仕組み。デフォルトの無料テーマのほか、有料のデザイン導入にも対応しており、購入することですぐにそのデザインへ切り替え可能です。

テーマのカスタマイズ：テーマ内部のレイアウトやデザイン、コンテンツを変更するための仕組みとしてコードの修正なしで内容が変更できる「テーマのカスタマイズ」機能が用意されています。この機能を利用することでHTMLやCSSを書かずともページ内の要素を追加、削除、変更することが可能になり、日々の運用での変化に対応が可能です。

アプリ：Shopifyには公式で実装されていない機能を運用に活用するために「アプリ」という概念が存在します。これは主にサードパーティのパートナーが開発した拡張機能で、Shopifyの審査を通過したアプリをアプリストアからインストールすることで利用可能です。アプリストアには3,000を超える公開アプリが存在し、日本独自の機能を利用したかったり、マーチャントの業種や、やりたいことに合わせて組み合わせてオンラインストアに追加したりすることができます。

Shopify POSやオンラインストア以外のチャンネルに対応：Shopifyではブラウザでアクセスするオンラインストア以外の販売チャネルとして、店舗での購入（POS）に対応したり、FacebookやInstagramでの直接購入の連携など、外部での販売と接続して在庫の管理や売り上げを管理したりすることが可能です。オンラインストアを構築するためのプラットフォームとしてではなく、マーチャントの販売ビジネス全体をバックアップするための基盤として利用できます。アプリとの組み合わせでそのマーチャントに合わせた構築を実現しています。

充実したAPI：ShopifyはAPIが充実しており、公開アプリを実装しているパートナーだけではなく、マーチャントごとの開発チームでもその恩恵を受けられます。例えば、基幹システムとの連携を行って在庫を連動させることや、顧客の情報を同期するなど、ビジネス側の運用をコマースに拡張させるため、「カスタムアプリ（マーチャント個別のアプリ）」を利用することでそれらの機能を実現できます。

カスタムストアフロントの構築：Shopifyには手軽にオンラインストアを構築できる「テーマ」という機能が提供されていますが、よりリッチな表現やゲーム・3D空間での展開など、独自の空間にてコマース体験を構築することも可能です。Shopifyでは「カスタムストアフロント」と呼ばれており、前述のAPIとReactなどのフロントエンド開発言語を組み合わせることで実現できます。2021年6月に発表されたShopify公式のフレームワーク「Hydrogen」はReactをベースにしたものになっており今後より多くのビジネスで活用されていく可能性があります。

ここで挙げる要因はシンプルに利用できるだけではなく、その拡張性があるからこそ「小さく始めて大きく伸ばす」ことが可能になり、プラットフォームの移管などのコストが下がることで商品開発やお客様とのコミュニケーションにより多くの時間と費用を投資することが可能になります。

③各種売り場の連携

独自のオンラインストアで販売する以外にも、FacebookやInstagramなどのSNSでの販売や日本国内であれば楽天市場、店舗をもっているマーチャントであれば店舗のPOSとの連携を行って商品内容や在庫、顧客を同期することが可能になります。ビジネスを売り場ごとではなくShopifyに統合することで売り場ごとの在庫や売上を一元管理でき、運用コストを下げつつ顧客のニーズに合わせた販売が可能になります。

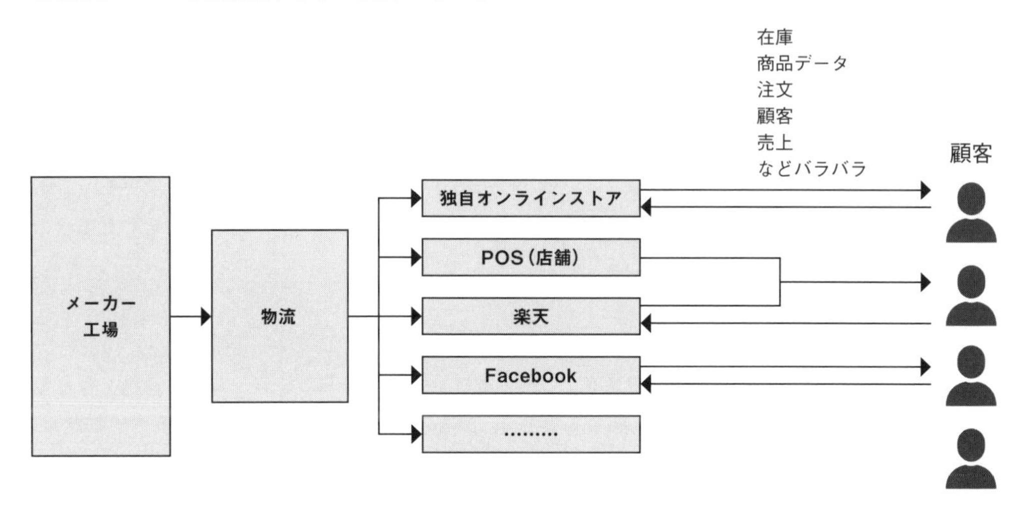

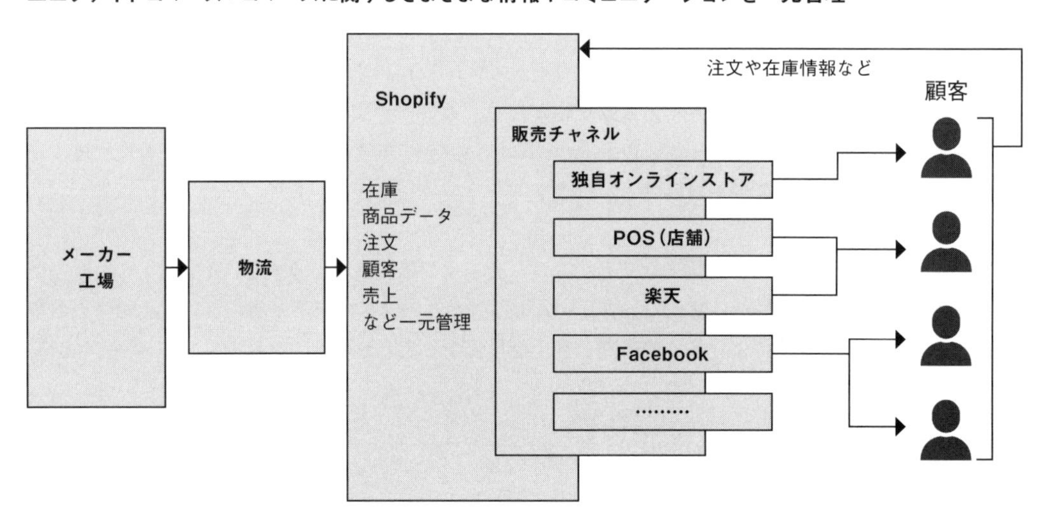

④すぐに使える独自の決済サービス「Shopify Payments」と決済の拡張性

オンラインストアを構築する中で重要かつ難易度が高い機能として、「決済」が挙げられるでしょう。決済は対応するべき決済方法に応じた開発やセキュリティなど、多くの考慮するべきポイントがあります。しかし、Shopifyには独自の決済プラットフォーム「Shopify Payments」にて各種クレジットカードやGoogle／Apple Payが書類なども必要なく管理画面から利用を申請するだけですぐに利用可能です。ほかにもPayPalやAmazon Payに対応したり、ローカルの決済業者との連携を行うことで携帯キャリア決済やコンビニ決済にも対応したりできます。

サイトを構築する側が決済について多くのリソースを割かなくて良いというメリットは非常に大きいでしょう。設定から基本的な項目を入力し、有効にするだけで利用開始できます。

REWIREテストサイト001
rewire-test-001.myshopify.com

ストアの詳細
プラン
請求情報
ユーザーと権限
決済
チェックアウト
配送と配達
関税と税金
ロケーション
ギフトカード
マーケット
販売チャネル
ドメイン
通知
メタフィールド
ファイル
言語
ポリシー

Shopify ペイメント

標準料金
料金はShopifyのプランによって異なり、特に明記されていない限り、すべての決済方法に適用されます。

	オンライン	実店舗
国内	3.4% + ¥0	2.7% + ¥0
世界のその他の地域	3.9% + ¥0	2.7% + ¥0

カード
Shopify ペイメントを使用すると、ストアですべての主要なクレジットカードを受け付けることができます。

Visa 標準料金
Mastercard 標準料金
American Express 料金を確認する
これらの決済方法 (Shopify ペイメントの設定を完了する) による決済の受け付けを開始します。
JCB 料金を確認する

Shop Pay
Shopifyでサポートされているショップ Payを利用すると、配送と支払いの詳細を安全に保存することで、お客様はチェックアウトをスピーディーに行えます。

Shop Pay カード手数料を適用

ウォレット
Shopify ペイメントは、デジタルウォレット決済を受け付けており、モバイルでのコンバージョンを増やすのに役立ちます。

Apple Pay カード手数料を適用
Google Pay カード手数料を適用

⑤越境ECに対応

世界175カ国以上で利用されているShopifyは、もともと越境ECとして（国内だけではなく、海外への販売にも対応する）非常に強いプラットフォームとして認知されていました。実際に言語、通貨の切り替えや税金（関税など）、配送地域の設定など細かな対応が可能です。2021年に発表された「Shopify Markets」を利用することで各市場に向けた販売や設定などを管理することができ、よりスムーズな海外展開が可能になっています。

⑥コスト

Shopifyはクラウド型のサービスのため、月額課金で利用開始し、いつでも利用停止が可能です。

初期費用なし、基本料金のみで利用でき、スタートしやすい
プランにより利用できるサービスに一部で差がありますが、ほとんどの機能をすぐに使い始めることができます。面倒な契約書などもなく、すべてオンラインで完結するため、最短で即日中にサイトのオープンが可能です。

商品数や注文数、顧客数によって料金は変わらない
ECプラットフォームによっては月のアクセス数や取り扱う商品数、顧客数に応じて料金が変わる場合もありますが、Shopifyではそのような制限はなく利用できます。これは「コマースの体験構築に集中するため」であり、Shopifyへの支払いがマーチャントの活動を制限するものにならないようにするためです。エンジニアの視点から見てもShopifyの利用コストは基本料金に加え、決済手数料や一部運用機能の制限のみとなっており、技術的な制約になっていないことは仕様を考える上でもストレスがなく、合理的だと感じるでしょう。

小規模なショップから大規模なサービスまで利用可能であることから、中長期で見た場合に検討するべき項目や開発で考慮するべきことが少なく、コストメリットを検討しやすい設計になっています。

⑦多くのエキスパートが存在

Shopifyには「Shopifyパートナー」という独自のパートナー制度があり、プロフェッショナルが実装や運用をサポートしてくれます。パートナーのコミュニティは非常に盛り上がっており、イベントでの意見交換やSNSでのコミュニケーションだったり、コミュニティサイトでの質問に答えてくれたりと、Shopify公式だけではなくマーケット全体で盛り上げていこうという雰囲気があります。海外製のプラットフォームは学習コストが高いイメージがありますが、国内にも経験者が多く、助け合いながら構築やアプリの実装などを進めることが可能です。

Shopifyを活用するメリットとしては利用しやすい仕組みが最初から揃っており、すぐに販売をスタートできたり、コードの知識がなくても利用できたり、中長期で利用する場合の拡張性を両立していたりするということです。変化が激しい市場で大きな投資を行うことなくビジネスを展開できるのは、大きなアドバンテージと言えるでしょう。

1-3 開発対象としてのShopify

開発を行わなくても利用できるアドバンテージが多く存在するShopifyですが、その拡張性の高さから開発者にとっても魅力的なプラットフォームとなっています。本書ではShopifyのAPIや開発環境に触れつつ、テーマのカスタマイズ、アプリ開発、カスタムストアフロント（リッチな独自オンラインストアの構築）にフォーカスを当てていきます。

①Shopify API、開発環境

Shopifyは創業者であるトバイアス・ルークがエンジニア出身であることもあり、プラットフォーム全体に開発者的な思想が強く、非常に開発者フレンドリーなツールやAPI、ドキュメントを提供しています。また、後述のテーマやアプリの開発に利用できるツールや独自のテンプレート言語である「Liquid」の開発・提供、カスタムストアフロントを構築するためのReactベースのフレームワーク「Hydrogen」などの機能だけではなく、開発の環境から提供していることが強みとなっています。

②テーマカスタマイズ・開発

オンラインストアを運営するマーチャントまたは制作会社は「テーマ」と呼ばれるページテンプレートセットを利用してサイトを構築していきます。Shopifyは、Liquid、HTML、CSS、JavaScript、ShopifyのAPIで構成されています。また、サイト運用を行っていくマーチャントの担当者向けに、コードを編集しなくてもテーマのカスタマイズができるテーマエディタを利用してサイト内のデザインや画像、テキストが編集可能になっています。

テーマはShopifyのAPI、オブジェクトを通じてサイト上に商品データや顧客に合わせた情報を表示できます。マーチャントが扱う商品のタイプや見せ方、デザインによって多くのテーマが販売されており、そのテーマを購入してカスタマイズを行うことでオリジナルデザインのECサイトを構築できます。

2021年のShopifyのアップデートに含まれる「OnlineStore2.0（OS2.0）」という仕組みにより、すべてのページ（テーマにより一部異なります）でSectionとBlockというパーツを利用してページ内のレイアウトやコンテンツを自由にノーコードで変更できるようになりました。そのSectionやBlockの機能を開発していくことで、マーチャント自身が後からオンラインストアを変更できる仕組みを構築できるため、OS2.0に合わせた構築のニーズが非常に高まっています。

開発者としてはこのテーマのカスタマイズをマーチャントごとに行うニーズに対応していくほか、テーマを開発して提供することで、そのテーマを利用してサイトを実装するマーチャントからの収益を受け取ることが可能となっており、独自テーマの開発なども多く行われています。

ノーコードで編集できるテーマカスタマイズ画面

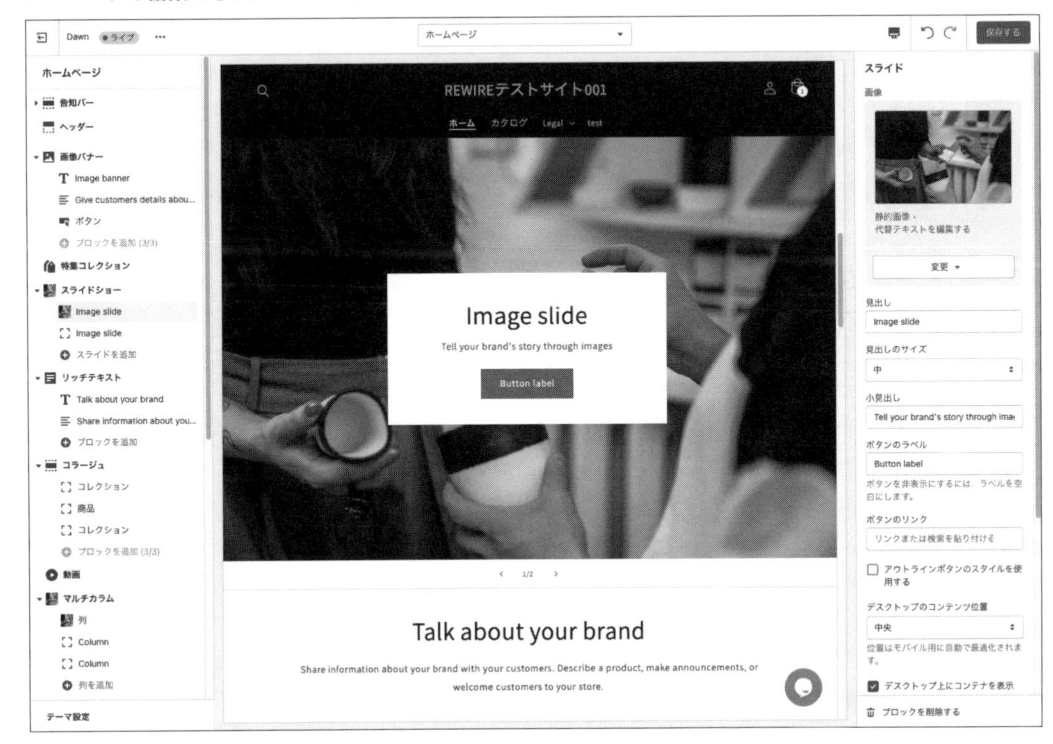

③アプリ開発

Shopifyの拡張性の高さを支えるのが「アプリ」の存在です。Shopify公式で対応していない機能を外部拡張として追加できるアプリの機能は、Shopifyでストアを構築するためにはなくてはならない存在であり、多くの開発者がこの仕組みを通じて機能をリリースしています。アプリの規模は大小さまざまですが、多くのマーチャントがShopifyを利用する中、ニーズに合わせたアプリを複数導入することが多いため、わかりやすさ、使いやすさを中心に置いたアプリが多く展開されています。

アプリの多くは海外製ですが、日本で開発されたアプリのリリースも現在増えており、国内のマーチャントからのニーズが高まっています。日本製のアプリは、管理画面やサポートなどが日本語で提供されることがマーチャントの安心感につながりますし、日本固有の商習慣に合わせた実装が行われていることも大きな特徴です。

アプリは有料で提供することもでき、その収益はShopifyを通じて開発者に支払われます。開発環境も充実しているほか、Shopifyのマーチャントの課金システムと連携しており、集金や契約、マーチャントの管理などのコストがほかのシステムに比べると非常に低いことが機能の実装に集中したい開発者としては嬉しい仕組みになっています。

④カスタムストアフロント

HTMLをベースにした「テーマ」ではなく、よりリッチな表現が可能な構築を行うことも可能です。「カスタムストアフロント」と呼ばれるこの仕組みはまだ国内での事例は多くないものの、外部のシステムとの連携や3D空間、ゲーム内での販売、その他ブランドを重視した展開で活用されています。

フルオーダーメイドで構築するため、これまではフルスクラッチでの開発がメインでしたが、Shopifyを利用することで商品、注文、顧客管理、配送、決済など多くのECに必要な仕組みを利用することができ、顧客体験のカスタマイズに集中できます。

カスタムストアフロントは特定の技術に依存しない仕組みですが、Shopifyは公式でReactベースのフレームワーク「Hydrogen」を発表しており、よりリッチな顧客体験の構築にも同プラットフォームのラインナップ内で対応できるように進めています。

コミュニティの存在の大きさ

新しいプラットフォームの存在は特定の市場にてそのドキュメントの少なさ、情報の少なさが成長を鈍化させてしまうケースがあります。とくに英語圏発のプラットフォームでは日本語ドキュメントの少なさなどがしばしば課題になります。

Shopifyも例外ではなく、元々は英語の公式ドキュメントのみだったため、その存在は「越境EC（国内外に販売・発送するEC）」向けとカテゴライズされ、一部のニーズにのみ名前が上がるシステムでした。

現在は日本法人のサポートや多くの制作会社の参入、そしてShopifyがまだ完全に日本語に対応していない時期から関わってきた「コミュニティ」が大きな存在となって市場を支えており、その障壁は非常に低くなっています。

コミュニティを象徴するものの1つに挙げられるのは公式が展開する掲示板「Shopifyコミュニティ」です。

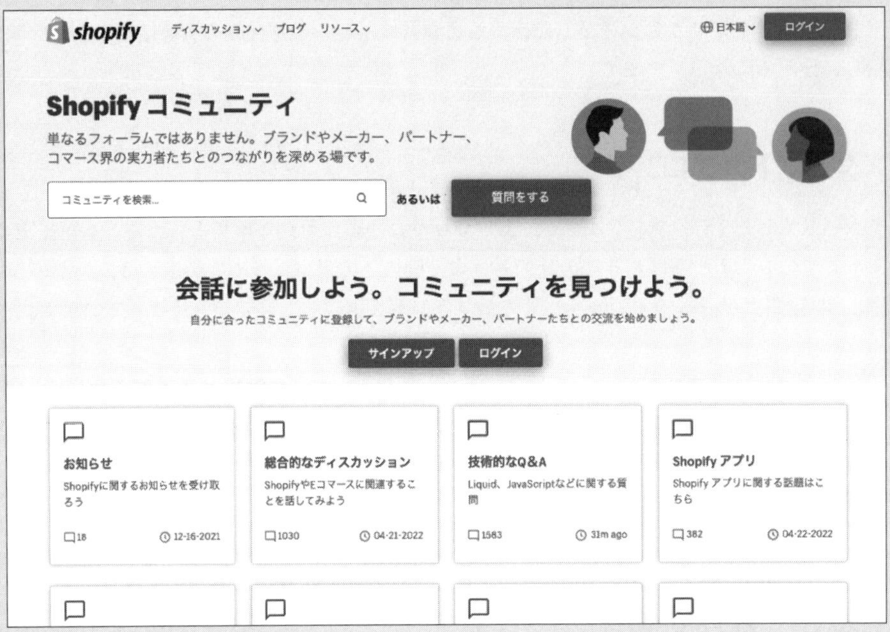

Shopifyコミュニティ（日本）
https://community.shopify.com/c/shopify-community-japan-jp/ct-p/jp

この掲示板は一般的なQ&Aのような「うまくいかなかったときの駆け込み寺」としての役割はもちろん、ビジネスを展開するマーチャント（販売者）やテーマ、アプリを開発するパートナー、Shopify社のメンバーなどが多くの意見交換を行っています。公式ドキュメントだけではわかりづらい部分や特定のマーチャントにて必要な機能のディスカッション、最新のアップデートに関する話題など「リアル」な情報が取得できるのは非常に重要です。

Eコマースにかかわる全てのマーチャント、パートナーがフラットにShopifyを利用してコマースを推進していくための情報をやり取りしていますので、もし何かに行き詰まったりこんなサービスが欲しいというようなアイデアが浮かんだりしたら、ぜひ気軽に投稿してみてください。

Chapter 2

開発を始める前に

この章ではShopifyのテーマやアプリ開発を始める前に必要な環境の構築やツール・ドキュメントの紹介を行います。
Shopifyでは開発のためのツール・ドキュメントが充実しています。
さっそく見ていきましょう。

2-1 開発ストアの作成

2-1-1 開発ストアとは

開発ストアは、開発用のShopifyストアです。構築したテーマやアプリのテスト、クライアント用のShopifyストアを構築するために使用できます。

Shopifyパートナーであれば、無料で無制限に開発ストアを作成できます。開発ストアの作成はテーマ・アプリ開発のどちらにも必要になるので、ここで作成方法を紹介します。

2-1-2 作成方法

それでは開発ストアを作成していきましょう。

開発ストアを構築する前に、Shopifyパートナーアカウントが必要です。まだアカウントを作成されていない方は次のURLから申し込みましょう。

https://www.shopify.jp/partners

ここからはShopifyパートナーアカウントが作成されていることを前提に説明していきます。作成手順は次のとおりです。

1. パートナーダッシュボードにログインし、[ストア管理] から [ストアを追加する] をクリック

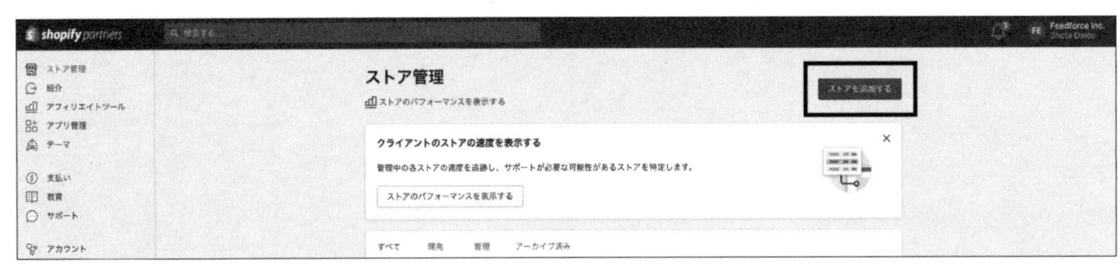

2. ストアタイプセクションで、[開発ストア] を選択

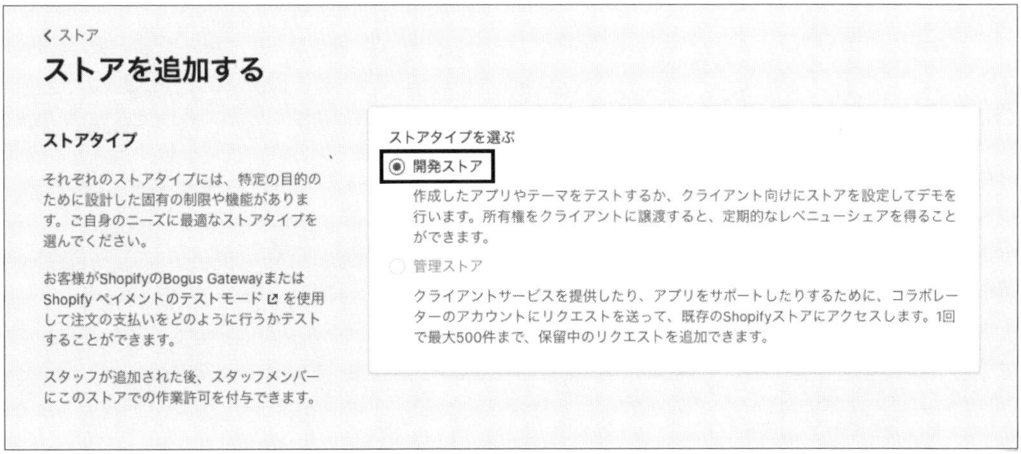

< ストア

ストアを追加する

ストアタイプ

それぞれのストアタイプには、特定の目的のために設計した固有の制限や機能があります。ご自身のニーズに最適なストアタイプを選んでください。

お客様がShopifyのBogus GatewayまたはShopify ペイメントのテストモード を使用して注文の支払いをどのように行うかテストすることができます。

スタッフが追加された後、スタッフメンバーにこのストアでの作業許可を付与できます。

ストアタイプを選ぶ

◉ 開発ストア

作成したアプリやテーマをテストするか、クライアント向けにストアを設定してデモを行います。所有権をクライアントに譲渡すると、定期的なレベニューシェアを得ることができます。

○ 管理ストア

クライアントサービスを提供したり、アプリをサポートしたりするために、コラボレーターのアカウントにリクエストを送って、既存のShopifyストアにアクセスします。1回で最大500件まで、保留中のリクエストを追加できます。

3. ログイン情報セクションで、ストアの名前とログインに使用できるパスワードを入力

ログイン情報

ストアに名前を付けて、使用するパスワードを入力してストアに直接ログインします。ビジネスでお使いのメールアドレスを使用してログインします。ec_admin@feedforce.jp

ストア名

test-feedforce

ストアURL

test-feedforce .myshopify.com

ログイン

ec_admin@feedforce.jp

アカウントについてあなたに連絡をする必要がある場合、このアドレスを使用します。

パスワード

·········

パスワードを確認

·········

※ストア名やその他の情報は作成後も変更可能ですが、ストアURLは作成後に変更できませんのでご注意ください。

4. オプション:「開発者プレビューを使用した譲渡不可のストアを作成する」を確認して、開発者プレビューを有効にする

ドロップダウンリストから開発者プレビューのバージョンを選択します。これによりクライアントへのサイト移管はできなくなりますが、Shopifyの新機能に早期アクセスできるようになります。

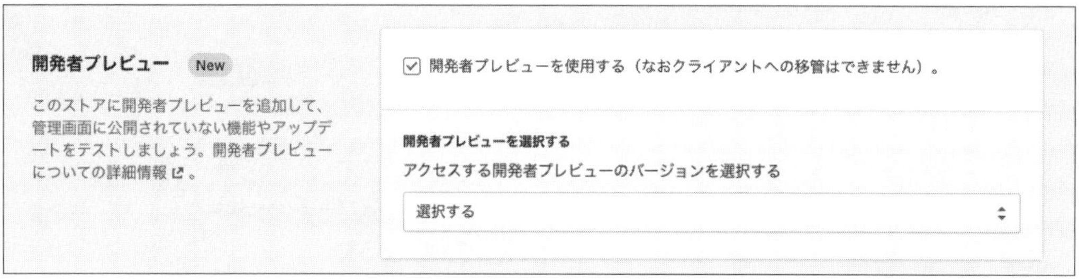

開発者プレビュー New
このストアに開発者プレビューを追加して、管理画面に公開されていない機能やアップデートをテストしましょう。開発者プレビューについての詳細情報。
開発者プレビューを使用する(なおクライアントへの移管はできません)。
開発者プレビューを選択する
アクセスする開発者プレビューのバージョンを選択する
選択する

5. ストアのアドレスセクションで、住所を入力

ストアのアドレス
ストアに住所を設定します。この住所は、デフォルトの税率や配送料などの設定に影響があります。Shopifyのいくつかの機能やアプリは、一部の国でのみ利用可能です。
住所
湯島3-19-11 湯島ファーストビル5F
市区町村
文京区
郵便番号
113-0034
国
日本
都道府県
東京都

6. ストアの目的セクションで目的を選択し、[保存] をクリック

※開発ストアは作成後にアーカイブできますが、削除はできないのでご注意ください。

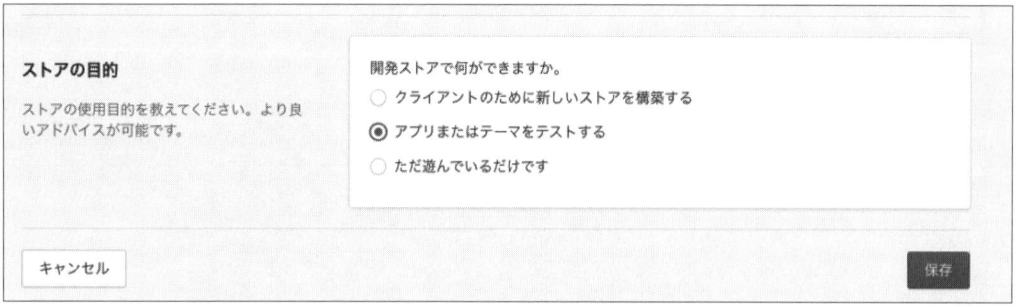

ストアの目的
ストアの使用目的を教えてください。より良いアドバイスが可能です。
開発ストアで何ができますか。
クライアントのために新しいストアを構築する
アプリまたはテーマをテストする
ただ遊んでいるだけです
キャンセル
保存

2-2

Shopify CLI

2-2-1 Shopify CLIとは

Shopify CLIは、Shopifyアプリの構築に役立つCLIツールです。Node.js、Ruby on Rails、PHPアプリのプロジェクトやShopifyテーマの雛形を生成できます。また、Shopifyのテーマ・アプリ開発タスクを自動化するためのコマンドも含まれています。

2-2-2 インストール方法

ここではmacOSでのインストール方法を紹介します。WindowsやLinux環境の方は公式ドキュメントをご覧ください。

公式ドキュメント
https://shopify.dev/apps/tools/cli/installation

Shopify CLIの利用には最低限、次の環境が必要となります。

- Ruby（v2.7以上）
- Git
- Shopifyパートナーアカウント
- Shopify開発用ストア

また、Shopify CLIを利用してアプリケーションを作成する場合、選択するフレームワークによって必要な環境が異なります。詳しくは［9-3　開発ツール - Shopify CLI］で解説します。

Shopify CLIはRubyで実装されており、RubyGems.orgまたはHomebrewからインストール可能です。

RubyGems.orgからインストールする場合

```
$ gem install shopify-cli
```

※本書ではコマンドプロンプトの表記を「$」で統一しています。皆さんがターミナルで実行される場合は「$」マーク以降のコマンドを実行するようにしてください。

Homebrewからインストールする場合

```
$ brew tap shopify/shopify
$ brew install shopify-cli
```

次のコマンドを実行してバージョン情報が表示されればインストール成功です。

```
$ shopify version
```

```
~ ❯❯❯
~ ❯❯❯ shopify version
2.14.0
~ ❯❯❯ |
```

また、Shopify CLIを最新バージョンにアップグレードしたい場合は以下のコマンドを実行してください。

RubyGems.org からインストールした場合

```
$ gem update shopify-cli
```

Homebrewからインストールした場合

```
$ brew update
$ brew upgrade shopify-cli
```

Shopify CLIは現在も活発に開発が進められており、新機能の追加や不具合の修正が行われています。必要に応じてアップグレードするようにしましょう。

Shopify CLIの使い方はChapter 4とChapter 9で紹介します。

2-3 APIライブラリ

ShopifyはAdmin APIへのリクエストを簡単に行うためのAPIライブラリを提供しています。APIライブラリを利用するとShopify APIを叩くためのOAuth認可も容易に実装ができるので、Shopifyアプリを開発する場合には基本的にAPIライブラリを利用した方が良いでしょう。

現時点で公式には次のAPIライブラリがあります。使い方については各APIライブラリのREADMEをご参照ください。

- Ruby（https://github.com/Shopify/shopify_api）
- Node.js（https://github.com/Shopify/shopify-node-api）
- Python（https://github.com/Shopify/shopify_python_api）
- PHP（https://github.com/Shopify/shopify-php-api）

また、3rd partyのAPIライブラリは次のページに載っています。

3rd partyのAPIライブラリ
https://shopify.dev/apps/tools/api-libraries#third-party-admin-api-libraries

このドキュメントに掲載されていないものとしては、Shopifyアプリ開発で実績のあるBold Commerce社のGoの非公式ライブラリもあります。

Bold Commerce社のGoの非公式ライブラリ
https://github.com/bold-commerce/go-shopify

2-4 Shopify GraphiQL App

2-4-1 Shopify GraphiQL Appとは

Shopify GraphiQL Appは、任意の開発ストアでShopifyのGraphQL APIへのリクエストをブラウザから簡単に行えるようにするツールです。GraphiQL自体はShopifyアプリに限定したツールではなく、元々GraphQLの統合開発環境として、GraphQL Foundationが推進するプロジェクトです。

curlなどではなく、GraphiQLを使ってGraphQL APIの動作確認を行うことで、シンタックスハイライト、入力補完、構文エラー検知などの機能が利用でき、開発体験を向上させることができます。GraphiQLでGraphQLクエリを構築してからアプリケーションコードやcurlにコピーアンドペーストして利用することも多いです。

2-4-2 インストール方法

Shopify GraphiQL AppはShopify公式のアプリとして提供されています。次のURLからインストール可能なので早速アクセスしてみましょう。

https://shopify-graphiql-app.shopifycloud.com/login

1. Shopify GraphiQL Appをインストールする開発ストアのドメインを入力

※以降のフローでShopify GraphiQL Appに対して「すべての範囲へのアクセスを許可」するので、ここで入力するドメインは開発ストアのものをご利用ください。

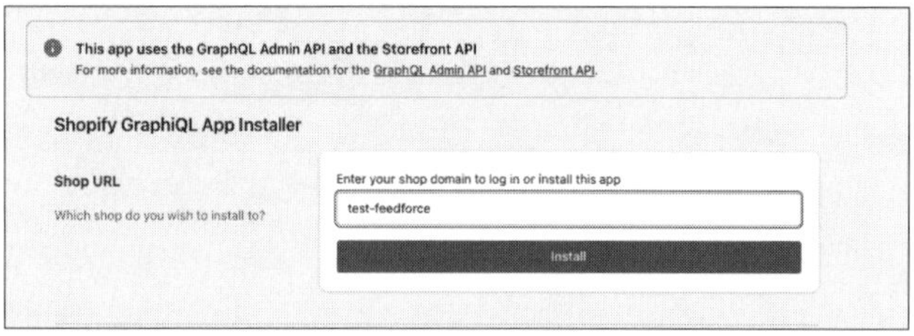

2. Shopify GraphiQL AppがAdmin APIにアクセスできる範囲を設定

開発ストアの場合はSelect allを選んで、すべての範囲へのアクセスを許可します。

※ここで選択した範囲がShopify GraphiQL Appから読み書きできるようになります。本番ストアにインストールする場合、選択範囲は慎重に設定しましょう。

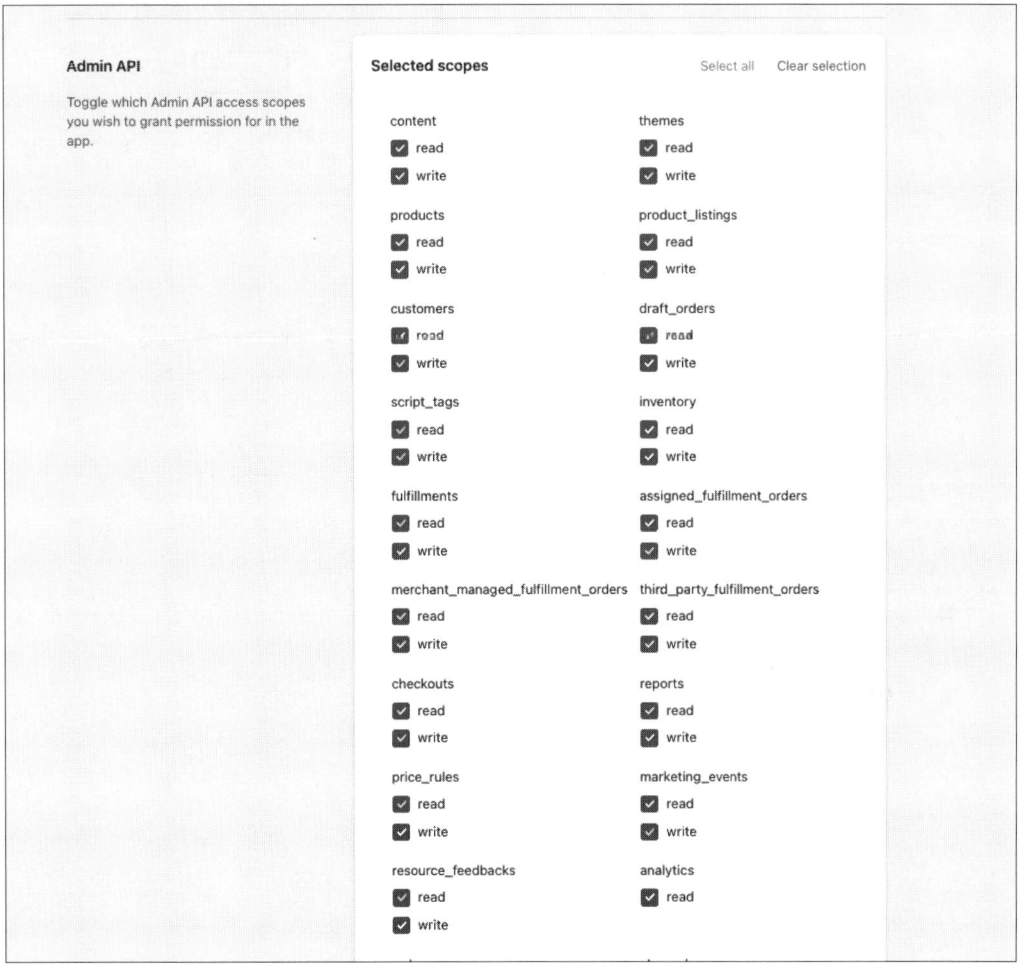

Admin API

Toggle which Admin API access scopes you wish to grant permission for in the app.

Selected scopes Select all Clear selection

content
- read
- write

themes
- read
- write

products
- read
- write

product_listings
- read
- write

customers
- read
- write

draft_orders
- read
- write

script_tags
- read
- write

inventory
- read
- write

fulfillments
- read
- write

assigned_fulfillment_orders
- read
- write

merchant_managed_fulfillment_orders
- read
- write

third_party_fulfillment_orders
- read
- write

checkouts
- read
- write

reports
- read
- write

price_rules
- read
- write

marketing_events
- read
- write

resource_feedbacks
- read
- write

analytics
- read

3. Shopify GraphiQL AppがStorefront APIにアクセスできる範囲を設定

開発ストアの場合はSelect allを選んで、すべての範囲へのアクセスを許可します。
※ここで選択した範囲がShopify GraphiQL Appから読み書きできるようになります。本番ストアにインストールする場合は選択範囲を慎重に設定しましょう。

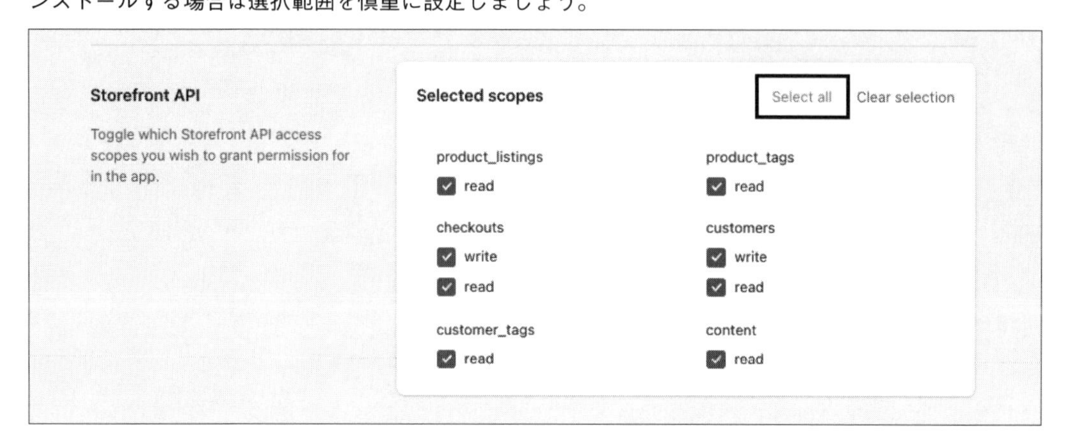

4. 範囲が設定できたらInstallをクリック

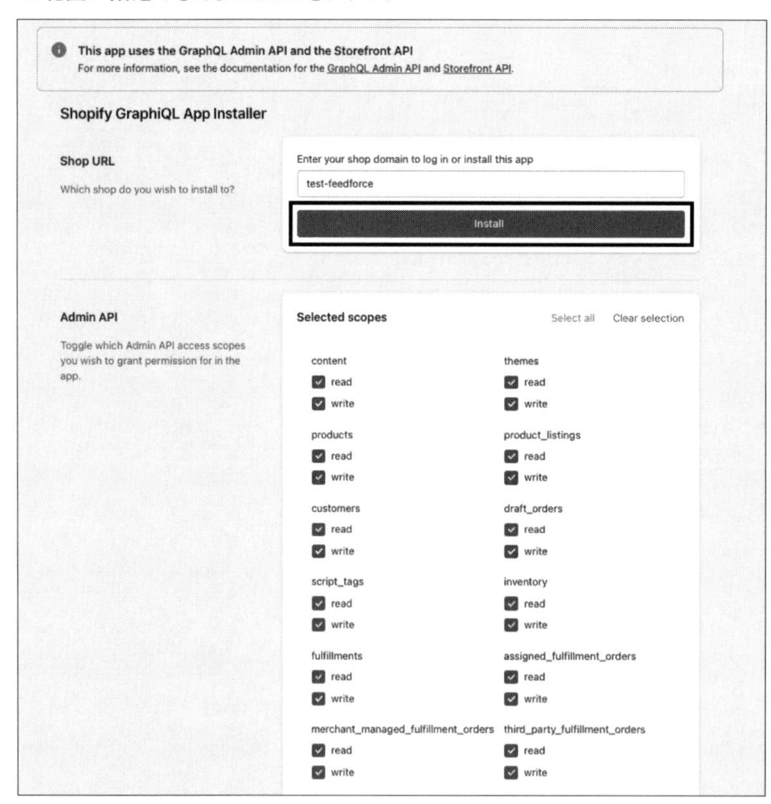

5. 認可画面が表示されるので、最下部の「アプリをインストールする」をクリック

6. インストールが完了すると以下の画面が表示される

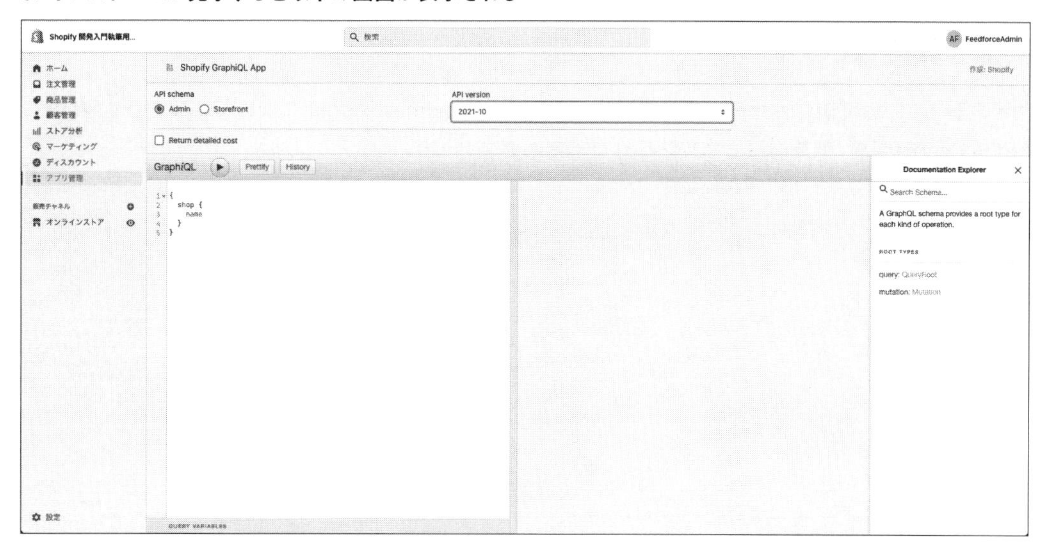

2-4-3 使い方

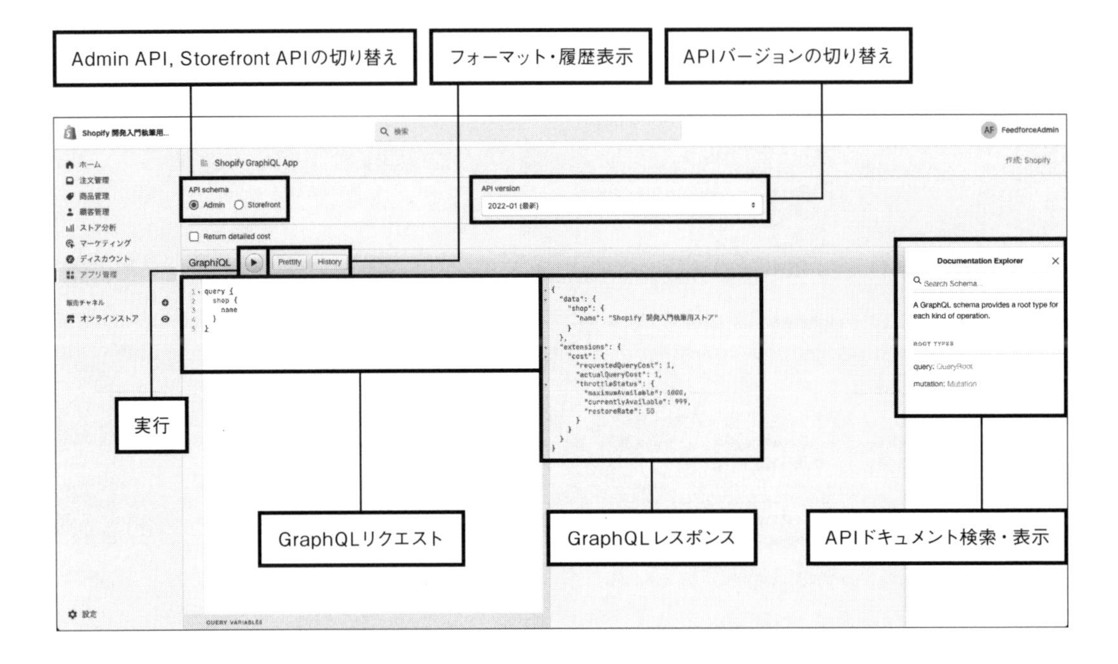

Shopify GraphiQL Appは実際のShopifyアプリ開発でも頻繁に利用しますので、使い方を説明しておきます。GraphQLやShopifyのGraphQL APIの詳しい説明はChapter 3で行いますので、そちらもご参照ください。

商品を取得してみる

開発ストアでShopify GraphiQL Appを開きます。API schemaがAdminになっていることを確認し、API versionは最新(執筆時点で2022-01)にしておきましょう。

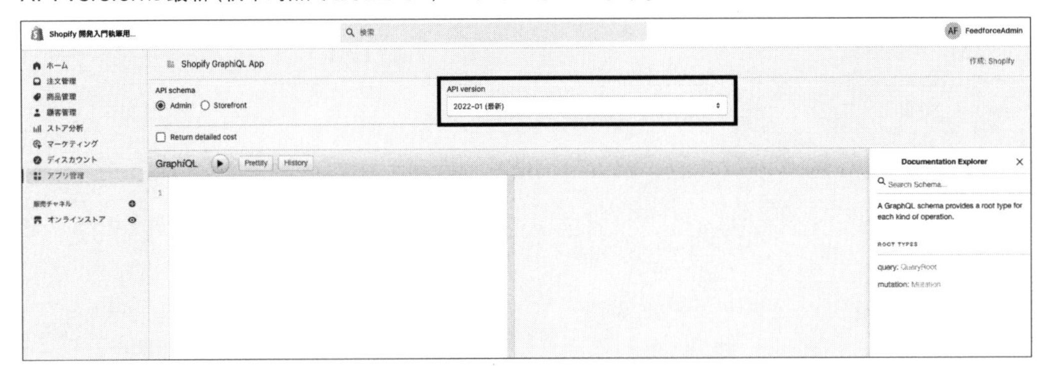

まずはクエリを書いてみましょう。{}を記入してbraceの中にpと打ち込むと、発行できるクエリの候補がいくつか表示されます。

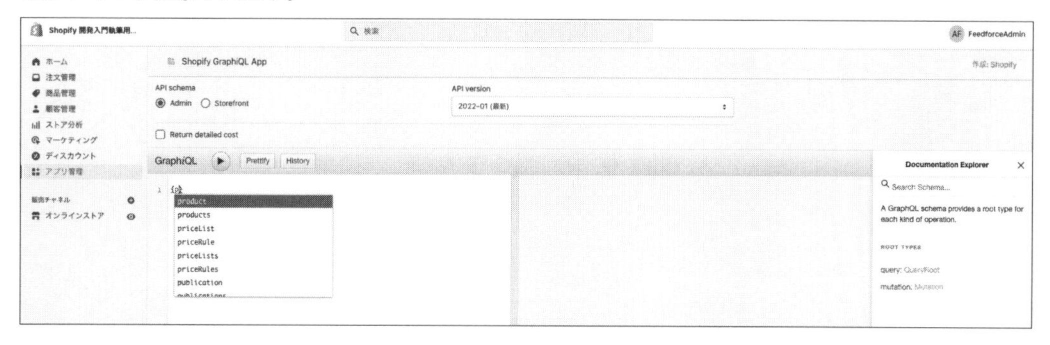

productsを選択して後ろに()を入力すると、クエリの引数候補がいくつか表示されます。

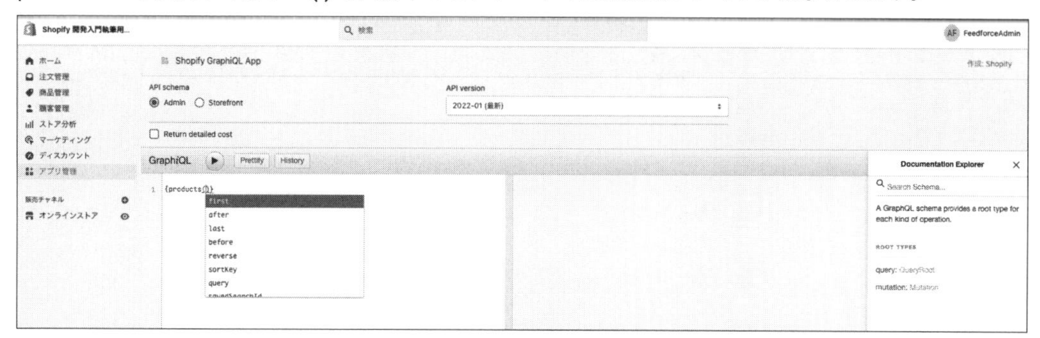

このように、GraphiQLを使うことで入力すべき情報の提案を受けられます。開発効率に直結しますので、ぜひ使いこなしてみて下さい。以下に実際に商品を取得するクエリを掲載しておきますので、試しに実行してみましょう。

コード2-4-3

```graphql
{
  # 商品を10件取得します
  products(first: 10) {
    # edgesとnodeは「複数個のリソースを取得する」ときの作法のようなものです。
    # ShopifyではなくGraphQL一般の決まりごとです。
    # 詳しくは https://graphql.org/learn/pagination をご参照ください。
    edges {
      node {
        id
        title
      }
    }
  }
}
```

商品が登録されている場合、次のようなレスポンスが返ってきます。

JSON
```
{
  "data": {
    "products": {
      "edges": [
        {
          "node": {
            "id": "gid://shopify/Product/7263753633991",
            "title": "Tシャツ(グレイ)"
          }
        },
        {
          "node": {
            "id": "gid://shopify/Product/7263753765063",
            "title": "パーカー"
          }
        },
        {
          "node": {
            "id": "gid://shopify/Product/7263753994439",
            "title": "Tシャツ(ブラック)"
          }
        },
        {
          "node": {
            "id": "gid://shopify/Product/7263754059975",
            "title": "Tシャツ(Rewire)"
          }
        }
      ]
    }
  }
}
```

2-5 開発系ドキュメントの紹介

2-5-1 公式ドキュメントの紹介

Shopifyの公式ドキュメントを紹介します。こちらは全ての開発系ドキュメントの入口となるサイトで、アプリ、テーマ、カスタムストアフロント、APIリファレンスなどへのリンクがあります。

https://shopify.dev/

Shopifyはアプリ・テーマ開発のためのドキュメントが充実しているので、基本的にはこの公式ドキュメントを参照すれば必要な情報にたどり着けるでしょう。また、質問やディスカッションを行うためのShopifyコミュニティも活発です。

https://community.shopify.com/c/shopify-community/ct-p/en

しかし、それぞれ英語の情報になるため、読むのにハードルを感じる方もいるかもしれません。そんな方のために日本語で情報にアクセスする方法も紹介します。

2-5-2 日本語で情報にアクセスする

Shopifyブログの「Shopify開発者」トピック

Shopifyブログは Shopifyに限らずEC業界全体の最新ニュースやマーケティング手法を伝えるメディアですが、「Shopify開発者」トピックにはShopifyテーマ・アプリ開発者向けの情報が揃っています。

https://www.shopify.jp/blog/topics/shopify%E9%96%8B%E7%99%BA%E8%80%85

YouTube（Shopify - Japanese）

ShopifyはYouTubeでの発信も行っています。英語で発信されているShopifyDevsに比べると動画数は少ないですが、日本語でのチャンネルも開設されています。開発者向けの動画には本書の著者たちも出演しています。

https://www.youtube.com/c/ShopifyJapan

Shopifyコミュニティ（日本）

前述したShopifyコミュニティの日本国内版です。Shopifyテーマ・アプリに関する質問やディスカッションを日本語で行うことができます。オープンな場で質問やディスカッションを行うことは第三者にも有益な情報を与えるので、積極的な利用をおすすめします。

https://community.shopify.com/c/shopify-community-japan-jp/ct-p/jp

Chapter 3

Shopifyのデータ構造

この章では Shopify のデータ構造について解説します。Shopify アプリ作成やストアのカスタマイズなどをする際の基礎となる知識が詰まっているので、しっかり学んでいきましょう。

3-1 Shopifyのデータ構造の全体像

Shopifyではオンラインストアやショップの管理画面やAPIを通じてデータを扱いますが、データは抽象化されたオブジェクトとして扱えるようになっています。例えば、顧客はCustomer、注文はOrderといった抽象化されたオブジェクトとして扱えます。Shopifyのデータを扱うためには、APIの種類や使い方とオブジェクトとして抽象化されたデータ構造について学ぶ必要があります。本章では、次の流れでAPIやオブジェクトについて解説します。

1 Shopifyで使うAPIの種類
2 GraphQLとREST API
3 オブジェクトの種類と概要

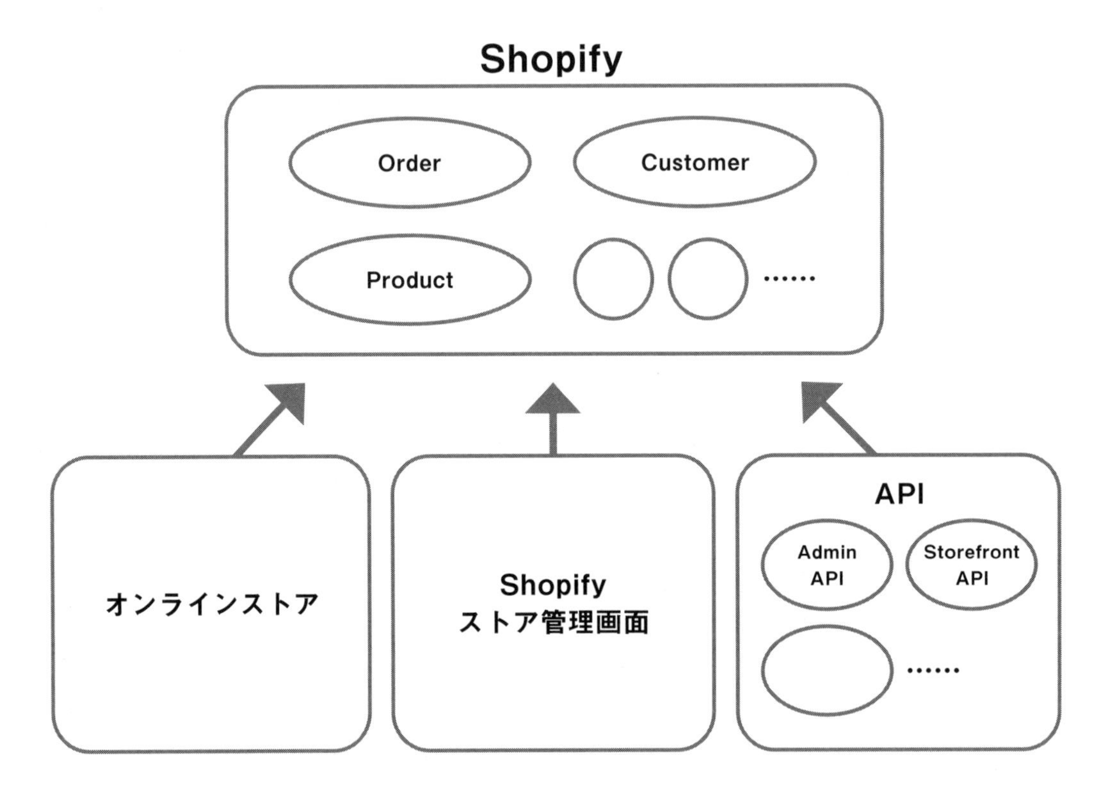

3-2 Shopifyで使うAPIの種類

ShopifyではAPIを経由してデータを扱うことができます。APIとはApplication Programming Interfaceのことで、「アプリケーションをプログラムでつなぐためのインターフェース（窓口）」です。ShopifyのAPIはHTTPを用いるWeb APIとして提供されています。Web APIが提供されているので、ストアオーナーやアプリ開発者は、自分たちで作ったプログラムからShopify APIを通じてShopifyのデータにアクセスできるようになっています。

また、インターネット経由でデータを取得できるので、どんなシステムにも組み込むことが容易です。もし、APIがShopify独自の方法だったならば、開発者はその方法を学ばなければいけなかったり、既存のシステムとの連携が難しかったりすることで、システムを構築するハードルが上がります。Web APIで提供されていることにより、開発者は少ないコストで本来作りたいものに集中して開発に取り組むことができます。

ShopifyのAPIは、その用途によって使い分けできるようにカテゴライズされています。ECサイトの運営のためにはさまざまなデータを扱う必要があり、Shopifyでも扱うデータは膨大です。データがカテゴライズされていないと、APIの使用者は操作したいデータを扱うAPIがどこにあるかを探すだけでも大変です。用途によってカテゴライズされているため、使用者は目的に沿ったAPIを簡単に見つけられます。

ShopifyのAPIを使う上で必ず考慮しておかなければならないことの1つに「レート制限」があります。レート制限とは、リクエストの量が定められた量を超えた場合にアクセスを制限する機能のことです。このときの「定められた量」を計測する方法はAPIの種類によって異なり、大きく分けると「クエリコストベース」「リクエストベース」「時間ベース」の3種類の計測方法があります。例えばAdmin API（REST API）は「1秒間に2リクエストまで受け付け可能」というリクエストベースの計測方法です。ShopifyのAPIを使ったシステムを構築する際は、それぞれのAPIのレート制限を考慮して実装しましょう。

現在Shopifyで扱える主なWeb APIの種類は次のとおりです。

名称	用途
AdminAPI	ECサイト運営の主要なデータ(カスタマー情報、商品情報)を取得・操作する
StorefrontAPI	独自のWebサイトやモバイルアプリといったクライアントアプリから商品情報、顧客の注文を操作することができる
PartnerAPI	パートナーダッシュボードにあるデータへプログラムでアクセスするために使用する
PaymentsAppsAPI	ストアでのカスタマーの決済方法をカスタマイズできる
MessagingAPI(Beta)	ShopifyInboxを通じてメッセージを送受信できる
Multipass	別のWebサイトでカスタマーがアカウントをもっている場合、そのカスタマーをShopifyストアにリダイレクトさせてログインさせる

作りたいシステムによって最適なAPIを選択できるよう、それぞれの特徴を学んでいきましょう。

3-2-1 Admin API

ShopifyのAPIの中で中心的なAPIであり、最もよく利用されるAPIです。

例えば顧客情報、商品情報、注文情報、配送情報など、ECショップ運営に必要なデータを取得したり、更新したりできます。ShopifyのAPIを使ってデータを操作していきたいときは、まずAdmin APIから探してみると良いでしょう。Admin API については3-3 、3-4で詳しく紹介します。

Admin API GraphQL公式ドキュメント
https://shopify.dev/api/admin-graphql

Admin API REST API公式ドキュメント
https://shopify.dev/api/admin-rest

3-2-2 Storefront API

Storefront APIは、独自のWebサイトやモバイルアプリといったクライアントアプリから商品情報、顧客の注文を操作することができるAPIです。自分でストアを構築せずともShopifyを開始すれば、すぐに動かせるオンラインストアが用意されています。しかし、モバイルアプリでShopifyの商品を販売したい場合や、よりリッチでカスタマイズしたWebサイトを作りたいケースもあるでしょう。そんなときは、Storefront APIを使ってモバイルアプリやWebサイトを作ると良いでしょう。

Storefront APIにはさまざまなライブラリが用意されています。モバイルアプリやカスタマイズしたWebサイトで使うことが想定されており、開発時間を短縮することができます。WebにはReactベースのHydrogen、モバイルアプリはAndroid用やiOS用のSDKが用意されています。Storefront APIを使う場合には開発するプラットフォームに沿ったライブラリを使うと良いでしょう。

Storefront APIの使い方についてはChapter 6で詳しく解説します。

Storefront API公式ドキュメント
https://shopify.dev/api/storefront

3-2-3 Partner API

Partner APIは、パートナーダッシュボードにあるデータへプログラムでアクセスするために使用するAPIです。Shopifyパートナーとは、Shopifyのストア運営をお手伝いするエキスパートのことです。Shopifyパートナーができることを次に列挙します。

- Shopifyでストアを構築したいクライアントをShopifyに紹介する
- Shopifyのオンラインストアのテーマを作成してShopifyテーマストアに公開する
- Shopifyアプリを作成してShopifyアプリストアで公開する

Shopifyとのパートナー契約は会社でも個人でも結ぶことができます。Shopifyとパートナー契約を結び、テーマの販売やアプリの販売でShopifyから報酬を得られます。

Shopifyとパートナー契約を結ぶと、クライアントやShopifyアプリを管理できる専用の管理画面（パートナーダッシュボード）にアクセスできるようになります。パートナーダッシュボードでも充分な機能がありますが、よりカスタマイズしたり、たくさんのマーチャントと取引するようになってデータの扱いを自動化したりするためにPartner APIを使うと良いでしょう。

Partner API公式ドキュメント
https://shopify.dev/api/partner

3-2-4 Payments Apps API

Payments Apps APIはPayments Appsが使用するAPIです。Payments Appsとは、ストアでのカスタマーの決済方法をカスタマイズすることができるアプリです。

Shopifyではカスタマーが商品を購入するとき、クレジットカードや銀行振込などのさまざまな決済方法がすでに用意されています。しかし、昨今は暗号資産取引など、決済として使える新しい方法が次々と世の中に出てきています。例えば、あなたがもし暗号資産を所持していて、Shopifyのストアでその暗号資産を使って取引できたら便利ではないでしょうか？　そういった決済方法の多様化のためにPayments Appsが生まれました。

Payments Appsを作るためにはShopifyへ申請し、承認を得る必要があります。もし、カスタマーの決済方法をカスタムする機能を追加できるアプリの開発を検討しているなら、Shopifyに申請してみましょう。

Payments Apps API公式ドキュメント
https://shopify.dev/api/payments-apps/graphql/reference

3-2-5 Messaging API

Messaging APIを説明する前に、Shopify Inboxについて説明する必要があります。Shopify Inboxは、ストアフロントでのカスタマーとのチャットやFacebook Messengerなどのカスタマーとのメッセージを一元化するためのWeb、Android、iOSアプリです。

ストアにShopify Inboxアプリを追加すると、ストアフロント上でカスタマーはストアオーナーにチャットでメッセージを送ることができるようになります。カスタマーが商品を購入するとき、商品についてストアに質問できることは購入の意思決定には重要な要素になります。

例えば、オンラインショップでは実際の商品を手にとって触ることができないため、サイズを確認したり、質感を確認したり、といった細かいことが気になるカスタマーは多くいます。そういったカスタマーからの質問に5分以内に答えることで、質問を受け付けていないストアや早期に回答しないストアと比較して売上が69%多くなる、というデータをShopifyは伝えています※。そのため、カスタマーとチャットできる機能はほぼすべてのストアにとって魅力的でしょう。

※チャットサポートをネットショップに導入しよう！　顧客体験を高めるカスタマーサービスをご紹介
https://www.shopify.com/jp/blog/live-chat-customer-service

また、ShopifyはFacebookと連携し、Shopifyの商品をFacebookストアで販売することができます。FacebookストアではカスタマーはFacebook Messengerによってストアオーナーとチャットできます。通常は、Facebook Messengerで交わしたチャットはFacebook Messengerでしかやりとりできません。しかし、FacebookとShopifyを連携すると、Facebook MessengerのメッセージをShopify Inboxで受け取ることができるようになります。カスタマーとのメッセージのやりとりはかなりの量になるのでストアは大変な労力が必要ですが、Shopify Inboxでメッセージを一元化することにより、煩雑さを軽減できます。

Messaging APIはShopify Inboxを通じてメッセージを送受信できるAPIです。カスタマーとのメッセージ連絡チャネルを追加したりすることができます。Messaging APIは現在クローズドベータ版となっているため、使用するためにはShopifyに使用を申請する必要があります。

Messaging API公式ドキュメント
https://shopify.dev/api/messaging/reference

3-2-6 Multipass

Multipassは、自身で所有する別のWebサイトでカスタマーがアカウントをもっている場合、そのカスタマーをShopifyストアにリダイレクトさせてログインさせる機能です。次のような例で、Multipassログイン機能がぴったりあてはまるはずです。

- 自社でSNSサイトを運営しており、すでにたくさんのアカウントがある
- 今度、SNSサイトのロゴをプリントしたTシャツを自社で作り、販売することになった
- リアルな店舗を作るにはコストがかかるのでオンライン上で販売することにした
- 検討した結果、オンラインストアはShopifyで構築することにした
- 自社のSNSサイトでShopifyの商品ページのリンクを貼り、販売促進した
- しかし、エンドユーザーはShopify上で商品を購入するときに新しくアカウントを作らなければならない

MultipassログインはストアのMultipassログインシークレットを使います。ログインシークレットはストアの設定のチェックアウト画面から取得できます。

Multipass公式ドキュメント
https://shopify.dev/api/multipass

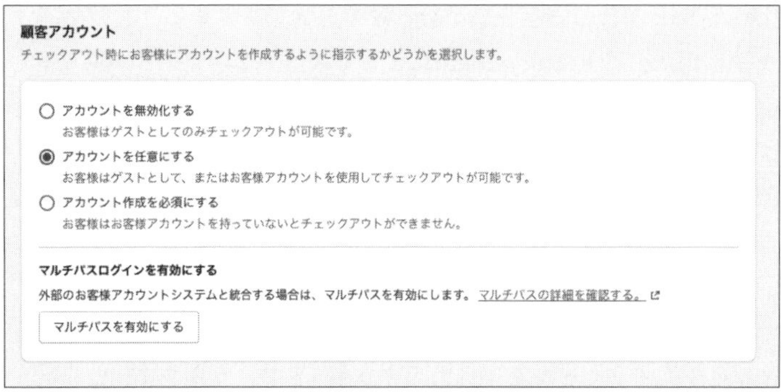

自社サイトのアカウントをもつエンドユーザーをShopifyのストアにログインさせるためには、トークンを含めたURLにエンドユーザーをリダイレクトさせるだけです。このときのトークンを生成するためにMultipassログインシークレットを使います。自社サイトがエンドユーザーをMultipassログインでShopifyストアにリダイレクトさせたあと、Shopifyストアでは正しくMultipassログインシークレットから生成されたトークンであるかを確認し、正しければストアにアカウントを作ってログインさせます。

Multipassログインは便利な機能ですが、Shopify Plusのプランを契約しているストアのみが使用できる機能です。Shopify Plusは、Shopifyのプランの中で最上級のプランです。先述したようなシチュエーションでMultipass機能が必要になった場合は、Shopify Plusへのグレードアップを検討すると良いでしょう。

Multipass公式ドキュメント　https://shopify.dev/api/multipass

3-2-7 ShopifyのAPIの種類と仕様

ShopifyのAPIがサポートしている仕様はGraphQLとREST APIがあります。前述した各APIがサポートしているAPIの仕様は次のとおりです。

種類	API仕様
AdminAPI	GraphQL、REST API
StorefrontAPI	GraphQL
PartnerAPI	GraphQL
PaymentsAppsAPI	GraphQL
MessagingAPI	REST API

※Multipassのエンドポイントは1つであるため省略

次の節では、ShopifyのGraphQLとREST APIの仕様について解説します。

3-3 GraphQLとREST API

3-3-1 GraphQL

Shopifyで扱うAPIの仕様にGraphQLがあります。ShopifyのAdmin APIではREST APIよりもGraphQLの使用を推奨しており、今後の新機能の追加などはGraphQLの利用が多くなってくるでしょう。GraphQLは概念や扱い方に癖があり、慣れていないと難しく感じます。まずはGraphQLについて馴染みがない方のために簡単な説明をします。

GraphQLはFacebookで開発されました。Facebookでは、GraphQLが開発される前はREST APIを使用し、データの取得や操作をしていました。しかし、あるまとまったデータを取得して扱おうとしたときに処理の速度や実装が複雑になることに課題を感じていました。REST APIの場合はエンドポイントがリソースとなり、エンドポイントごとに返すデータが決まっているため、複数のエンドポイントからデータを取得して組み立てるということが必要になるからです。

関連するデータを一度に取得したり、必要のないデータを取得しないようにしたり、どのようなデータを返してもらうかをクライアント側で管理できるようにするためのAPI仕様を作ろう、という考えから生まれたのがGraphQLです。GraphQLはREST APIのようにエンドポイント単位でリソースを操作するのではなく、単一のエンドポイントに対して対象のリソースの操作方法を記載したクエリをリクエストすることによってリソースを操作します。このことにより、クライアント側にリソース操作方法が委ねられ、REST APIでは複数回リクエストする必要があるケースでも、少ない回数のリクエストで済ませることが可能になります。また、API呼び出し回数やレスポンスデータを少なくできるということは、サーバーにかかる負荷も少なくなります。

このようにメリットが大きいGraphQLですが、REST APIに比べて扱いが複雑なので、使用する側のハードルは高くなります。しかし、ShopifyではいくつかのA種類のAPIはGraphQLでしか扱うことができないので、使用することを避けられません。

GraphQL APIを用いた開発を経験していない方には、新しく覚えることが多くてハードルが高いかもしれません。しかし「1つのリクエストで複数のリソースにアクセスする」という基本コンセプトを理解しておけば、段々慣れてくるでしょう。学習や開発のためのサポートツールも比較的豊富です。

次にShopifyのGraphQLの基本用語と扱い方について解説していきます。

GraphQLの基本用語と扱い方

ここからはShopifyのGraphQLの基本用語と扱い方について解説します。GraphQLの基本用語と扱い方をしっかり把握しておけば、ShopifyのGraphQLのドキュメントを見るだけで、そのオブジェクトの概要がわかり、データを扱えるようになります。

認証とエンドポイント

ShopifyのAPIを扱うためには認証が必要です。認証方法はAPIの種類によってことなります。Admin APIの場合はアプリインストール時に取得したアクセストークンを、`X-Shopify-Access-Token`ヘッダに入れてアクセスすればリクエストが成功します。アプリをインストールしてアクセストークンを取得する方法についてはChapter 9で解説します。

GraphQLのエンドポイントもAPIの種類によって異なりますが、APIの種類ごとにもつエンドポイントは1つです。エンドポイントが1つであるのは、GraphQLではリソースの取得をクエリ（リクエストボディ）によって表現するためです。例えば、Admin APIのエンドポイントは次のとおりです。

```
POST https://{shopify_domain}/admin/api/{api_version}/graphql.json
```

- shopify_domain … Shopifyストアドメイン
- api_version … APIバージョン

また、ShopifyのGraphQLで扱うHTTPリクエストメソッドはPOSTのみです。REST APIではHTTPリクエストメソッドでデータの「取得・作成・更新」などを指定しますが、GraphQLでは「取得・作成・更新」もクエリで表現するためです。

基本用語

ShopifyのAPIドキュメントで目にする基本用語を次表にまとめました。

用語	説明
Object	リソースを表す型。Fieldをもつ
Query	リソース検索に指定するクエリ
Mutation	リソース作成・更新に指定できるクエリ
InputObject	Mutationに渡すパラメータの型
Payload	Mutationで返すレスポンスの型
Field	ObjectやPayloadのプロパティ。型（Object、Scalar、Enum、配列型）をもつ
Scalar	値を1つだけもつ最小の型。FieldやInputObjectに指定する
Enum	特定の値のみをもつ型
Connection	1から多のリストをページングで取得する型
Interface	実装したObjectに指定したFieldをもたせる抽象型
Union	指定した複数の型のいずれかのObjectを返す抽象型

Objectはデータのまとまりを抽象化して表した型です。もしデータが抽象化されていないと、扱うのが大変です。例えば、Shopifyでは顧客はCustomerで、商品はProductとわかりやすく抽象化されています。

Queryはリソース検索に指定できるクエリです。例えばCustomerを検索する場合、customerとcustomersというクエリで検索ができます。customerは1つのリソースの取得、customersは複数のリソースの取得です。Objectの頭文字を小文字にしたものが単体取得、それを複数形にしたものが複数取得となっています。ほとんどのObjectとQueryはこの関係になっています。

Mutationはリソースの作成・更新に指定できるクエリです。例えば、Customerの作成はcustomerCreate、Customerの更新はcustomerUpdateなどがあります。「操作対象Objectの頭文字を小文字にしたもの + 操作内容」という形式になっています。

ObjectとObjectが1対多のときに「1」から「多」のリストをページングで取得するのがConnectionです。Fieldで取得する配列型のリソースとConnectionで取得するリソースは、ObjectとObjectが1対多のときに「1」から「多」を取得する、という点では同じです。ただし、Fieldの配列型はObjectに紐づくすべてのObjectを返すのに対し、Connectionはページングでリストを取得します。

その他の項目については実際にどういったクエリ構造になるのか、次に挙げる利用シーンごとに解説していきます。

- 検索のクエリ構造
- 作成・更新のクエリ構造
- 複数のデータを取得するクエリ構造
- 複数のデータをページネーションで取得するクエリ構造
- 抽象化されたObjectを返すUnionのクエリ構造

検索のクエリ構造

実際の検索のクエリ例を見ながら解説していきます。次のクエリはAdmin APIでの顧客データ取得時のクエリ例です。
※実行には後述するパラメータをご指定ください。

コード3-3-1 1.gql

```
GraphQL
query FindCustomer($id: ID!) {
  customer(id: $id) {
    id
    email
  }
}
```

データ取得の際はqueryを最初に指定します。FindCustomerはOperation Nameと言い、自由に名前を付けられます。プログラミングで例えると、メソッド名に名前を付けるという行為に該当します。クエリを見たときに分かりやすくするために、Operation Nameはそのクエリ内で操作する内容を表した名前にするのが良いでしょう。

また、GraphQLでは1つのリクエストボディに複数のクエリを指定することができますが、Operation Nameは1つのボディの中で一意である必要があります。例えば、次のクエリのようにする必要があります。

コード3-3-1 2.gql

```
GraphQL
query FindCustomerWithEmail($id: ID!) {
  customer(id: $id) {
    id
    email
  }
}

query FindCustomerWithPhone($id: ID!) {
  customer(id: $id) {
    id
    phone
  }
}
```

$idはクエリに渡すパラメータで、IDはScalarで表される$idの型情報です。!は必須情報であることの宣言で、customerの引数であるidが必須であるため、Operation Nameに渡す引数に!を付与する必要があります。`query FindCustomerWithEmail($id: ID!) {`の次から命令（クエリ）が始まります。命令の始まりに指定できるクエリはQueryRoot※というオブジェクトのFieldまたは

Connectionの中からだけ選択できます。

※QueryRootオブジェクトについての詳細はShopifyのAdmin APIのドキュメントをご確認ください。

customerの右側にある`(id: $id)`の`$id`がOperation Nameの引数で渡した`$id`になります
`customer(id: $id)`の次の`{ }`の中のidとemailがFieldで、レスポンスで受け取りたいパラメータを指定します。

コード3-3-1 1.gqlのクエリに渡すパラメータの構造は次のとおりです。検索したい顧客をidで指定します。このときのidは、コード3-3-1 1.gqlのクエリの$idとして受け取ります。また、$idはScalar型のIDです。ShopifyのIDのドキュメント上で、IDのフォーマットは`gid://shopify/{Object}/{数字}`となっているため、このフォーマットで指定する必要があります。

コード3-3-1 1.gqlのパラメータ

```json
JSON
{
  "id": "gid://shopify/Customer/1234567890"
}
```

コード3-3-1 1.gqlのクエリのレスポンス例は次のとおりです。クエリのFieldにidとemailを指定したため、レスポンスはidとemailが返ります。レスポンスにはかならず`data`というキーが付与されます。

コード3-3-1 1.gqlのレスポンス

```json
JSON
{
  "data": {
    "customer": {
      "id": "gid://shopify/Customer/1234567890",
      "email": "sample@example.com"
    }
  },
  "extensions": {
    "cost": {
      "requestedQueryCost": 1,
      "actualQueryCost": 1,
      "throttleStatus": {
        "maximumAvailable": 1000,
        "currentlyAvailable": 999,
        "restoreRate": 50
      }
    }
  }
}
```

※extensionsはレート制限を示すデータです。詳しくはShopifyのAdmin APIのドキュメントをご確認ください。

データ取得のqueryやOperation Nameは次のように省略可能です。queryを省略したときはパラメータの$idを外部から渡すことができないので、クエリ内部に埋め込む必要があります。

コード3-3-1 3.gql

```
GraphQL
{
  customer(id: "gid://Shopify/Customer/1234567890") {
    id
    email
  }
}
```

作成・更新のクエリ構造

次にデータの更新や作成に使用するMutationについて、使用例を見ながら解説します。次のクエリは顧客のデータ更新時のMutationの例です。

コード3-3-1 4.gql

```
GraphQL
mutation CustomerUpdate {
  customerUpdate(
    input: {
      id: "gid://shopify/Customer/1234567890"
      firstName: "taro"
      lastName: "yamada"
    }
  ) {
    customer {
      id
      firstName
      lastName
    }
    userErrors {
      field
      message
    }
  }
}
```

Mutationは先頭に必ずmutationを指定します。mutationの次に指定されているCustomerUpdateはQueryの説明でも登場したOperation Nameで、指定しなくてもクエリは正常に動作します。ただし、Queryと同じように1つのボディに複数のクエリを指定する場合は一意なOperation Nameを指定する必要があります。

Queryと同様に、Operation Nameの次の{　}の中に実際のクエリを書きます。mutationの場合は先頭にShopifyのMutationの中から選ぶ必要があります。customerUpdateがMutationです。

customerUpdateのMutationの次に指定されているinputは更新パラメータです。customerUpdateのMutationはCustomerInputというInput Objectの型でパラメータを渡す必要があります。idには更新対象のCustomerのidを指定します。存在しないidの場合はエラーが返ります。

customerUpdateのMutationの場合、CustomerInputのFieldの値で必須パラメータはないので、次のようなクエリでもエラーとなりません。
※customerCreateのMutationの場合は「idが不要」かつ「emailかphoneのどちらかが必要」です。

コード3-3-1 4.gqlの一部

```
GraphQL
        input: {
          id: "gid://shopify/Customer/1234567890"
        }
```

inputパラメータの次の{　}がPayloadで、取得する情報を指定します。customerUpdateで取得できるPayloadは、CustomerUpdatePayloadです。CustomerUpdatePayloadにはcustomer(Customer型)とuserErrors(UserErrors型)を指定できます。mutationは、作成や変更を実行したObjectとエラー情報(UserErrors)をPayloadに指定できるものがほとんどです。

MutationもQueryと同様に外部から値を渡すことができます。Mutationで外部から値を渡したクエリ例は次のとおりです。

コード3-3-1 5.gql

```
GraphQL
mutation CustomerUpdate($id: ID, $firstName: String, $lastName: String) {
  customerUpdate(
    input: { id: $id, firstName: $firstName, lastName: $lastName }
  ) {
    customer {
      id
      firstName
      lastName
      email
    }
    userErrors {
      field
      message
    }
  }
}
```

コード3-3-1 5.gqlのクエリに渡すパラメータ例は次のとおりです。

コード3-3-1 5.gqlのパラメータ

```
JSON
{
  "id": "gid://shopify/Customer/1234567890",
  "firstName": "taro",
  "lastName": "yamada"
}
```

コード3-3-1 5.gqlのクエリ例ではidなどの渡すパラメータをバラバラに指定しましたが、mutation CustomerUpdateに渡す引数の型はCustomerInputなので、次のようにも指定できます。

コード3-3-1 6.gql

```
GraphQL
mutation ($customerInput: CustomerInput!) {
  customerUpdate(input: $customerInput) {
    customer {
      id
      firstName
      lastName
    }
    userErrors {
      field
      message
    }
  }
}
```

コード3-3-1 6.gqlのクエリに渡すパラメータは次のとおりです。クエリでcustomerInputという引数名を指定しているので、JSONのトップのキーにcustomerInputを指定します。

コード3-3-1 6.gqlのパラメータ

```
JSON
{
  "customerInput": {
    "id": "gid://shopify/Customer/1234567890",
    "firstName": " taro",
    "lastName": "yamada"
  }
}
```

複数のデータを条件指定して取得するクエリ構造

1つのクエリで複数のデータを条件指定して取得するConnectionについて解説します。ConnectionはObjectとObjectが1対多の関係にあるときに、1から多を取得するための型です。

例として、Shopに紐づく複数のCustomerを取得するクエリを考えてみましょう。ShopとCustomerは1対多の関係となります。複数のCustomerを取得するConnectionはCustomerConnectionであるcustomersです。customersはShopなどのFieldに使用できますが、QueryRootにも使用できます。次のクエリはShopに紐づくCustomerを取得します。

コード3-3-1 7.gql

```graphql
{
  shop {
    customers(first: 10) {
      edges {
        node {
          id
          firstName
          lastName
        }
      }
    }
  }
}
```

Connectionで複数のリソースを取得する場合は、Connectionの右側に取得条件を指定します。このクエリでは(`first: 10`)が条件で、「先頭から10件分のデータ」を意味します。指定できる条件はConnectionやAPIのバージョンによって異なります。`first`、`last`、`before`、`after`などは汎用的な条件なので、どのConnectionの条件でも使用できます。

その次に出てくるのが`edges`と`node`です。GraphQLではリソースをノード（node）、リソースをつなぐものをエッジ（edge）と呼びます。このクエリでは、リソースであるノードはShopとCustomerで、リソースをつなぐエッジがedgesです。クエリのルートであるshopからたどると、「shop」→「customers」→「edges」→「node」という構造になっています。これは、ShopからCustomerの関係をそのまま表したクエリになっているということです。

コード3-3-1 7.gqlの一部

```graphql
      node { # node の実体は Customer
        id
        firstName
        lastName
      }
```

コード3-3-1 7.gqlのクエリのレスポンスは次のようになります。

コード3-3-1 7.gqlのレスポンス

```
JSON
{
  "data": {
    "shop": {
      "customers": {
        "edges": [
          {
            "node": {
              "id": "gid://shopify/Customer/1234567890",
              "firstName": "taro",
              "lastName": "yamada"
            }
          },
          {
            "node": {
              "id": "gid://shopify/Customer/0987654321",
              "firstName": "jiro",
              "lastName": "suzuki"
            }
          }
          ...省略
        ]
      }
    },
    …省略
  }
}
```

複数のデータをページネーションで取得するクエリ構造

コード3-3-1 7.gqlの「複数のデータを取得する」例では`first: 10`という条件を指定し、先頭10件を取得しました。もし、データが10件以上存在する場合はどうすれば良いしょう？　もちろん`first: 100`といった指定をすれば、10件目以降のデータを取得できますが、レスポンス時間やレート制限が心配です。

その場合は、Connectionで指定できるpageInfoとEdgeに使用できるcursorを使ってページネーションをします。クエリは次のようになります。

コード3-3-1 8.gql

```
GraphQL
{
  customers(first: 10) {
    edges {
```

```
      node {
        id
        firstName
        lastName
      }
      cursor
    }
    pageInfo {
      hasNextPage
      hasPreviousPage
    }
  }
}
```

pageInfoのhasNextPageで次のページがあるかどうかを取得でき、hasPreviousPageで前のページがあるかどうかを取得できます。cursorは、ノードのカーソル（位置）です。コード3-3-1 8.gqlのクエリのレスポンスは次のようになります。

コード3-3-1 8.gqlのレスポンス

```
JSON
{
  "data": {
    "customers": {
      "edges": [
        {
          "node": {
            "id": "gid://shopify/Customer/1234567890",
            "firstName": "taro",
            "lastName": "yamada"
          },
          "cursor": "eyJsYXN0X2lkIjoiMTIzNDU2Nzg5MCIsImxhc3RfdmFsdWUiOiIxMjM0NTY3ODkwIn0="
        },
        ... 省略
        {
          "node": {
            "id": "gid://shopify/Customer/0987654321",
            "firstName": "jiro",
            "lastName": "suzuki"
          },
          "cursor": "eyJsYXN0X2lkIjoiMDk4NzY1NDMyMSIsImxhc3RfdmFsdWUiOiIwOTg3NjU0MzIxIn0="
        }
      ],
      "pageInfo": {
        "hasNextPage": true,
        "hasPreviousPage": false
      }
    }
  },
  ... 省略
}
```

まずはpageInfoで次のページがあるか、前のページがあるかどうかを判別します。このレスポンスの場合、hasNextPageがtrueなので、次のページが存在します。

次のページの10件を取得するためには、edgesの最後のデータのcursorの値を使用します。afterは「指定したカーソルの後のデータを取得する」という条件になります。

コード3-3-1 9.gql

```graphql
{
  customers(
    first: 10
    after: "eyJsYXN0X2lkIjoiMDk4NzY1NDMyMSIsImxhc3RfdmFsdWUiOiIwOTg3NjU0MzIxIn0="
  ) {
    edges {
      node {
        id
        firstName
        lastName
      }
      cursor
    }
    pageInfo {
      hasNextPage
      hasPreviousPage
    }
  }
}
```

このpageInfoとcursorを使ってクエリの検索条件を指定することにより、次のページ情報や前のページ情報を取得できます。

抽象化されたObjectを返すUnionのクエリ構造

ここでは、複数の型のいずれかのObjectを返すUnionの使い方について解説します。Unionが使用されるのは「類似した複数のObjectの型を返すとき」です。

ShopifyでUnionが登場するシーンは多くはないのですが、例えばAdmin APIで提供されているアプリ課金を実装するときのAppPricingDetailsという型がUnionです。AppPricingDetailsは「課金詳細」を表すUnionで、AppRecurringPricingまたはAppUsagePricingを返します。AppRecurringPricingは「定期課金」を表すObject、AppUsagePricingは「従量課金」を表すObjectです。AppRecurringPricingとAppUsagePricingはどちらも課金に関するObjectで類似しているため、Unionでまとめられている、というわけです。

次のクエリはアプリの定期定額課金（AppRecurringPricing）の課金額を取得するものです。

コード3-3-1 10.gql

```graphql
{
  appInstallation {
    allSubscriptions(first: 10) {
      edges {
        node {
          status
          lineItems {
            plan {
              pricingDetails {
                ... on AppRecurringPricing {
                  price {
                    amount
                    currencyCode
                  }
                }
              }
            }
          }
        }
      }
    }
  }
}
```

AppPricingDetailsは検索のためのQueryをもたないため、appInstallationからたどる必要があります。appInstallationからpricingDetailsまでは、すでに解説したQueryやConnectionの内容と同じなので詳細は省きます。

注目するのはpricingDetailsの次の部分です。見慣れない「... on AppRecurringPricing」という構文が現れました。

コード3-3-1 10.gqlの一部

```graphql
              pricingDetails {
                ... on AppRecurringPricing {
                  price {
                    amount
                    currencyCode
                  }
                }
              }
```

pricingDetailsはAppRecurringPricingかAppUsagePricingを返すため、pricingDetailsがどんなフィールドをもつか決定していません。そのため、次のようなクエリは無効です。

コード3-3-1 10.gqlの一部を変更したコード

```
GraphQL
          pricingDetails {
            price {
              amount
              currencyCode
            }
          }
```

pricingDetailsがどんな型を返すか決定していないため、型を指定する必要があります。それが「... on AppRecurringPricing」という構文で、conditional fragmentと言います。このconditional fragmentを指定することで、Union型でどちらの型を返すかあいまいだった型が決定する、というわけです。

ShopifyのGraphQLのドキュメントで目にする用語を、具体例とともに1つずつ解説してきました。次はShopifyのREST APIについて解説します。

3-3-2 REST API

ここでは、ShopifyのREST APIの扱い方について解説します。REST APIはメジャーなAPI仕様なので、慣れ親しんでいる方は多いでしょう。

先にも述べましたが、Admin APIには一部GraphQLで扱うことができないオブジェクトがあり、それらはREST APIを利用しなければなりません。例えば、Admin APIのGraphQLではCheckout（決済情報）やTheme（オンラインストアのテーマ）を扱うことができません。メインはGraphQLを使い、扱えないリソースはREST APIを使うのが良いでしょう。

認証とエンドポイント

認証方法はAPIの種類によって異なります。Admin APIのREST APIではGraphQLと同様にアクセストークンを、`X-Shopify-Access-Token`ヘッダに入れてアクセスすればリクエストが成功します。

REST APIの場合、取得したいリソースをエンドポイントで決定します。Admin APIの場合、フォーマットは次のとおりです。

```
https://{shopify_domain}/admin/api/{api_version}/{resource}.json
```

- shopify_domain … Shopifyストアドメイン
- api_version … APIバージョン
- resource … 扱うリソース

データ取得・作成・更新・削除

取得・作成・更新・削除などの操作はHTTPリクエストメソッドで指定します。

操作内容	HTTPリクエストメソッド
取得	GET
作成	POST
更新	PUT
削除	DELETE

顧客情報の取得や作成・更新・削除は次のように指定します。

顧客リスト取得

```
GET /admin/api/2022-01/customers.json
```

顧客詳細情報取得

```
GET /admin/api/2022-01/customers/{customer_id}.json
```

顧客作成

```
POST /admin/api/2022-01/customers.json
```

顧客情報更新

```
PUT /admin/api/2022-01/customers/{customer_id}.json
```

顧客情報削除

```
DELETE /admin/api/2022-01/customers/{customer_id}.json
```

関連情報の取得

REST APIで関連情報を取得するときは、次のようなフォーマットになります。

```
{親resource}/{親resource_id}/{子resource}.json
```

リソースによって関連情報は異なりますが、例えば顧客が商品を購入したときは、顧客は注文をもちます。顧客の注文リストの取得は次のようになります。

```
GET /admin/api/2022-01/customers/{customer_id}/orders.json
```

取得するレスポンスのフィールドを限定する

ShopifyのAdmin APIのREST APIには、レスポンスのフィールドを絞り込むことができるfieldsというクエリパラメータが指定可能なリソースも存在します。次のリクエストは顧客情報のIDとメールアドレス、名前のフィールドのみを取得する例です。

```
GET /admin/api/2022-01/customers/{customer_id}.json?fields=id,email,first_name,last_name
```

レスポンスは次のようになります。

```json
JSON
{
  "customer": {
    "id": 1234567890,
    "email": "taro-yamada@example.com",
    "first_name": "taro",
    "last_name": "yamada"
  }
}
```

3-4 オブジェクトの種類と概要

Shopifyのデータは概念をイメージしやすく扱いやすくするために、抽象化されたオブジェクト群で構成されています。オブジェクトの種類は多岐に渡るため、ここですべてのオブジェクトを説明することはできません。この章では、開発での使用頻度の高いAdmin API（GraphQL）の中から、次の2つのオブジェクトのまとまりに焦点を当てて解説します。

- ECサイトで頻繁に扱うオブジェクト
- アプリの利用料請求に関するオブジェクト

まずはこれらのオブジェクトの特徴を押さえておきましょう。また、本節で紹介していないオブジェクトについては、前節で解説したAPIの使い方を参考に、Shopify公式のAPIドキュメントを見ながら実際にAPIを使って学んでいくと良いでしょう。なお、この節で説明するオブジェクト情報は、Admin API GraphQLの2022年1月バージョンのドキュメントから参照しています。

Admin API GraphQL公式ドキュメント
▶https://shopify.dev/api/admin-graphql

3-4-1 ECサイトで頻繁に扱うオブジェクト

ECサイトの運営で基本となる顧客や商品、注文について概要を抑えておきましょう。次表にそれぞれのオブジェクトと概要をまとめました。

カテゴリ	名前	説明
顧客	Customer	ストアで商品を購入するエンドユーザー
注文	Order	注文
注文	LineItem	注文商品
商品	Product	商品
商品	ProductVariant	商品のバリエーション
出荷	Fulfillment	出荷
在庫	InventoryItem	在庫

また、この表のオブジェクトの関係を一覧にしたものが次図です。

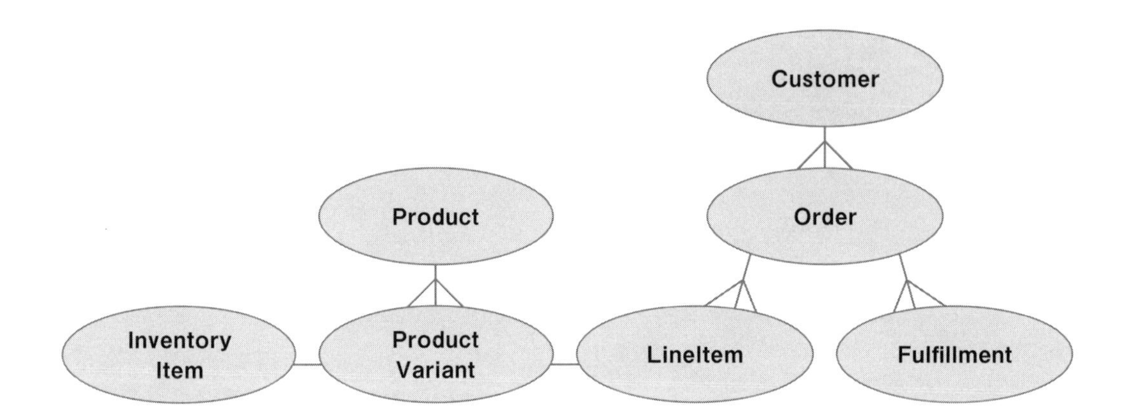

図の見方は上から順に1対多の関係となっています。例えば、Customer（顧客）とOrder（注文）の関係は1対多です。本節ではリストアップしたオブジェクト群の中でもっともよく使うCustomer（顧客）・Order（注文）・Product（商品）を中心に解説します。

Customer

Customerは顧客情報です。このオブジェクトには、名前やメールアドレスや住所、顧客状態の情報などが入っています。

Customerがもつ主なFieldを次表にまとめます。

Field名	Field型	説明
email	String	メールアドレス
phone	String	電話番号
firstName	String	名前
lastName	String	名字
image	Image!	画像
defaultAddress	MailingAddress	デフォルト住所
addresses	[MailingAddress!]!	住所情報のリスト
locale	String!	地域情報
state	CustomerState!	顧客状態
canDelete	Boolean!	顧客情報を削除することができるか
verifiedEmail	Boolean!	メールアドレスが認証済かどうか
lastOrder	Order	最後の注文
averageOrderAmountV2	MoneyV2	過去の注文の平均注文金額
taxExempt	Boolean!	注文に対して税金を免除しているかどうか
productSubscriberStatus	CustomerProductSubscriberStatus!	定期購入契約情報

※Fieldが必須情報の場合は型の後ろに「!」が付いています

email Fieldが返す型はString型ですが、メールアドレスは誤った形式のメールアドレスを登録できません。メールアドレスのドメインは実際に存在する有効なドメインでなくてはなりません。phone Fieldも返す型はString型ですが、誤った形式の電話番号は登録できません。

また、Shopifyの顧客情報の特徴として、1つのストアの中で同じemailをもつ複数の顧客は存在できません。よって、emailでCustomerを検索した場合は必ず1人のみが取得できます。phoneもemail同様に1つのストアの中で同じphoneをもつ複数の顧客は存在できません。

state FieldはCustomerの状態です。state Filedの型のCustomerStateは4つの値をもつ列挙型です。CustomerStateの値は次図のとおりです。

状態	説明
DISABLED	無効な状態
INVITED	emailが未承認の状態
ENABLED	有効な状態
DECLINED	招待メールを拒否した状態

stateが「DISABLED」の状態とは、顧客がストアにログインできない（アカウントをもてない）状態のことです。顧客がストアにアカウントをもてないと、顧客は注文のたびに住所情報などを入力する必要があります。

顧客がストアでアカウントをもてるようにするためには、「顧客がアカウントをもつこと」をストアが許可する設定に変更する必要があります。ストアの「設定」の「チェックアウト」の「顧客アカウント」欄の「アカウントを使用しない」から「アカウントを任意にする」または「アカウント作成を必須にする」を選択します。

顧客アカウント

- ○ アカウントを使用しない
  お客様はゲストとしてのみチェックアウトが可能です。
- ◉ アカウントを任意にする
  お客様はアカウントを作成したり、ゲストとしてチェックアウトしたりすることができます。
- ○ アカウント作成を必須にする
  お客様はチェックアウト時にアカウントを作成する必要があります。

この設定により顧客はストア上にアカウントをもつことができ、一度登録した名前や住所情報を再利用できるようになります。

canDeleteは顧客を削除することが可能か、という情報を返します。過去に注文した顧客は削除できません。

Product

Productは商品情報です。商品の概要を表す情報や商品の販売状態を取得できます。

意外な点として、Productは価格に関する情報をもっていません。なぜなら、商品の価格はバリエーションごとに決定するためです。例えば、Tシャツの商品がある場合、価格は色や素材ごとに設定できます。よって、APIで商品の価格を取得するためには、商品のバリエーション情報を取得し、バリエーション情報から価格情報を取得する必要があるということです。

Shopifyの管理画面上では商品のバリエーション情報を設定せずに価格を設定した商品を作成できます。これは管理画面上では商品にバリエーション情報が設定されていないように見えますが、じつは商品を作成するときにデフォルトのバリエーション情報が作られ、デフォルトのバリエーション情報に価格情報は保存されています。

商品のバリエーションはProductVariantというオブジェクトです。ProductとProductVariantは1対多の関係となっています。GraphQLではProductVariantはProductのvariantsというConnectionを通じて取得できます。

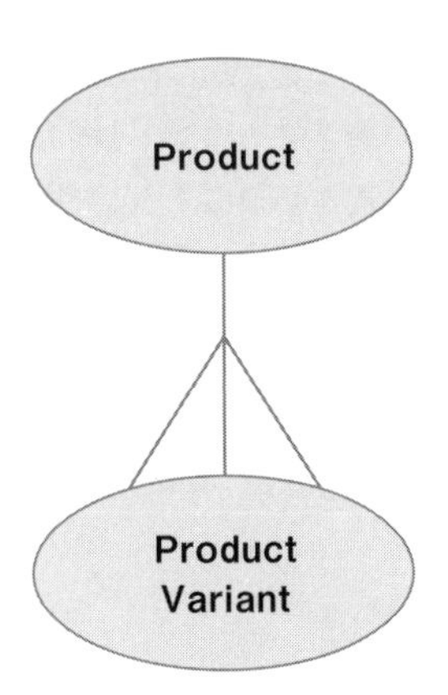

商品の概要を表す情報や販売状態は次のFieldで取得できます。

Field名	Field型	説明
title	String!	商品のタイトル
description	String!	商品の説明
descriptionHtml	HTML!	HTMLタグを含んだ商品説明
featuredImage	Image	商品のメイン画像
featuredMedia¦Media	商品のメインメディア	商品
status	ProductStatus!	商品の販売状態

descriptionHtmlが返すHTMLオブジェクトは、商品の管理画面でWYSIWYGエディタを使って表した内容のHTMLを返します。

featuredImageの型であるImage Objectはurl (URL) という画像URLを返すFieldをもちます。このurlにはImageTransformInputというInput Objectを渡すことができます。ImageTransformInputのパラメータにmaxHeightやmaxWidthを指定することで整形された画像情報をもつURLを取得できます。

featuredMediaが返すMediaオブジェクトは画像や動画、3Dモデルなどがあります。

商品の販売状態であるstatus Fieldが返すProductStatusは列挙型のenumで、次の3つの値のどれかを返します。

値	説明
ACTIVE	商品を販売している状態で、ストアに表示される
ARCHIVED	商品の販売を終了した状態で、ストアに表示されない
DRAFT	下書き状態で、ストアに表示されない

statusを変更するGraphQLのMutationクエリはproductChangeStatusです。それぞれの状態変更の制限はありません。

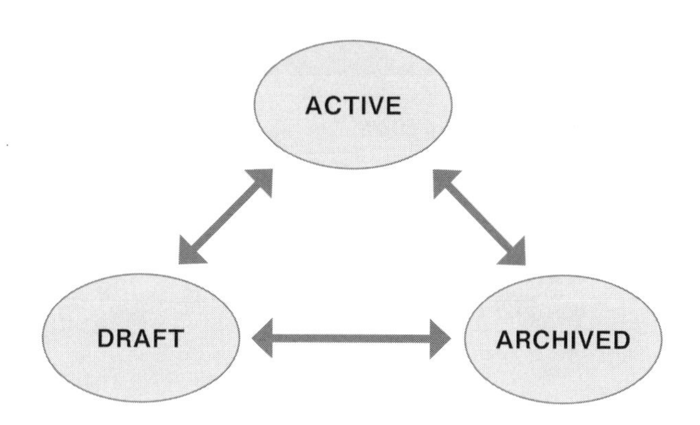

ProductVariant

ProductVariantは商品のバリエーションです。ProductVariantはProductよりも具体的な情報をもつ商品の最少単位です。Productの説明でProductVariantに触れましたが、ProductVariantは価格情報をもっています。また、色やサイズ、素材などの情報も持っています。

ProductVariantとProductは多対1の関係となります。商品であるProductを作成したとき、ProductVariantも同時に作られます。そのため、Productは必ずProductVariantを1つ以上もつことになります。

ProductVariantはProductよりも具体的な情報をもつ商品の最少単位であるため、商品を最少単位として扱いたいLineItem（注文商品）やInventoryItem（在庫商品）とつながりがあります。ProductVariantと関連するObjectの関係を次図にまとめます。

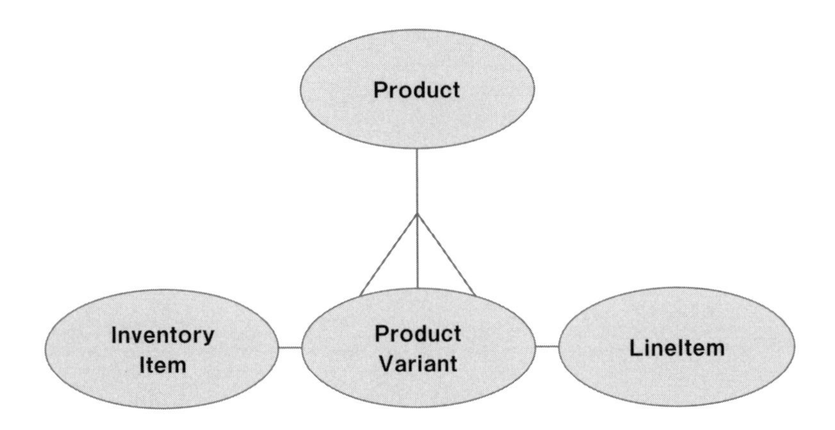

ProductVariantの主なFieldを次図にまとめます。

Field名	Field型	説明
title	String!	商品のタイトル
price	Money!	商品バリエーションの価格
compareAtPrice	Money	値引き前の商品バリエーションの価格
selectedOptions	[SelectedOption!]!	選択されたオプション
inventoryItem	InventoryItem!	在庫アイテム
inventoryQuantity	Int	在庫数
inventoryPolicy	ProductVariantInventoryPolicy!	在庫切れでも販売を行うか否か
availableForSale	Boolean!	商品バリエーションが販売可能か否か

titleは商品バリエーションのタイトルです。ストアの管理画面でバリエーションのない商品を作成したときのProductVariantのtitleは「Default Title」となります。

compareAtPriceは値引き前の商品バリエーションの価格で、priceよりも高い値でないとオンラインストアには表示されません。

selectedOptionsはProductのoptions Fieldに関連するFieldです。所属するProductのoptions Fieldがもつoptionの中から選択する必要があります。

availableForSaleは商品バリエーションが販売可能かという情報を返します。販売可能な条件は次のいずれかです。

- 在庫(inventoryQuantity)が1つ以上存在する
- 在庫切れでも販売可能にしている(inventoryPolicyがCONTINUEとなっている)

Order

Orderは注文情報です。Orderが持つ主な情報には次の6つがあります。

- 金額情報
- 支払い情報
- 返金情報
- 顧客情報
- 商品情報
- 発送情報

「金額情報」「支払い情報」はOrderが主としてもつ情報です。「返金情報」「顧客情報」「商品情報」「発送情報」に関しては、それぞれRefund、Customer、LineItem、Fulfillmentオブジェクトが主に情報をもっており、Orderはそれぞれの「オブジェクトの参照」と「補足情報」をもちます。

Orderとほかのオブジェクトの関係は次図のとおりです。

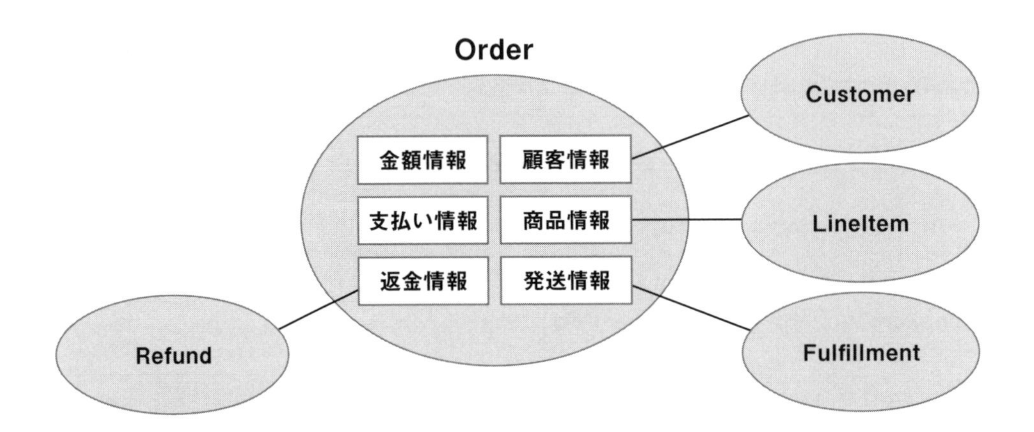

それぞれの6つの情報について順番に見ていきましょう。

Orderオブジェクトがもつ金額情報の主なFieldは次図のとおりです。

Field名	Field型	説明
totalDiscountsSet	MoneyBag!	注文に対して適用されたディスカウントの合計金額
subtotalPriceSet	MoneyBag!	商品の合計金額からディスカウント金額を差し引いた金額。小計
totalShippingPriceSet	MoneyBag!	商品の配送料の合計金額
totalTaxSet	MoneyBag!	税金額
totalPriceSet	MoneyBag!	合計金額

それぞれのFieldで返す型はMoneyBag型です。MoneyBagは「ストアに設定されている通貨」と「決済時に顧客が支払った通貨」の情報が入っています。MoneyBagのFieldは次図のとおりです。

Field名	Field型	説明
shopMoney	MoneyV2!	ストアに設定されている通貨
presentmentMoney	MoneyV2!	決済時に顧客が支払った通貨

それぞれのFieldが返すMoneyV2は金額と通貨を扱うオブジェクトです。

Field名	Field型	説明
amount	Decimal!	金額
currencyCode	CurrencyCode!	通貨

例えば「日本円で運営しているストアの商品を、アメリカに住む顧客がドルで注文した場合」のAPIでの取得結果は次のとおりです。

```
JSON
{
  "shopMoney": {
    "amount": "3420.0",
    "currencyCode": "JPY"
  },
  "presentmentMoney": {
    "amount": "28.0",
    "currencyCode": "USD"
  }
}
```


Orderオブジェクトがもつ支払い情報の主なFieldは次図のとおりです。

Field名	Field型	説明
unpaid	Boolean!	支払い済みかどうか
capturable	Boolean!	クレジットカード支払いのときに、キャプチャが可能か
paymentGatewayNames	[String!]!	注文の支払い時に利用した決済サービス
displayFinancialStatus	OrderDisplayFinancialStatus	支払い状況の概要
paymentTerms	PaymentTerms	支払い条件
netPaymentSet	MoneyBag!	注文合計金額から返金額を差し引いた支払い済みの金額
totalOutstandingSet	oneyBag!	支払いされていない合計金額
currencyCode	CurrencyCode!	ストアに設定されている通貨
presentmentCurrencyCode	CurrencyCode!	決済時に顧客が支払った通貨

paymentGatewayNamesは注文の支払い時に顧客が利用した決済サービスを返します。例えば「Shopify Payment」などが入っています。

displayFinancialStatusは顧客の支払い状況の概要です。displayFinancialStatusが返すOrderDisplayFinancialStatusは列挙型のenumで、次の8つの値のどれかを返します。

値	説明
AUTHORIZED	承認された
EXPIRED	有効期限切れ
PAID	支払い済
PARTIALLY_PAID	一部支払済
PARTIALLY_REFUNDED	一部返金済
PENDING	待機中
REFUNDED	返金済
VOIDED	無効

paymentTermsは支払いの後払いに関連するFieldです。後払い可能な注文の場合、後払いについての情報が登録されています。支払いが完了していない分の合計金額はtotalOutstandingSetに入っています。

Orderオブジェクトがもつ返金情報の主なFieldは次図のとおりです。refundsが返すRefund型に返金の詳細情報が登録されています。Refundには「返金日時」「返金額」「払い戻された関税のリスト」などが入っています。

Field名	Field型	説明
refundable	Boolean!	返金可能かどうか
refunds	[Refund!]!	適用済の返金リスト
refundDiscrepancySet	MoneyBag!	適用された返金額と実際の返金された額の差
totalRefundableShippingSet	MoneyBag!	返金された送料の合計金額
totalRefundedSet	MoneyBag!	返金合計金額

Orderオブジェクトがもつ顧客情報の主なFieldは次図のとおりです。意外なのはcustomerがOrderの必須Fieldではないので「顧客が存在しない注文」を作成できる、ということです。例えば実店舗として存在する小売店で商品を販売する場合、顧客の名前や連絡先を聞いたりはしません。そういったケースのために、「顧客が存在しない注文」を作成できるようになっています。

Field名	Field型	説明
customer	Customer	注文した顧客
email	String	注文時の顧客のメールアドレス
phone	String	注文時の顧客の電話番号
customAttributes	[Attribute!]!	顧客に関する追加情報
shippingAddress	MailingAddress	送り先住所
billingAddress	MailingAddress	請求先住所
customerJourneySummary	CustomerJourneySummary	注文までの顧客の行動履歴

Orderオブジェクトがもつ商品情報の主なFieldは次図のとおりです。

Field名	Field型	説明
subtotalLineItemsQuantity	Int!	注文した商品の合計数
confirmed	Boolean!	注文商品の在庫が確保されているかどうか
totalWeight	UnsignedInt64	注文商品合計重量

冒頭で説明したとおり、Orderの商品情報はLineItemが主としてデータをもち、OrderからlineItems Connectionを通じて参照できます。注文商品はProductでもProductVariantでもありません。LineItemは「注文商品数量」「商品価格」「ディスカウント情報」「配送可能数量」「配送可能状態」「返品可能か」「配送が必要か」などの情報をもっています。

また、LineItemは「商品バリエーション（ProductVariant）への参照」も持っており、LineItemとProductVariantとの関係は1対1となっています。

Orderオブジェクトがもつ発送情報の主なFieldは次図のとおりです。こちらも冒頭で説明したとおり、配送の詳細情報はfulfillments Fieldで取得できるFulfillmentオブジェクトが主としてデータをもちます。Fulfillmentは「発送日」「発送元の住所」「発送商品」「発送会社」「追跡情報」などの情報をもっています。

Field名	Field型	説明
fulfillments	[Fulfillment!]!	注文の配送情報リスト
displayFulfillmentStatus	OrderDisplayFulfillmentStatus!	注文の配送状況
fulfillable	Boolean!	注文の中に配送可能な商品があるかどうか
requiresShipping	Boolean!	配送が必要な商品があるか
shippingLine	ShippingLine	顧客が選択した配送方法
shippingLines	[ShippingLine!]!	顧客が選択した配送方法のリスト

3-4-2 アプリの支払いに関するオブジェクト

公開アプリの利用料の請求はAdmin APIのBillingにカテゴライズされたAPIによって行います。アプリの課金には大きく4種類の課金モデルが存在しており、アプリの特性に応じて合理的な課金モデルを選択する必要があります。

1. ワンタイム課金
2. 定期課金
3. 従量課金
4. アプリクレジット

1. ワンタイム課金

ワンタイム課金は、アプリ開発者がストアオーナーに対して一度だけ請求する課金です。例えばメールのテンプレートを販売する、といった継続コストが発生しない一度きりの商品を販売する場合などに最適です。

ワンタイム課金のフローは次のとおりです。

1 アプリがワンタイム課金用のAppPurchaseOneTimeオブジェクトを作成
2 オブジェクト作成時に返却されるconfirmationUrlをストアオーナーにアクセスさせる
3 ストアオーナーが課金を承認すると、AppPurchaseOneTimeオブジェクト作成時に設定したreturnUrlへリダイレクトされる
4 アプリは課金が承認されたかどうかを確認する

ワンタイム課金で使用するオブジェクトはAppPurchaseOneTimeです。AppPurchaseOneTimeの主なFieldは次のとおりです。

Field名	Field型	説明
name	String!	課金名
price	MoneyV2!	課金額
status	AppPurchaseStatus!	支払い状態

支払い状態を返すstatus FieldのAppPurchaseStatus型は、5つの値をもつ列挙型です。

状態	説明
ACTIVE	課金が承認された
DECLINED	課金が拒否された
EXPIRED	課金の有効期限が過ぎた
PENDING	課金の承認待ち
ACCEPTED	課金が承認された

課金の有効期限は作成してから2日間となっています。もしストアオーナーが2日以内に課金を承認しない場合、AppPurchaseOneTimeのstatusはEXPIREDとなり、ストアオーナーはその課金を承認できなくなります。ストアオーナーがワンタイム課金を承認したい場合、再度AppPurchaseOneTimeを作成する必要があります。

2. 定期課金

30日ごとまたは年ごとに決まった課金額をストアオーナーが支払う課金モデルです。この契約形態が最も一般的な課金モデルです。決まった機能を継続的に提供するようなアプリに最適です。アプリ開発者であるマーチャントは、定期的に決まった金額の収入を見込めるので売上予測がしやすくなります。

定期課金のフローは次のとおりです。

1. アプリがAppSubscriptionオブジェクトを作成
2. 作成時に返却されるconfirmationUrlをストアオーナーにアクセスさせる
3. ストアオーナーが課金を承認すると、AppSubscriptionオブジェクト作成時に設定したreturnUrlへリダイレクトされる
4. アプリは課金が承認されたかどうかを確認する

定期課金で使用するオブジェクトはAppSubscriptionです。AppSubscriptionの主なFieldは次のとおりです。

Field名	Field型	説明
lineItems	[AppSubscriptionLineItem!]!	課金情報アイテム
status	AppSubscriptionStatus!	支払い状態
returnUrl	URL!	課金処理終了時にリダイレクトされるURL
currentPeriodEnd	DateTime	課金サイクルの終了日時
trialDays	Int!	フリートライアル日数

lineItems Fieldが返すAppSubscriptionLineItemに課金情報の実体が入っています。30日ごとまたは年ごとに決まった金額を請求する定期課金タイプであるAppRecurringPricingと、使用量に応じた従量課金タイプであるAppUsagePricingのデータが入っています。

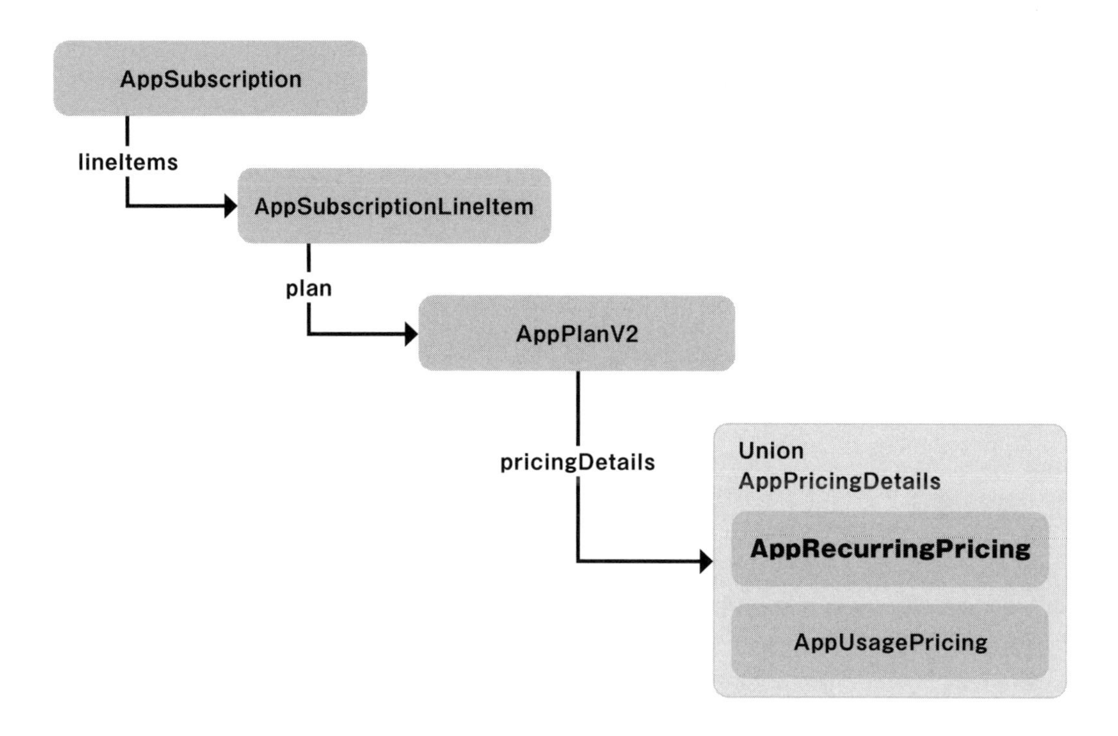

支払い状態を返すstatus FieldのAppPurchaseStatusは、AppPurchaseOneTimeでも登場した5つの値をもつ列挙型です。課金を開始している状態はACTIVEですが、AppSubscriptionの仕様として「ACTIVEなAppSubscriptionは1アプリに1つだけ」という制約があります。よって、定期課金が二重に課金されることはありません。

currentPeriodEndは現在の課金サイクルの終了日時を返します。終了日時を過ぎた場合、currentPeriodEndは更新されます。例えば30日サイクルの定期課金でcurrentPeriodEndに「2022年3月1日12時00分00秒」という日時が入っていて、その日時を過ぎた場合、currentPeriodEndは「2022年3月31日12時00分00秒」に更新されます。

定期課金の実体であるAppRecurringPricingの主なFieldは次のとおりです。

Field名	Field型	説明
price	MoneyV2!	金額と通貨単位
interval	AppPricingInterval!	課金サイクルの期間

intervalのAppPricingInterval型はANNUALとEVERY_30_DAYSを返す列挙型です。年単位の定期定額課金はANNUAL、30日単位の定期課金はEVERY_30_DAYSです。

3. 従量課金

使用量に応じた課金額を請求するのが従量課金モデルです。使用量が変動し、また使用量を明確に見せることができる機能をもつアプリに適しています。従量課金は定期課金と併用して使うことが多いです。

従量課金で扱うオブジェクトはAppSubscriptionとAppUsagePricingとAppUsageRecordです。AppUsagePricingは課金情報、AppUsageRecordは従量課金で計上された課金履歴です。

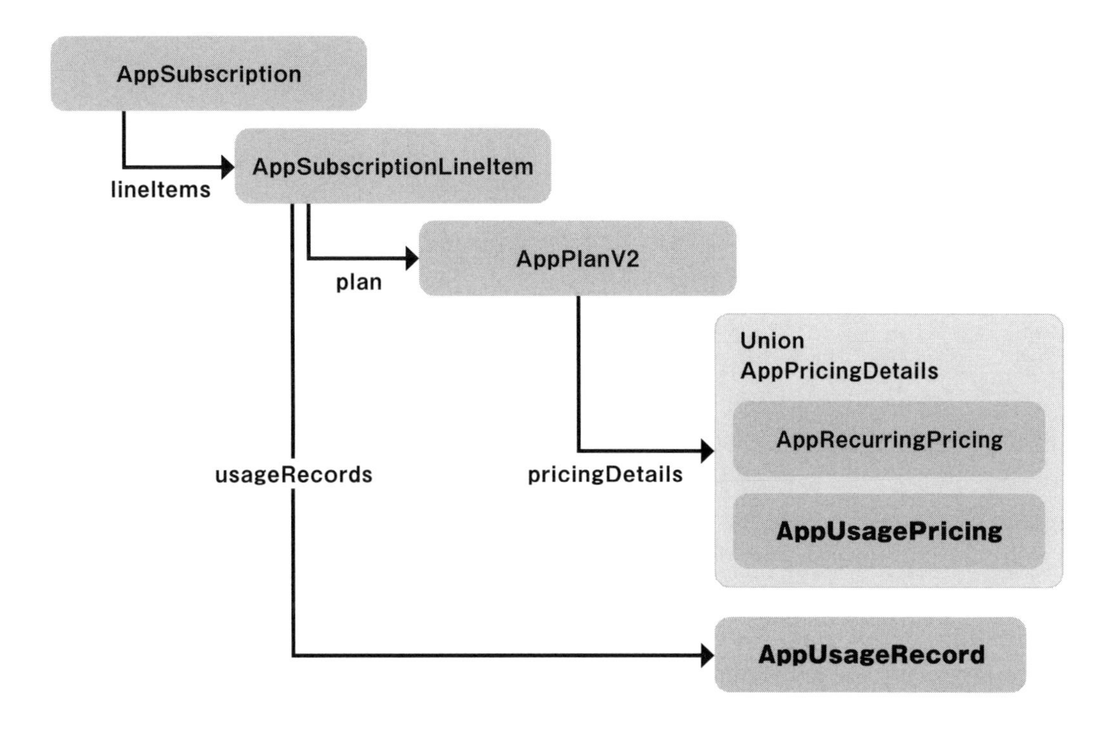

従量課金情報であるAppUsagePricingは「AppSubscriptionLineItem」→「AppPlanV2」→「AppUsagePricing」とたどります。従量課金履歴は「AppSubscriptionLineItem」→「AppUsageRecord」とたどります。「従量課金（AppUsagePricing）」→「従量課金履歴（AppUsageRecord）」とならないので注意しましょう。

AppUsagePricingの主なFieldは次のとおりです。

Field名	Field型	説明
balanceUsed	MoneyV2!	課金期間中の課金額
cappedAmount	MoneyV2!	従量課金上限額
interval	AppPricingInterval!	課金サイクルの期間

cappedAmountは従量課金上限額で、課金開始時にストアオーナーは課金の上限額を確認し、承認します。よって、アプリは従量課金計上時に従量課金上限額内であれば、ストアオーナーの承認を得ずに従量課金を計上することができます。

従量課金履歴であるAppUsageRecordの主なFieldは次のとおりです。

Field名	Field型	説明
price	MoneyV2!	課金した金額情報
createdAt	DateTime!	従量課金計上日時
subscriptionLineItem	AppSubscriptionLineItem!	親であるAppSubscriptionLineItem

従量課金を計上する場合はAppUsageRecordを作成します。
AppUsagePricingの課金サイクルの期間（interval）の間、AppUsagePricingの従量課金上限額（cappedAmount）を超えない範囲であれば何度でもAppUsageRecordを作成し、従量課金を計上できます。

4. アプリクレジット

アプリクレジットは将来のアプリ課金に使用できるクレジットです。キャンペーンで申し込んだストアオーナーに対してクレジットを付与したり、アプリの不具合により機能を提供できない期間が発生したときに、ストアオーナーに対する謝意としてクレジットを付与したりします。

扱うのはAppCreditオブジェクトで主なFieldは次のとおりです。

Field名	Field型	説明
amount	MoneyV2!	クレジット金額
description	String!	クレジットの説明

AppCreditを作成することでクレジットを付与することができます。AppCreditの作成はMutation appCreditCreateで実行します。

Chapter 4

テーマのカスタマイズ

Shopifyでは多くのECサイトが「テーマ」と呼ばれる仕組みを活用してオンラインストアを構築します。この章ではユーザの購入体験において重要となる「テーマ」の構造を理解し、サイト内のコンテンツがどのように商品などの登録情報と紐づいているか、どのようにテーマを編集、管理するかについて解説します。

4-1
Shopifyの「テーマ」とは

Shopifyでは「テーマ」と呼ばれるデザインテンプレートを利用してオリジナルのネットショップを構築できます。テーマは公式のストアで購入（一部無料あり）してダウンロードすることができ、誰でもHTMLやCSSなどの技術的コストをかけずとも高品質かつShopifyに連動したストアをすぐに立ち上げることが可能です。

2021年6月末にイベントで発表されたバージョン（OnlineStore2.0）では各ページの内容やデザインを「セクション」という単位で自由に変更できる「Sections Everywhere」という仕組みが発表され、管理画面から直接コードを触ることなくサイトを更新できるようになりました。

基本的なレイアウトや更新性の高い情報は管理画面からノーコードで、細かなカスタマイズやアプリなどの連動については直接コードで実装できるようになっています。そのおかげでテーマを利用することでウェブサイトのデザインを自身で行うことができないマーチャントはもちろんのこと、独自のデザインを組み込みたい場合でもコードを修正することでShopify独自の機能と連携しつつオリジナルのショップを構築できるようになっています。

もちろん、管理画面からの編集が容易になったことで非エンジニアの方でも自由度の高いデザインで実装できる反面、テーマが同じだと似たような雰囲気になるケースもあります。また、どうしてもテーマが提供している機能だけでは実現できないものもあり、デザインや機能の自由度を担保するためにもテーマのカスタマイズはShopifyが拡大していく中で非常に重要な役割を担っています。

4-2

Shopifyにおける「テーマの立ち位置」

Shopifyにおけるテーマの構造を図示します。

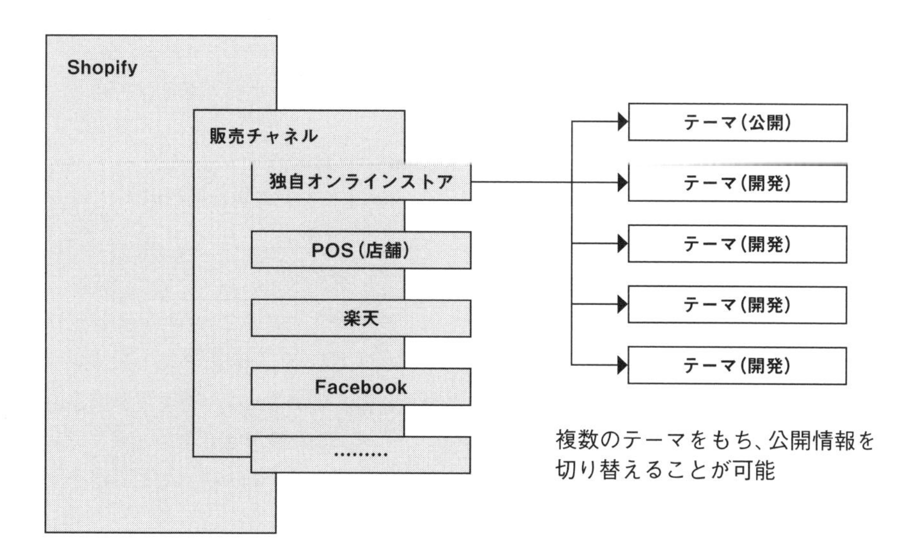

Shopifyにおける「テーマ」は販売チャネルの1つである「オンラインストア」の一部です。Shopifyでは商品の在庫や設定、注文情報などを複数の販路にまたがって管理することができますが、多くのマーチャントがこのオンラインストアを中心に商品を販売することになります。まさに「店舗のデザイン」を担っています。扱う商品によって必要な機能や情報は異なるため、レイアウトやデザインもそのニーズに合わせてカスタマイズしていく必要があります。

テーマの編集には次の2つの方法があります。ロゴや基本のデザイン、日々の運用時に必要な情報はテーマエディタで行いつつ、細かなデザインの実装はコード上で編集するといった切り分けが必要です。

1 テーマエディタ (GUI)

2 コード

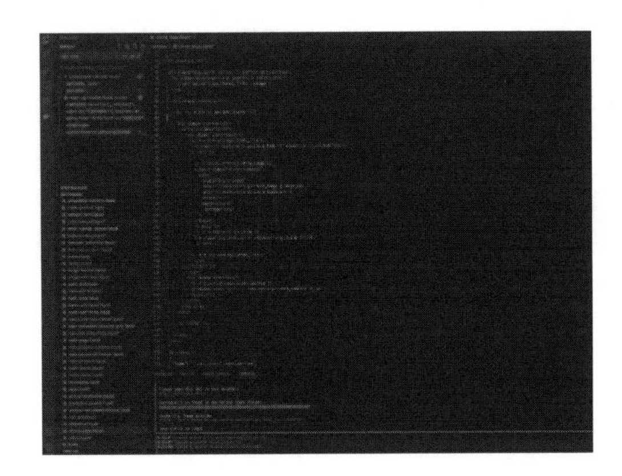

コードベース

細かなデザインなど自由な編集
が可能。初期構築やテーマに存在
しない機能の追加開発なども

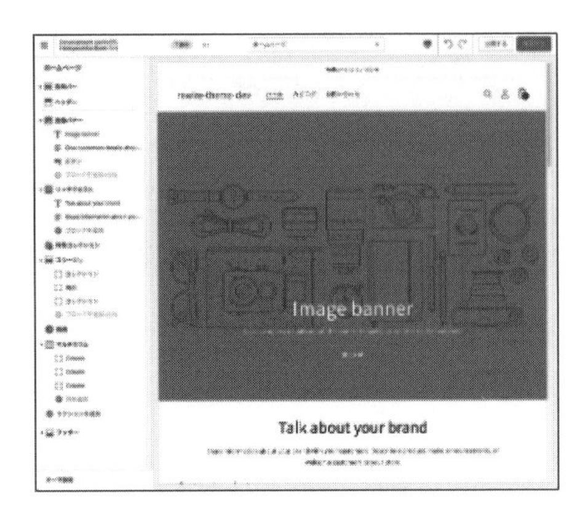

テーマのカスタマイズ画面（GUI）

ノーコードでのカスタマイズ。
日々の運用にてコンテンツが
変動するなどの場合に利用

もしあなたが、他企業が立ち上げるネットショップのテーマをカスタマイズするのであれば、ショップの根幹を担うようなカートの表示や細かなデザインなどはコードベースで行うことになるでしょう。一方でマーチャントの担当者が日々運用するための機能（例えばセールのバナーを出す、おすすめ商品のコレクションを変更するなど）をテーマに加えるのであればテーマエディタに実装されているべきであり、どのようにテーマエディタで編集できるようにするかをあらかじめコードで組み込んでおく必要があります。

この章ではテーマをコードベースで解説しつつ、管理画面のテーマ編集画面のカスタマイズについても触れていきます。

4-3 テーマ（ファイル）の構造について

Shopifyのテーマはテーマエディタを利用してカスタマイズしていくことを前提に図のような構造になっています。

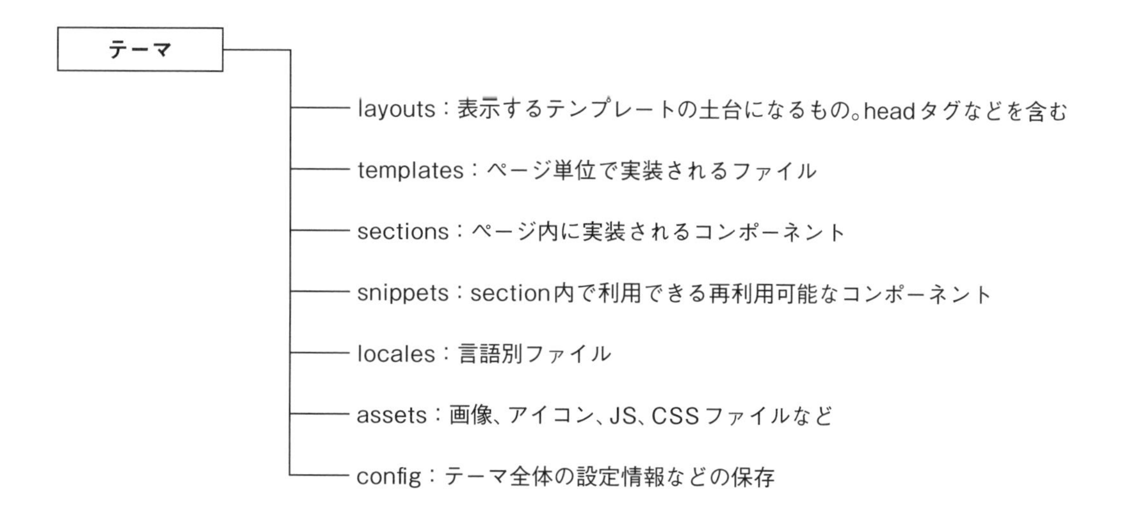
テーマ
layouts：表示するテンプレートの土台になるもの。headタグなどを含む
templates：ページ単位で実装されるファイル
sections：ページ内に実装されるコンポーネント
snippets：section内で利用できる再利用可能なコンポーネント
locales：言語別ファイル
assets：画像、アイコン、JS、CSSファイルなど
config：テーマ全体の設定情報などの保存

レイアウト（layouts）：全ページに適用される、ベースとなるHTMLファイルです。公開前に表示される「password.liquid」と、それ以外すべてのページに利用される「theme.liquid」が存在します。

テンプレート（templates）：各ページに対応するファイルです。ページごとのカスタマイズ情報が格納されており、JSON形式で記述されます。商品、ページなどの各コンテンツに対応して設定することができ、個別のテンプレートを用意して適用することも可能です。

セクション（sections）：各テンプレートに含まれる段落単位の大きなパーツです。通常は複数のセクションをテンプレート内に縦に並べ、テンプレートを構築します。セクションはテンプレート間で使い回しが可能なため、コレクションの表示やメルマガ登録など個別の機能ごとに実装・追加されます。

スニペット（snippets）：セクションに追加される要素です。セクション内で利用されるパーツを切り出したものが含まれます。

その他：画像やCSSなどを格納するassets、テーマ内の基本設定を定義・保存するconfig、各種言語に対応するための言語ファイルを格納するlocalesが存在します。

上記ルールに則ってテーマが実装されており、カスタマイズする場合もこれらの要素を利用することで要素の再利用を行ったり、運用時にコードを触らなくてもショップが更新できたりするように構築できます。

これらは管理画面の「販売チャネル」→「オンラインストア」の「テーマ」から、該当するテーマの「アクション」→「コードを編集」から確認できます。

テーマの構造はテーマのカスタマイズを行っていく上で必要になるため、必ず理解しておきましょう。

コードの編集時は必ずバックアップを取る

Shopifyのテーマはコード編集、保存後すぐに反映されます。公開テーマ（現在顧客が閲覧しているテーマ）で編集を行った場合、意図しない編集が本番に反映されてしまうリスクがあり、バックアップを取得することは必要不可欠です。該当するテーマの「アクション」→「複製」をクリックし、テーマを複製してから編集を行うようにしましょう。また、可能であれば［4-7-2　GitHubと連携してテーマの運用開発を行う］を参考にgitでのバージョン管理を行いましょう。

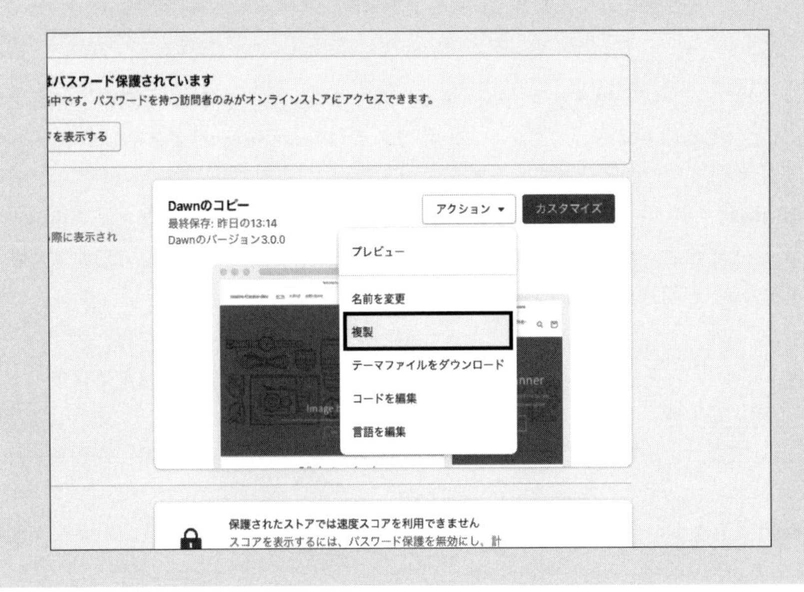

4-4 テーマ(テーマエディタ)の構造について

2021年6月末にイベントで発表されたバージョン(OnlineStore2.0)では新たに各ページの内容やデザインを「セクション」という単位で自由に変更できる「Sections Everywhere」という仕組みが実装され、ノーコードでサイトの編集が可能です。

コードの構造やカスタマイズにも関連しているため、大まかにその構造を見ていきましょう。今回はデフォルトのテーマである「Dawn」をベースに解説します。管理画面の「販売チャネル」→「オンラインストア」の「テーマ」から、該当するテーマの「カスタマイズ」をクリックします。するとページのカスタマイズ画面が開きます。

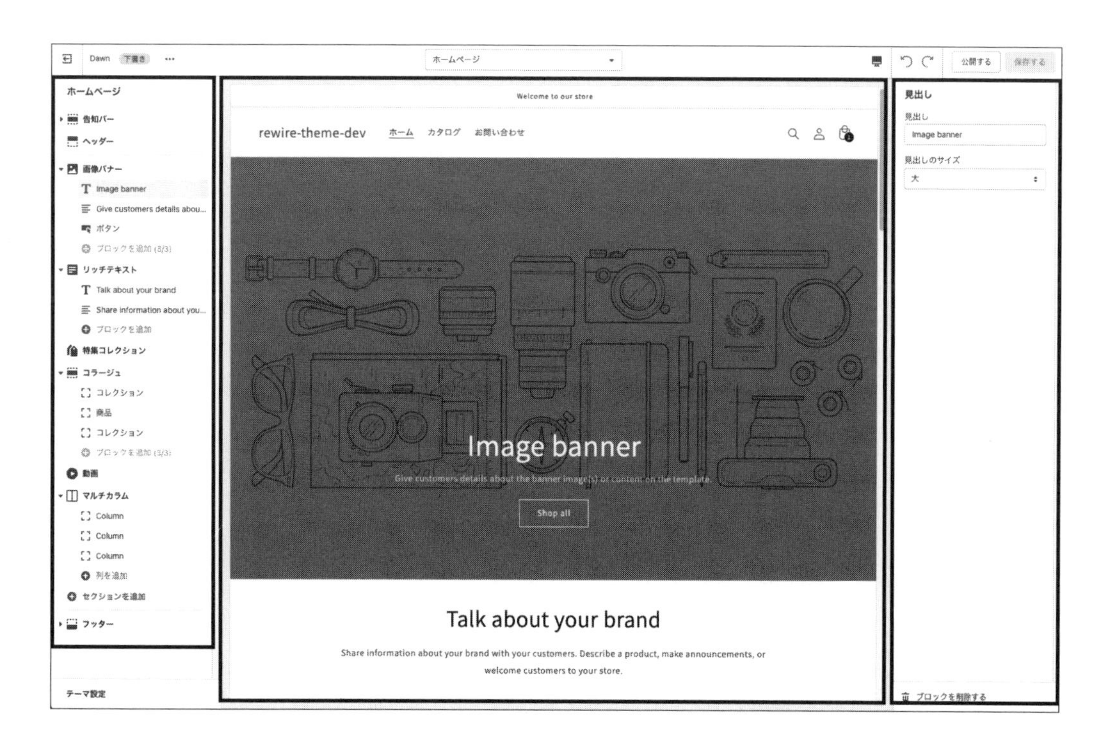

上段には現在のテーマ名・現在選択されているテーマテンプレート、左にはそのページテンプレートに含まれるセクション・ブロックの一覧、右中央にはプレビューが表示されます。

Shopifyのテーマはテンプレートに対してセクションが設定され、さらにその子要素として「ブロック」というものが設定されます。これはセクション内で定義されており、例えば商品を複数表示するセクションにおける「商品単品」など、要素ごとに設定が異なる場合にそれぞれ追加、設定できるようにするものです。

セクション・ブロックそれぞれ「セクション／ブロックを追加」から必要に応じて追加、並べ替え、非表示を行ってデザインを作成することが可能です。

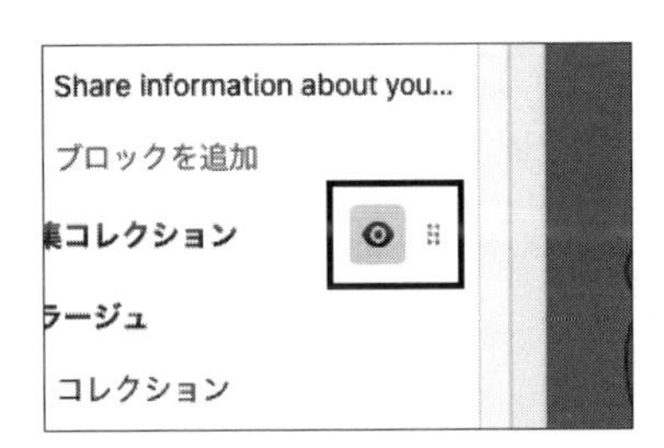

各セクション・ブロックを選択すると設定項目が表示されます（画面表示に合わせて左右どちらかに表示）。

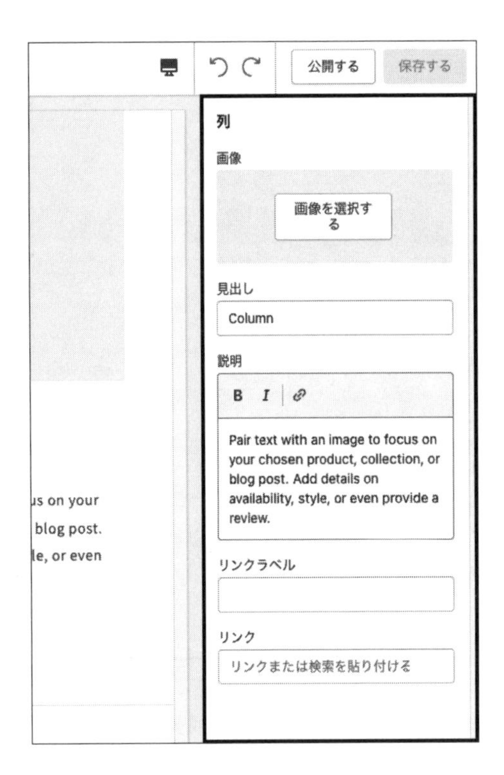

各セクションは設定値をもつことができ、テーマエディタ内で設定したものを使って表示可能です。例えば商品や画像を選択したり、必要なタイトル・説明文を追加したり、表示/非表示を切り替えたりすることが可能です。この設定項目やブロックの定義についてはセクションファイル内に後述する「schema」タグを利用して実装できます。

セクションにテーマカスタマイズ画面から編集可能な設定項目を追加することで、普段運用を担当する非エンジニアの方がノーコードでサイトの更新を行うことが可能になり、柔軟かつスピーディなストア運営が可能になります。コードでのテーマのカスタマイズを行う場合は、運用面も踏まえてこのようなセクションの設定を実装できるかどうかでサイト全体のパフォーマンスが変わってくると言えるため、構造と設計を意識することが重要になります。

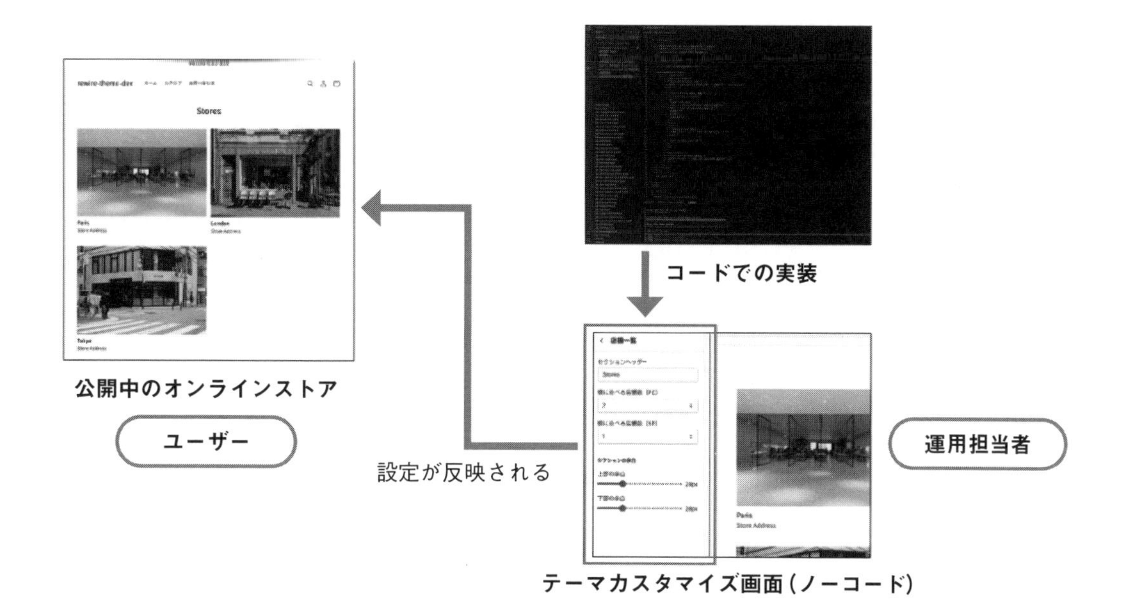

4-5 実装技術について

テーマ内部はHTML、CSS、JavaScript、画像といった一般的なWebサイト構築の仕組みだけではなく、テンプレート言語である「Liquid」によりShopify内部のデータにアクセスしたり、表示をコントロール（Liquidについては後述）したりできます。このLiquidを適切に利用していくことで動的なデータを効率よくショップに反映できます。

4-5-1 Liquidについて

Shopifyでのテーマカスタマイズを語る上で外すことができないのが独自の開発言語「Liquid（リキッド）」です。現在はオープンソースとして提供されており、Shopify以外でのプロジェクトでも利用されています。

Liquidはテンプレート言語として機能し、ユーザーに表示する「UI・デザイン」部分とShopifyに格納されている商品や注文、ブログコンテンツなどの「データ」部分をしっかりと分離しながらもシームレスにつなげられるようになっています。

Liquidを理解する上で必要な項目は次の3つです。次項からそれぞれ確認していきます。

1 Objects
2 Tags
3 Filters

詳しくは公式のドキュメントもご参照ください。
https://shopify.dev/api/liquid

4-5-2 Objects

Shopifyではテーマデザインとは別で商品、コレクション、顧客、注文、ページ、ブログなどさまざまなデータを登録、編集できます。「Objects」はそれらのオブジェクトをテーマ内に呼び出し、編集できる仕組みです。

Liquidでは独自の記法でオブジェクトの内容にアクセスが可能です。もともと定義されているオブジェクトを

```
{{ }}
```

で囲むことで呼び出すことができ、例えば商品（product）の情報であれば

```
{{ product.title }}
```

で商品のタイトルを出力することができます（引用：公式ドキュメント）。

呼び出せるオブジェクトはページのテンプレートにより異なるため注意が必要ですが、基本的にあらかじめ定義されたデータを特定の場所でダイレクトに出力することが可能です。

オブジェクト名	説明
all_products	商品handle（URLに利用される個別のテキスト）を指定することでストアに含まれる商品データを取得できます
product	各種商品情報を取得できます
articles	記事handleを指定することでブログ記事を取得できます
blogs	ストアに含まれるブログを取得できます
cart	ユーザーがカートに入れている商品など、カートの内容を取得できます
collections	ストアに含まれるコレクションを取得できます
customer	ログインしている場合に顧客の情報を取得できます
handle	現在のページのhandleを取得できます
pages	ストアに含まれる固定ページを取得できます
shop	ショップの情報（店舗情報やドメイン、ポリシーなど）を取得できます
settings	テーマの設定（ロゴやフォント、テキストの色など）を取得できます
template	現在表示しているページで利用されているtemplateの情報を取得できます

4-5-3 Tags

オブジェクトが出力できるようになったところで必要になるのが演算子やイテレーションの処理です。Liquidでは「Tags」と呼ばれる機能でそれらの論理式やコントロールを行います。

{% %}で囲むことで表現できます。例えば、次のような表現ができます。

```
{% if product.available %}
<h2>価格:1,000円</h2>
{% else %}
<h2 class="sold-out">この商品は売り切れです</h2>
{% endif %}
```

(引用：公式ドキュメント　筆者編集)

この記載により、商品の在庫がある場合は価格の表示（「価格：1,000円」）を、それ以外の場合は「この商品は売り切れです」という注意書きのHTML要素を出力します。

if / 論理式 / case / for といった基本的なもののほか、「form」のようなデザインに直結する機能や変数を定義する「assign」やリスト表示に便利な「increment / decrement」などのタグも用意されています。

実際のテーマ内では商品の状況により表示させる内容を変更したり（例：在庫のあるなしで表示を変える）、顧客のログイン有無に合わせて内容を変更したり、特定のカテゴリの場合に処理を分岐させたりするなどの実装が可能です。

また、データをコントロールするものだけでなく、セクションの読み込みやページネーションなど、ページコンテンツをコントロールするものもあります。詳しくは公式ドキュメントをご確認ください。
https://shopify.dev/api/liquid/tags

4-5-4 Filters

Filtersは表示するアウトプットとセットとして利用でき、内容のフォーマットを変更したり、計算などの処理を追加できたりします。

アウトプットに¦(処理、パイプ)を追加することで機能します。

例えば、次の記載では「capitalize」というfilterを設定すると文字列の先頭が大文字になり、「Hello, world!」と表示されます。

```
{{ 'hello, world!' | capitalize }}
```

(引用:公式ドキュメント)

また、次の記載では「world」の部分が削除され、「Hello, !」と表示されるようになります。

```
{{ 'hello, world!' | capitalize | remove: "world" }}
```

このようにアウトプットに処理を追加することで、色や配列、日付、金額の表現、imageタグ、URLの出力などのHTMLに合わせた出力の変更、四則演算の計算など多くの設定済filterが存在しているため、コードの量も少なく、シンプルにオンラインストアの表現を行うことができます。詳しくは公式のドキュメントをご確認ください。
https://shopify.dev/api/liquid/filters

上記3つの要素を組み合わせると次のようなことが可能です。

- 商品詳細ページにて商品のバリエーションごとに価格や残り在庫の表示を切り替える
- 顧客が購入した商品を再購入できるよう、マイページに商品の情報を表示する
- カテゴリ別に特集ページを作り商品のリストをそれぞれのページに表示させる

Liquidはシンプルですが、Objectsが複雑になってくると実装自体も大きくなっていく傾向があります。まずはObjectsをリファレンスでしっかりと確認しつつ、既存のテーマの実装から大きく離れすぎないよう構築するのが良いでしょう。

4-6 実際にテーマをカスタマイズする

4-6-1 ベースとなるテーマ「Dawn」のインストール

まずは基本となるテーマのインストールを行います。Shopifyのアカウントを作成したら「販売チャネル」→「オンラインストア」から「無料のテーマを探す」を選択し、Dawnをインストールします。

「テーマ」から「カスタマイズ」(管理画面での編集) を選択することで管理画面からレイアウトやコンテンツをコードなしで追加編集することが可能です。また、Liquidの修正や細かなHTML/CSSの調整が必要な場合は「アクション」→「コード編集」からコードの編集が可能です。

4-6-2 「ホームページ（トップページ）」の編集

テーマのカスタマイズ画面からセクションやブロックの編集を行ってみましょう。

まずはトップスライドを変更していきます。「画像バナー」を選択します。右サイド（画面幅によっては左）に表示されるスライドの設定で最初の画像の「画像を選択する」を選択し、独自の画像をアップロードするか、すでにアップロード済みの画像を選択します。

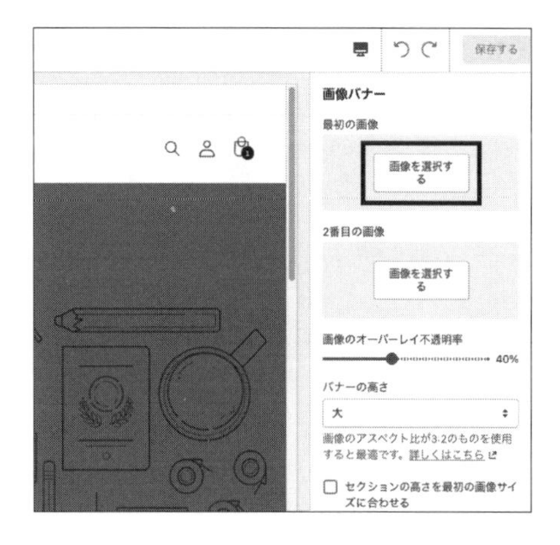

その場で画像が反映され、プレビュー可能になります。

設定ではその他タイトルのテキストやボタン、リンクを設定可能です。すべて設定したら上部に表示されている「保存」をクリックします。

次に先ほど入力したデータがコード内に格納されていることを確認しましょう。テーマのカスタマイズ内容（セクションやブロックの設定情報）は商品情報や顧客情報と異なり、テンプレートファイル内に記述され、保存されます。

ここで一度、先ほど行った画像の変更がどのように反映されているのか確認してみましょう。

左上の「閉じる」からテーマカスタマイズ画面を閉じ、該当のテーマの「アクション」から「コードを編集」をクリックします。

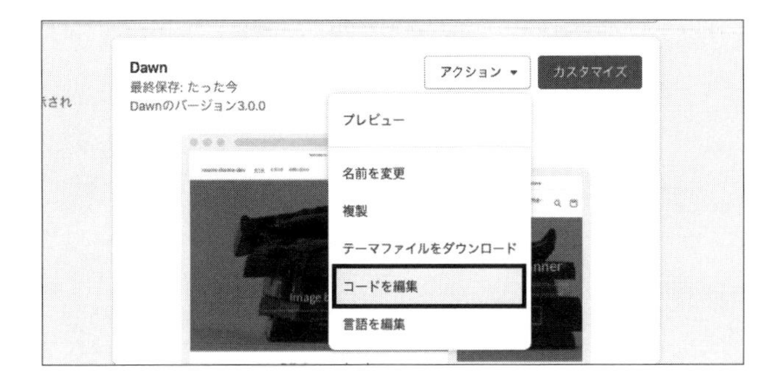

左側にあるファイルツリーから「templates」→「index.json」を選択。セクションの内容の最初の"type": "image-banner",と書かれた要素の中に先ほど設定した画像の情報が記載されているのをご確認ください。

```
30          }
31        },
32        "block_order": [
33          "heading",
34          "text",
35          "button"
36        ],
37        "settings": {
38          "image": "shopify:\/\/shop_images\/michele-blackwell-evRB-x0TJkM-unsplash.jpg",
39          "image_overlay_opacity": 40,
40          "image_height": "large",
41          "adapt_height_first_image": false,
42          "desktop_content_position": "bottom-center",
43          "show_text_box": false,
44          "desktop_content_alignment": "center",
45          "color_scheme": "background-1",
46          "mobile_content_alignment": "center",
47          "stack_images_on_mobile": false,
48          "show_text_below": false
49        }
50      },
51      "rich_text": {
52        "type": "rich-text",
53        "blocks": {
```

設定された画像のURLやタイトルの内容などが確認できます。このようにカスタマイズ画面で設定した内容はテンプレートのJSONファイル内に保存されていきます。

4-6-3 セクションに要素を追加する

次にコード編集したものがカスタマイズ画面に反映されるか見ていきましょう。「テーマ」から「カスタマイズ」(管理画面での編集)、「アクション」→「コード編集」からコード内部を確認します。

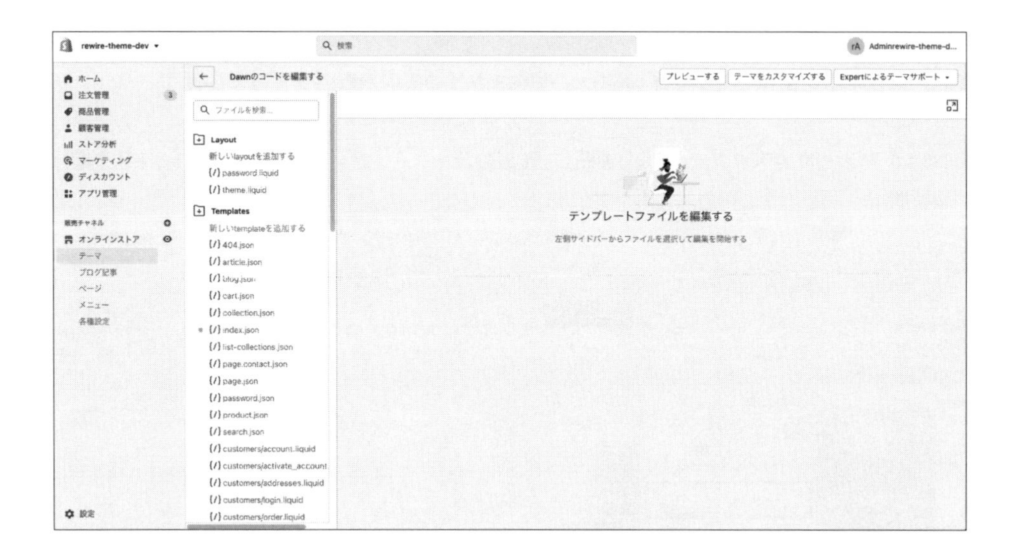

Sectionsから「main-product.liquid」を選択し、開きます。

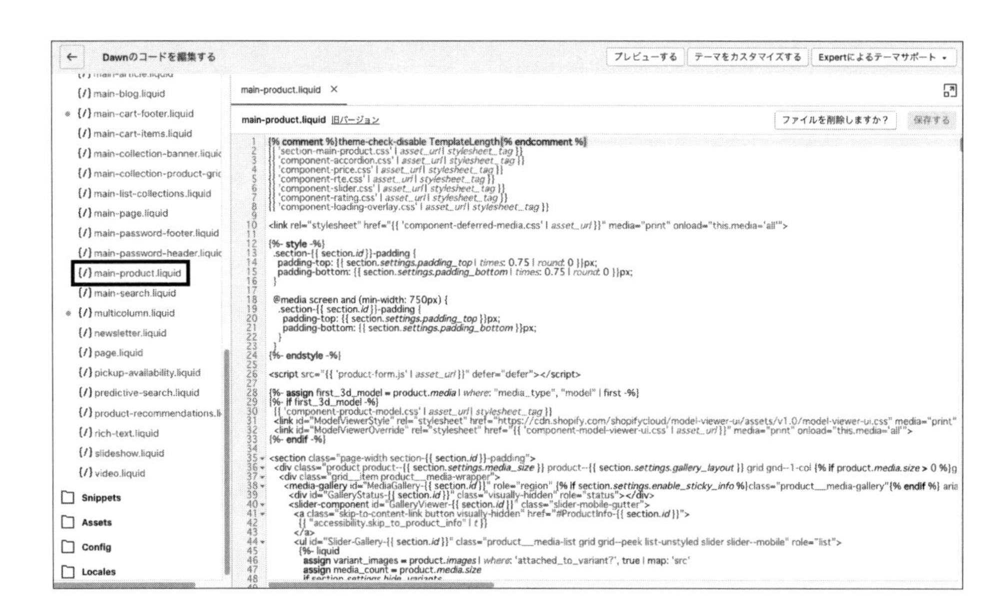

「product__title」で検索し、直前に以下の要素を追加します。

```
<div><p>商品カテゴリ:{{ product.type }}</p></div>
```

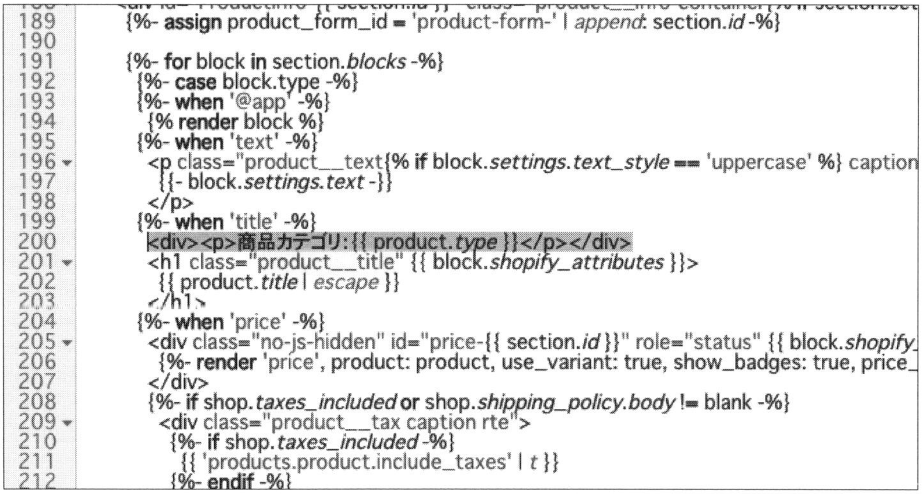

```
189      {%- assign product_form_id = 'product-form-' | append: section.id -%}
190
191      {%- for block in section.blocks -%}
192        {%- case block.type -%}
193        {%- when '@app' -%}
194          {% render block %}
195        {%- when 'text' -%}
196          <p class="product__text{% if block.settings.text_style == 'uppercase' %} caption
197            {{- block.settings.text -}}
198          </p>
199        {%- when 'title' -%}
200          <div><p>商品カテゴリ:{{ product.type }}</p></div>
201          <h1 class="product__title" {{ block.shopify_attributes }}>
202            {{ product.title | escape }}
203          </h1>
204        {%- when 'price' -%}
205          <div class="no-js-hidden" id="price-{{ section.id }}" role="status" {{ block.shopify_
206            {%- render 'price', product: product, use_variant: true, show_badges: true, price_
207          </div>
208          {%- if shop.taxes_included or shop.shipping_policy.body != blank -%}
209            <div class="product__tax caption rte">
210              {%- if shop.taxes_included -%}
211                {{ 'products.product.include_taxes' | t }}
212              {%- endif -%}
```

コード4-6-3 main-product.liquid

```
Liquid
        {%- for block in section.blocks -%}
          {%- case block.type -%}
          {%- when '@app' -%}
            {% render block %}
          {%- when 'text' -%}
            <p class="product__text{% if block.settings.text_style == 'uppercase' %} caption-
with-letter-spacing{% elsif block.settings.text_style == 'subtitle' %} subtitle{% endif %}" {{
block.shopify_attributes }}>
              {{- block.settings.text -}}
            </p>
          {%- when 'title' -%}
        <div><p>商品カテゴリ:{{ product.type }}</p></div>
            <h1 class="product__title" {{ block.shopify_attributes }}>
              {{ product.title | escape }}
            </h1>
```

Chapter 4

テーマのカスタマイズ画面に移動し、商品ページ（Product）を開きます。先ほど挿入したタグにより商品名の上にカテゴリが表示されているはずです。もし表示されていない場合は、商品にタイプが設定されているかご確認ください。

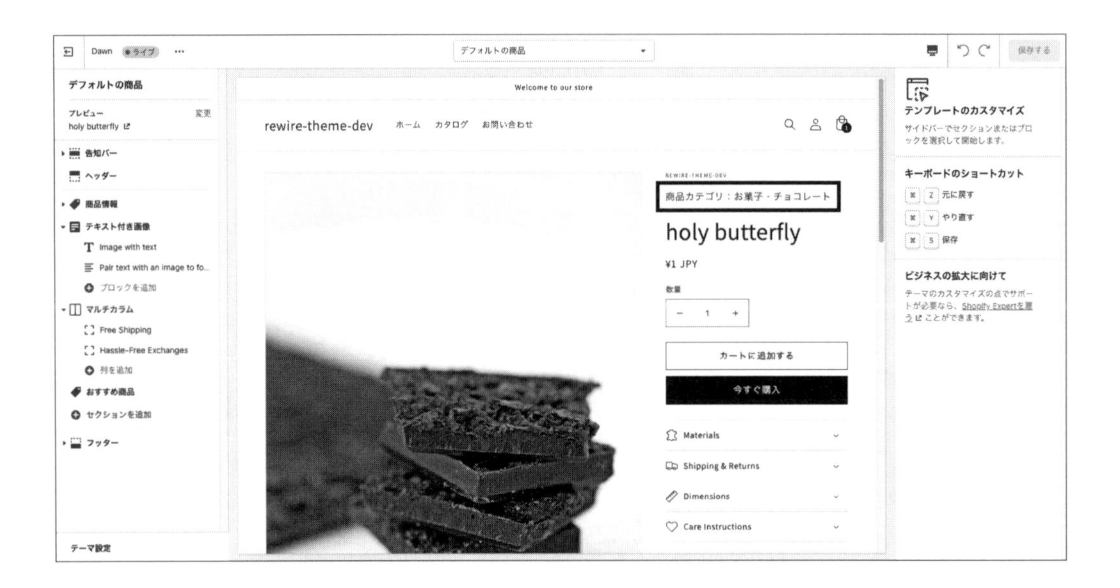

ここではコードの中に直接記述しています。シンプルなカテゴリなどの場合はそのままで十分利用可能ですが、例えば後からこのカテゴリの位置を変更したい、特定のカテゴリのみ表示させたくない、そもそも商品によって表示させたりさせなかったりの処理が必要など、細かな運用面での事情が増えてきた場合に、直接記述では対応できないケースが考えられます。

4-4で解説したとおり、コード内ではschemaタグを利用しながら実装し、テーマエディタ（テーマカスタマイズ画面）側で変更できるようにすることで商品の種類が増えた場合や、キャンペーンなどで別の表現を行いたい場合などに運用担当者側でコードを触らずに編集できる状態となり、メンテナンスコストが小さくなります。

Chapter 5では中長期で運用できるオンラインストアに必要な機能について、schemaタグを含めたテーマの具体的な実装方法に触れていきます。

4-7 Shopify CLI for Themesの活用

管理画面からの編集ではそのまま反映されてしまうため、多くの開発現場ではローカルにて開発し、テーマの構築を行っています。そこで利用できるのがShopify CLIです。以前はTheme Kitとして提供されていた機能が2021年Shopify CLIに統合され、アプリ開発だけではなく、テーマの開発にも利用可能になっています。

4-7-1 Shopify CLIを使ってテーマをカスタマイズする

Shopify CLIを使ってテーマ開発する際にできることは次のようなものです。

アカウントにテーマを転送せずに変更内容のプレビューが可能

Shopifyのテーマはほかのサイトの構築と異なり、Shopify独自の機能やデータを参照することで表示しています。そのため、特定のアカウントと紐付けて開発を進める必要がありますが、完全にローカルで開発を行っているとプレビューすら行うことができません。Shopify CLIでは独自のプレビュー機能を実装しており、アカウント内のテーマに干渉することなくローカルのテーマを実行、確認できます。

ホットリロード

Shopify CLIのプレビューではホットリロードに対応しており、現在実装中のローカルの変更がプレビューに即時反映されます。

コマンドラインでテーマのPushや公開が可能

接続しているShopifyアカウントに対して構築後のテーマの追加や公開などがコマンドライン上から可能です。そのほかにもテーマ内の実装内容のチェックやテストデータの自動生成などの機能が利用できます。Shopoify CLIについてはChapter 2でも取り扱っています。インストールなどはそちらをご確認ください。

また、Shopify CLIのコマンドは公式ドキュメントをご確認ください。
※コマンドの詳細については公式ドキュメント
https://shopify.dev/themes/tools/cli/theme-commands

ここでは、主に利用するコマンドを紹介します。

```
$ shopify theme pull
```

現在のアカウントからテーマをダウンロードする場合に利用します。

```
$ shopify theme serve
```

現在開発中のテーマをプレビューとしてテスト起動し、確認できるようになります。立ち上げ時に指定されたURL（http://127.0.0.1:9292など）に接続することで内容が確認できます。ホットリロードに対応し、変更内容は即時で反映されます。

```
$ shopify theme check
```

開発中のテーマで文法上のエラーや非推奨の書き方がされていないか確認することが可能です。

```
$ shopify theme push
```

ローカルで開発しているテーマをアカウントにアップロードします。

```
$ shopify theme publish
```

現在非公開になっているテーマを公開します。

4-7-2 GitHubと連携してテーマの運用開発を行う

GitHubを連携させるとカスタマイズ画面、コード編集画面の編集内容も自動的に反映されるようになります。運用時にはテーマのカスタマイズ画面での調整が発生するため、その内容をリポジトリに反映するためGitHubとの連携が必要になります。導入方法をみていきましょう。

「オンラインストア」→「テーマ」→「テーマを追加」から「GitHubから接続する」を選択し、該当するリポジトリ、ブランチを選択しましょう。

連携したリポジトリの変更内容がテーマに反映されるのはもちろんのこと、カスタマイズ画面から入力された変更内容が自動的にコミットされます。

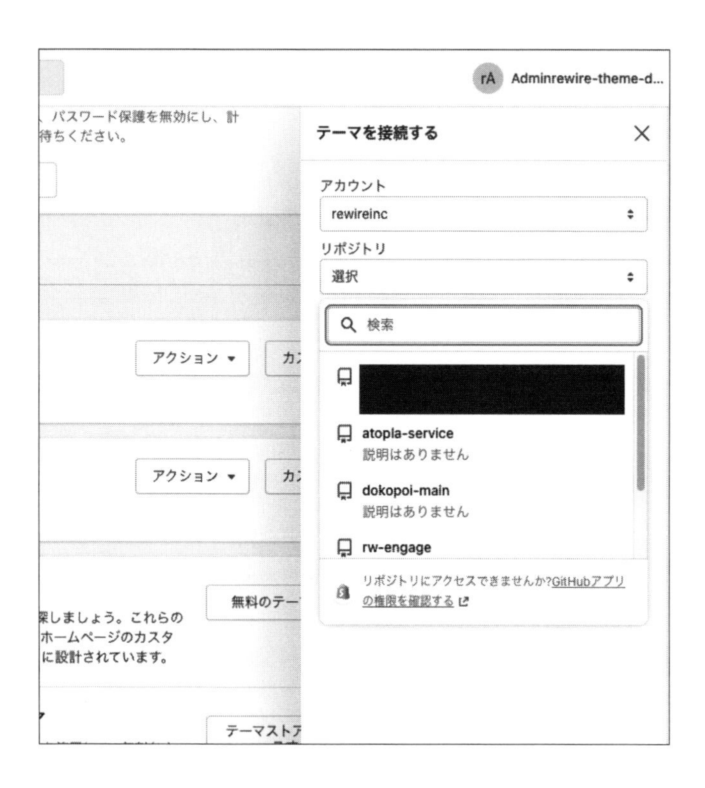

※初期ではGitHubとの権限承認が必要なため、画面に沿ってご対応ください。

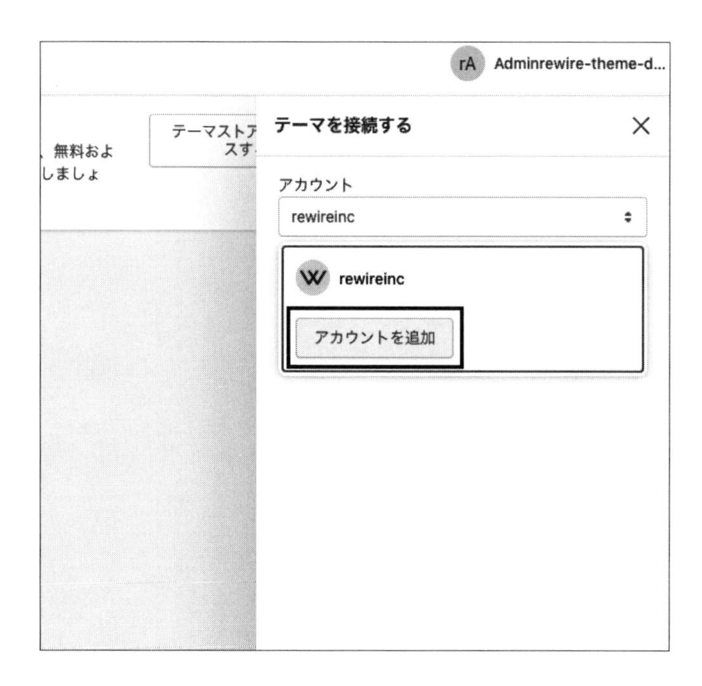

GitHubで管理した場合の運用について

ShopifyのテーマにはLiquidでの実装とテーマエディタによるノーコードでの実装があります。テーマエディタで編集を行ったものは各テンプレートファイルのJSON内にデータとして保存されます。そのため「テーマ」というファイルセットの中では通常のLiquidでのコード編集と同じようにファイルの更新が行われます。

その場合、不安になるのがGitHubでの管理でしょう。Shopify CLIなどを利用してローカルでテーマのカスタマイズ、開発を行った上でその管理をGitHubで行っている場合、テーマエディタで編集を行っている運用担当者の変更内容はファイルの変更が（テーマエディタから間接的に行なっているにもかかわらず）開発フローから切り離されてしまいます。

上記のような状態を避けるため、ShopifyとGitHubを連携させた場合は運用担当者が行ったテーマエディタの変更内容が自動的にコミットされる仕組みになっています。また当然ですが、ローカルでコードを編集してブランチにマージした場合、その変更はストア側のテーマに反映が可能です。その機能があるおかげでテーマエディタ側とコードの修正側での差分がなくなり、運用と並行した柔軟な開発が可能になっています。

テーマのバージョン管理については公式でも説明されています。具体的な開発・運用方法についてはそれぞれの現場次第という部分が大きいですが、参考にしてみてはいかがでしょうか。

Version control for Shopify themes（Shopify公式）
https://shopify.dev/themes/best-practices/version-control

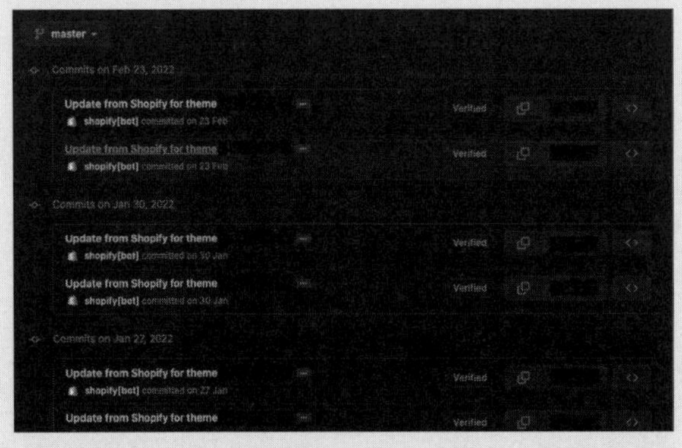

実際にShopifyをGitHubに連携し、テーマエディタの修正がコミットされている例。CIなどと連動することも可能

Chapter 5

テーマカスタマイズの具体例

この章では実際に手を動かしながら日本国内でネットショップを構築する際に想定されるようなカスタマイズを実装してみます。ご紹介する各カスタマイズの内容はそれぞれポイントがあり、別の実装にも応用できるようになっていますので、ぜひ一度実装した上で皆さんの独自のアイデアをお試しください。

5-1
店舗一覧セクションの作成：独自のセクション・ブロックの実装

実現したいこと

テーマにはあらかじめ利用できるセクションやブロックが定義されています。ただし、店舗の一覧など、表示する内容が決まっているコンテンツに合わせてセクションを用意したい場合もあるでしょう。新規で店舗を追加できるようにセクションとブロックを実装しましょう。

完成イメージ

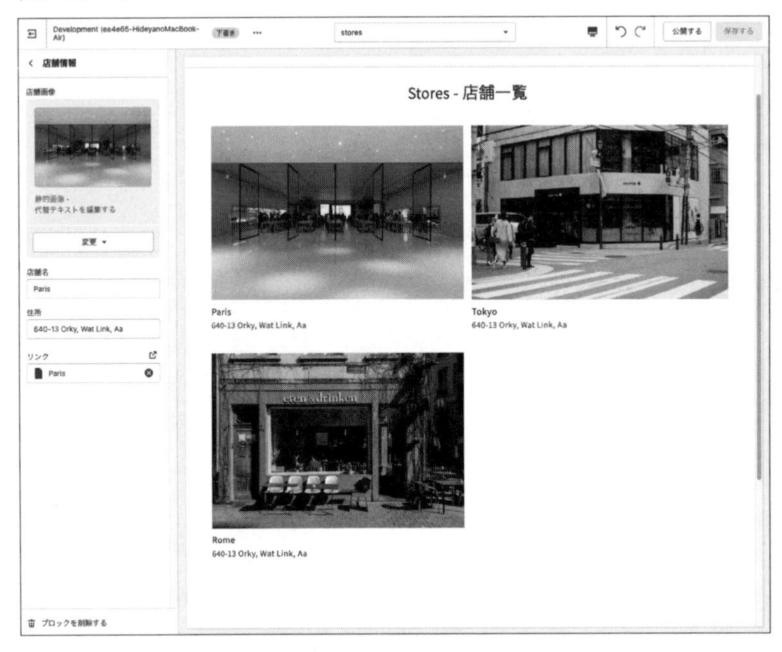

ポイント

- 新規のセクションの作成
- カスタマイズ画面（schema）、ブロックの実装

操作するファイル（Dawn）

- 新規作成ページテンプレート
- 新規作成セクション

手順

新規テンプレートの作成

まず、テーマのカスタマイズ画面から新規のテンプレートを作成します。上段のセレクトボックスから「ページ」→「テンプレートを作成する」をクリックします。テンプレートの名前を入力し、テンプレートを作成します（テンプレート名は半角英数字にしないと正しく追加できませんので注意が必要です）。

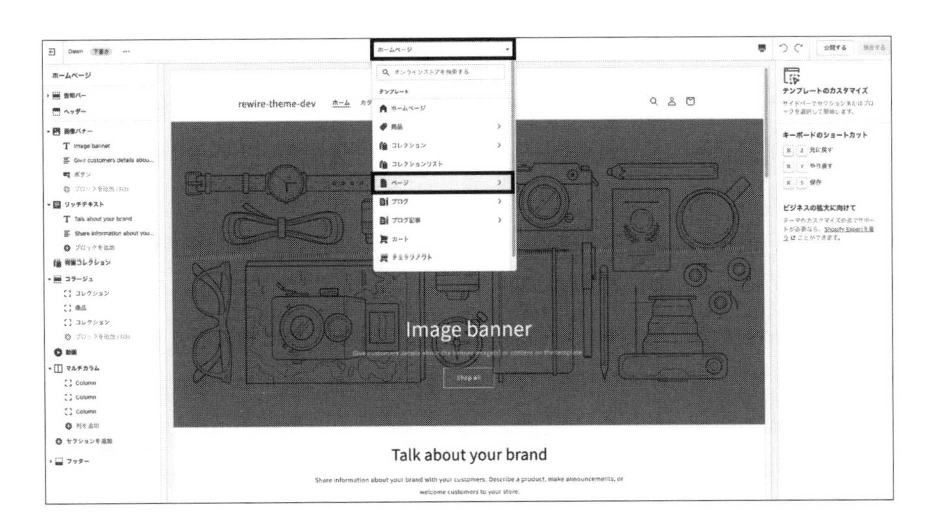

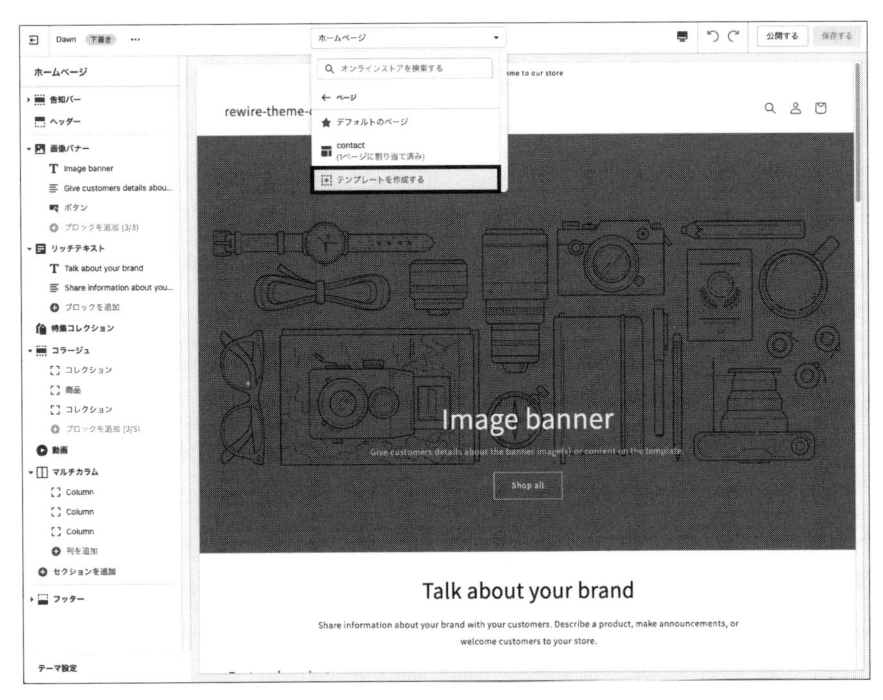

Chapter 5

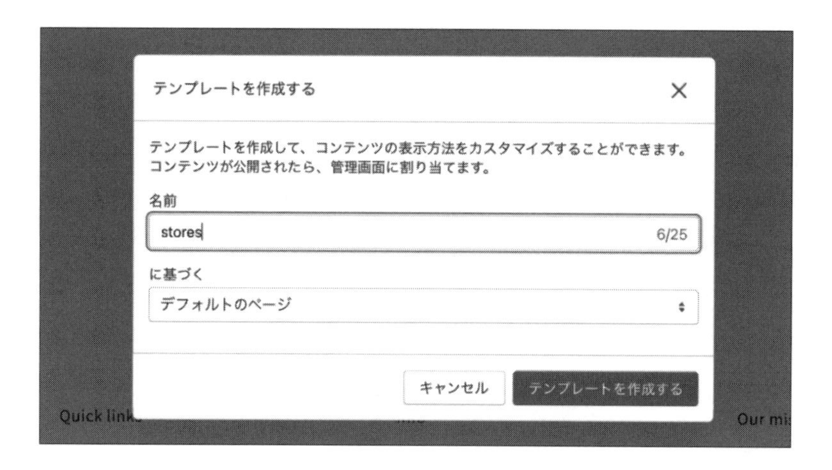

新規ページ（店舗一覧）を作成

今回のテンプレートを利用するページを追加します。管理画面の「販売チャネル」→「オンラインストア」→「ページ」を開き、「ページを追加」ボタンをクリック。ページタイトルを入力し、保存します。

shopify theme pullでファイルを取り込む

ターミナルなどでShopify CLIに移動し、

```
$ shopify login --store [自分のストアのURL(例:example.myshopify.com)]
```

を実行して開発を行うアカウントにログインを行います。

ブラウザが開き、ログインを行うとCLI側でログインが完了します。

```
$ shopify theme pull
```

を実行して現在のテーマファイルを選択してローカルにダウンロードします。

```
> shopify theme pull
? Select a theme to pull from (Choose with ↑ ↓ ⏎, filter with 'f')
> 1. Dawn [live]
  2. Dawn [unpublished]
```

新しいセクションの追加

店舗一覧ページにセットするセクションを追加します。今回はデフォルトのページのセクションを複製し、そこから変更を追加します。sections/main-page.liquidを複製してファイル名をstores-page.liquidへ変更します。

次にsections/stores-page.liquidのschemaのtitleを変更します。こちらはテーマカスタマイズ画面に表示されるセクション名として利用されます。

コード5-1-1

```liquid
{% schema %}
{
  "name": "店舗一覧",
  "tag": "section",
  "class": "section",
  "blocks": [
```

templates/page.jsonを複製してファイル名をpage.stores.jsonへ変更します。次にpage.stores.jsonのmainセクションをmain-pageからstores-pageに変更します。対応することで新規で作成したセクションをテンプレート内にあらかじめセットしておくことが可能です。

コード5-1-2

```
Liquid
{
  "sections": {
    "main": {
      "type": "stores-page",
      "settings": {
        "padding_top": 28,
        "padding_bottom": 28
      },
  "order": [
    "main"
  ]
}
```

Shopify CLIで次のコマンドを実行し、URLからプレビューを開きます。

```
$ shopify theme serve
```

・ローカルで変更内容を確認するためのアドレス
http://127.0.0.1:9292

・テーマのカスタマイズ画面の表示（schemaに実装するセクション各要素の設定画面はこちらから確認できます）
https://[ご自身のストアのURL]/admin/themes/＊＊＊＊＊＊/editor

・デザイナーや関係者など外部に実装中のテーマを共有するために利用可能
https://rewire-theme-dev.myshopify.com/?preview_theme_id=＊＊＊＊＊＊＊

全体の構造について

テーマのカスタマイズ画面からコンテンツやレイアウトを変更するためには全体の構成を理解する必要があります。セクションのliquid内には大きく「HTML（＋Liquid)」と「schema」のパーツに分かれています。

テーマのカスタマイズ画面で利用できる設定をschemaで定義し、そこに入力された情報をHTML・Liquid内から呼び出しページを表示します。

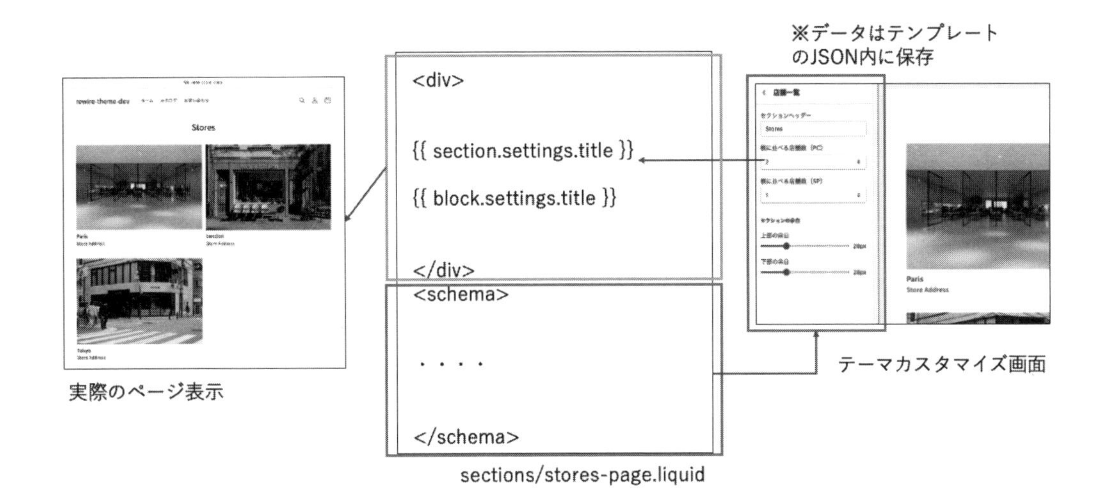

ここではページ内に複数の店舗を並べられるようにCSS・HTML・Liqudを実装していきます。まずはセクションページである「sections/stores-page.liquid」内にHTMLとCSSを配置します。

コード5-1-3

```
Liquid
<link rel="stylesheet" href="{{ 'section-main-page.css' | asset_url }}" media="print"
onload="this.media='all'">
<link rel="stylesheet" href="{{ 'component-rte.css' | asset_url }}" media="print" onload="this.
media='all'">

<noscript>{{ 'section-main-page.css' | asset_url | stylesheet_tag }}</noscript>
<noscript>{{ 'component-rte.css' | asset_url | stylesheet_tag }}</noscript>

(略:CSSの記述)

<div class="page-width page-width--narrow section-{{ section.id }}-padding">
  <h1 class="main-page-title page-title h0">
    {{ page.title | escape }}
  </h1>
  <div class="rte">
    {{ page.content }}
  </div>

  <!-- 1つの店舗を表現する要素を追加 -->
  <div class="stores-grid">
    <div class="store-block">
      <article class="store">
        <div class="store-header">
            <a href="(店舗ページのURL)" class="full-unstyled-link">
```

```
            <figure class="store-thumbnail">
              <img
                class="store-image"
                src="(画像URL)"
                alt=""
                width="720"
                height="auto"
                loading="lazy"
              >
            </figure>
          <h3 class="store-title">(店舗名)</h3>
        </a>
      </div>
      <div class="store-body">
        <p class="store-text">(店舗の住所)</p>
      </div>
    </article>
  </div>
  <!-- 1つの店舗を表現する要素を追加 ここまで-->
</div>
```

コード5-1-3（続き：styleタグ部分）

Liquid

```
{%- style -%}
  .section-{{ section.id }}-padding {
    padding-top: {{ section.settings.padding_top | times: 0.75 | round: 0 }}px;
    padding-bottom: {{ section.settings.padding_bottom | times: 0.75 | round: 0 }}px;
  }

  .stores-title {
    text-align: center;
    font-size: 3rem;
  }

  .stores-subtitle {
    text-align: center;
    font-size: 1.2rem;
  }

  .section-{{ section.id }} .stores-grid {
    display: grid;
    gap: 15px;
    grid-template-columns: repeat(2, 1fr); /* 横2列で表示 */
    justify-content: center;
  }

  .store-block {
```

```
    margin-bottom: 20px;
  }

  .store {
    background-color: #fff;
    text-decoration: none;
  }
  .store-header {
    display: flex;
    flex-wrap: wrap;
  }

  .store-title {
    margin: 0;
  }

  .store-thumbnail {
    margin: 0;
  }

  .store-image {
    width: 100%;
  }

  .store-text {
    margin: 0;
  }

  @media screen and (min-width: 750px) {
    .section-{{ section.id }}-padding {
      padding-top: {{ section.settings.padding_top }}px;
      padding-bottom: {{ section.settings.padding_bottom }}px;
    }

    .section-{{ section.id }} .stores-grid {
      display: grid;
      gap: 15px;
      grid-template-columns: repeat(2, 1fr); /* 横2列で表示 */
      justify-content: center;
    }
  }

{%- endstyle -%}
```

schemaにセクションの設定（タイトルなど）とブロックを実装します。blocks要素を既存のschemaに追加することで設定した内容がテーマのカスタマイズ画面での設定項目となります。

コード5-1-3(続き:schemaタグ部分)

```
Liquid
{% schema %}
{
  "name": "店舗一覧",
  "tag": "section",
  "class": "section",
  "blocks": [
    {
      "type": "@app"
    },
    {
      "type": "store_info",
      "name": "店舗情報",
      "settings": [
        {
          "type": "image_picker",
          "id": "store_image",
          "label": "店舗画像"
        },
        {
          "type": "text",
          "id": "title",
          "default": "Store Name",
          "label": "店舗名"
        },
        {
          "type": "text",
          "id": "store_address",
          "default": "Store Address",
          "label": "店舗住所"
        },
        {
          "type": "url",
          "id": "store_link",
          "label": "店舗ページURL"
        }
      ]
    }
  ],
  "settings": [
    {
      "type": "text",
      "id": "stores_title",
      "default": "Stores",
      "label": "店舗一覧タイトル"
    },
    {
      "type": "header",
      "content": "t:sections.all.padding.section_padding_heading"
    },
    {
```

```
      "type": "range",
      "id": "padding_top",
      "min": 0,
      "max": 100,
      "step": 4,
      "unit": "px",
      "label": "t:sections.all.padding.padding_top",
      "default": 36
    },
    {
      "type": "range",
      "id": "padding_bottom",
      "min": 0,
      "max": 100,
      "step": 4,
      "unit": "px",
      "label": "t:sections.all.padding.padding_bottom",
      "default": 36
    }
  ]
}
{% endschema %}
```

blocksのsettings以下では次の要素を中心に設定します。

①type: 入力の形式を指定します。
text: 文字列の入力
url: URLの入力。アカウント内のページの指定も行うことが可能です
image_picker: アカウント内または外部からの画像アップロードが可能になります

ほかにもON／OFFを切り替えられるcheckboxや、範囲を指定できるrange、数値を入力するためのnumberなどテーマのカスタマイズ画面で利用できるコンポーネントがあらかじめ定義されています。それらを組み合わせることでコードに手を入れずにテーマのカスタマイズ画面から要素やレイアウトなどを変更する仕組みを構築できます。

②id: 要素ごとに一意となるID
こちらで設定したIDをLiquid内で呼び出すことで、設定したデータを画面に表示することが可能になります。

③label: カスタマイズ画面上の項目ラベル
その他にもあらかじめデフォルト値を入力するdefaultや注意書きなど補足情報を表示するためのinfoがあります。

詳しくは公式のリファレンスをご参照ください。
https://shopify.dev/themes/architecture/settings/input-settings

上記で設定した場合のカスタマイズ画面は次のようになります。

これで店舗の情報を追加できるようになりました。ただし、まだLiquid（HTML）からこの内容にアクセスできていません。これをアクセスできるようにするために、schemaの情報がセクション内、ブロック内で利用されるように設定していきます。

Liquid内で変数の内容を呼び出すためには「{{}}」を利用します。また、どのオブジェクトに紐づくかドットを利用した階層構造を指定することでその中身を利用できるようになります。

コード5-1-4

```liquid
<div class="page-width section-{{ section.id }}-padding section-{{ section.id }}">
  {% if section.settings.stores_title %}
    <h1 class="main-page-title page-title stores-title">
      {{ section.settings.stores_title | escape }}
    </h1>
  {% endif %}

  <div class="stores-grid">

    <!-- 複数のblockで店舗情報を表現するためのイテレーション -->
    {%- for block in section.blocks -%}

    <div class="store-block">
      <article class="store">
        <div class="store-header">
          <!-- block要素のstore_linkが存在している場合のみ -->
          {% if block.settings.store_link %}
            <a href="{{ block.settings.store_link }}" class="full-unstyled-link">
          {% endif %}
            <!-- block要素のstore_imageが存在している場合のみ -->
            {% if block.settings.store_image %}
              <figure class="store-thumbnail">
                <img
                  class="store-image"
                  src="{{ block.settings.store_image | image_url }}"
                  alt="{{ block.settings.store_image.alt }}"
                  width="720"
                  height="auto"
                  loading="lazy"
                >
              </figure>
            {% endif %}

            <!-- block要素のtitleが存在している場合のみ -->
            {% if block.settings.title %}
            <h3 class="store-title">{{ block.settings.title }}</h3>
            {% endif %}

          {% if block.settings.store_link %}
            </a>
          {% endif %}
        </div>
        <div class="store-body">
          <!-- block要素のstore_addressが存在している場合のみ -->
          {% if block.settings.store_address %}
          <p class="store-text">{{ block.settings.store_address }}</p>
          {% endif %}
        </div>
```

```
      </article>
    </div>

    {%- endfor -%}

  </div>
</div>
```

blockは複数登録可能なためまずは店舗情報を複数登録する前提でforループを回します。そしてその各blockの中身を読み込んで表示していきます。これで要素ごとに内部のHTML・Liquidにて呼び出すことが可能になりました。念の為各要素が入力されているときだけタグを表示させるようにif文を追加しています。

テーマカスタマイズ画面で編集できることを確認します。正しく設定されていれば入力中の情報がリアルタイムでプレビュー画面に反映されていきます（保存を押すまではテンプレートには書き込まれません）。

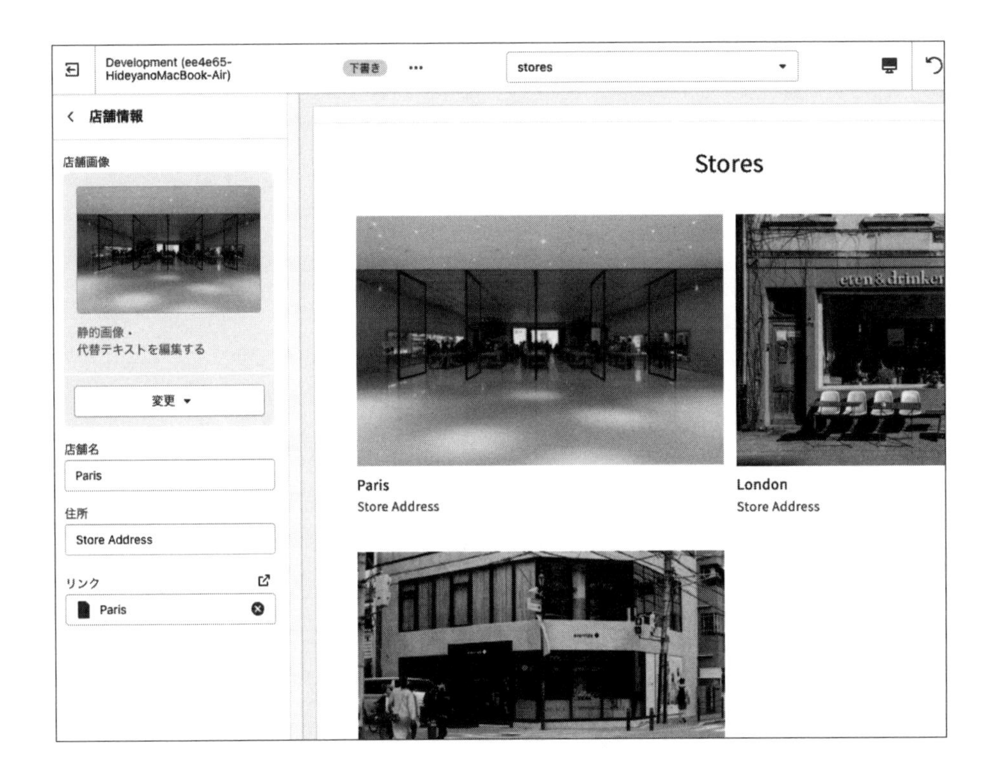

店舗情報の並びの数を変更できるようにセクション側の設定要素も追加します。schemaに横並びの数を指定するためのセレクトボックスを追加します。

コード5-1-5

```
Liquid
{% schema %}
{
  "name": "店舗一覧",
  "tag": "section",
  "class": "section",
  "blocks": [
    {
      "type": "@app"
    },
    {
      "type": "store_info",
      "name": "店舗情報",
      "settings": [
        {
          "type": "image_picker",
          "id": "store_image",
          "label": "店舗画像"
        },
        {
          "type": "text",
          "id": "title",
          "default": "Store Name",
          "label": "店舗名"
        },
        {
          "type": "text",
          "id": "store_address",
          "default": "Store Address",
          "label": "店舗住所"
        },
        {
          "type": "url",
          "id": "store_link",
          "label": "店舗ページURL"
        }
      ]
    }
  ],
  "settings": [
    {
      "type": "text",
      "id": "stores_title",
      "default": "Stores",
      "label": "店舗一覧タイトル"
    },
    {
      "type": "select",
      "id": "grid_num_rule_pc",
```

Chapter 5

```
        "options": [
          {
            "value": "3",
            "label": "3"
          },
          {
            "value": "2",
            "label": "2"
          },
          {
            "value": "1",
            "label": "1"
          }
        ],
        "default": "2",
        "label": "横に並べる店舗数(PC)"
      },
      {
        "type": "select",
        "id": "grid_num_rule_sp",
        "options": [
          {
            "value": "3",
            "label": "3"
          },
          {
            "value": "2",
            "label": "2"
          },
          {
            "value": "1",
            "label": "1"
          }
        ],
        "default": "1",
        "label": "横に並べる店舗数(SP)"
      },
      {
        "type": "header",
        "content": "t:sections.all.padding.section_padding_heading"
      },
      {
        "type": "range",
        "id": "padding_top",
        "min": 0,
        "max": 100,
        "step": 4,
        "unit": "px",
        "label": "t:sections.all.padding.padding_top",
        "default": 36
```

```
    },
    {
      "type": "range",
      "id": "padding_bottom",
      "min": 0,
      "max": 100,
      "step": 4,
      "unit": "px",
      "label": "t:sections.all.padding.padding_bottom",
      "default": 36
    }
  ]
}
{% endschema %}
```

コード5-1-5（続き：style部分）

```
Liquid
{%- style -%}
  .section-{{ section.id }}-padding {
    padding-top: {{ section.settings.padding_top | times: 0.75 | round: 0 }}px;
    padding-bottom: {{ section.settings.padding_bottom | times: 0.75 | round: 0 }}px;
  }

  .stores-title {
    text-align: center;
    font-size: 3rem;
  }

  .stores-subtitle {
    text-align: center;
    font-size: 1.2rem;
  }

  .section-{{ section.id }} .stores-grid {
    display: grid;
    gap: 15px;
    grid-template-columns: repeat({{ section.settings.grid_num_rule_sp }}, 1fr); /* 設定された列数で表示 */
    justify-content: center;
  }

  .store-block {
    margin-bottom: 20px;
  }

  .store {
    background-color: #fff;
    text-decoration: none;
  }
```

```
  .store-header {
    display: flex;
    flex-wrap: wrap;
  }

  .store-title {
    margin: 0;
  }

  .store-thumbnail {
    margin: 0;
  }

  .store-image {
    width: 100%;
  }

  .store-text {
    margin: 0;
  }

  @media screen and (min-width: 750px) {
    .section-{{ section.id }}-padding {
      padding-top: {{ section.settings.padding_top }}px;
      padding-bottom: {{ section.settings.padding_bottom }}px;
    }

    .section-{{ section.id }} .stores-grid {
      display: grid;
      gap: 15px;
      grid-template-columns: repeat({{ section.settings.grid_num_rule_pc }}, 1fr); /* 設定された列数で表示 */
      justify-content: center;
    }
  }

{%- endstyle -%}
```

テーマのカスタマイズ画面で確認します。

さらに説明を表示する設定を追加するなど、後から管理画面から変更が行われる可能性があるものについては是非追加で実装をしてみてください。

5-2 カートに配送日時指定を追加：Cart attributesの利用

実現したいこと

Shopifyには配送日時指定の仕組みがないためテーマまたはアプリでの導入が必要になります。カートにて選択された配送希望日時を注文に反映する実装を行ってみましょう。

ポイント

■ Cart attributesという注文情報に任意の情報を渡すことができる機能の利用

操作するファイル（Dawn）

■ sections/main-cart-footer.liquid

手順

カートから注文内容に追加で情報を渡すためには「Cart attributes」という仕組みを利用します。この仕組みを利用すると購入商品の情報に加えて顧客からのメモや配送希望日時、注文時の利用規約への同意などを取得し、注文情報に加えることが可能になります。

sections/main-cart-footer.liquidを開き、<div class="cart__blocks">の直後に以下のコードを追加します。

コード5-2-1

```liquid
      <div class="cart__blocks">
    <!-- 配送日時を指定するinputを追加 -->
    <label for="delivery-date">配送日時指定</label>
      <input id="delivery-date"
             class="field__input"
             type="date"
             name="attributes[delivery-date]"
             form="cart"
             value="{{ cart.attributes["delivery-date"] }}"
             required
             >
```

```
        {% for block in section.blocks %}
          {%- case block.type -%}
            {%- when '@app' -%}
              {% render block %}
```

このようにCart attributesを利用する際はフォームにinput要素を追加し、"name"属性に「attributes["項目名"]」を指定することで追加の情報が注文に追加されます。プレビュー画面にて商品を追加し、カートを確認します。カートに配送日時指定の項目が増えていることがわかります。

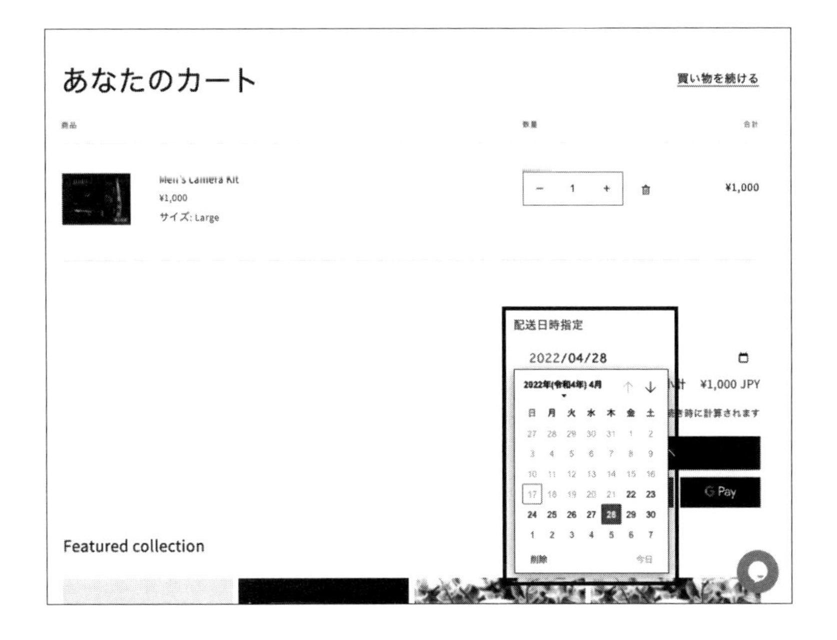

テスト注文などで注文を完了し、管理画面から確認を行うと、注文情報の「メモ」内に、詳細が追加されています。

5-3 商品情報の拡張・パーソナライズ：タグ・メタフィールドの活用

実現したいこと

例えば、一部の商品が「新商品」や「受注生産商品」であった場合、その情報を商品情報に追加し、ストア上で表示を行ったり、その内容に応じて表示するコンテンツを変更できます。

ポイント

- タグ・メタフィールドの理解
- Liquidからのタグ・メタフィールドの読み込み
- カスタマイズ画面からのメタフィールドの読み込み
- タグ・メタフィールドによる表示内容の分岐

操作するファイル（Dawn）

- sections/main-product.liquid

手順

Shopifyでの商品、バリエーション、コレクション、顧客、注文については基本情報のほか、個別の情報を追加するための「タグ」や「メタフィールド」という仕組みが用意されています。それらの情報を利用することで簡単に商品情報を拡張することができ、サイト上のLiquidから呼び出すことで顧客ごとの情報を表示したり、その情報を条件に利用してページ内の表示を出し分けたりすることも可能です。

まずはタグとメタフィールドをそれぞれ設定します。今回は商品のタグに「新商品」かどうかを追加、メタフィールドに「商品タイプ（予約商品、受注生産など）」を追加し、商品詳細ページで表示してみます。

タグの追加

管理画面の「商品管理」を開き、編集画面からタグを追加します。

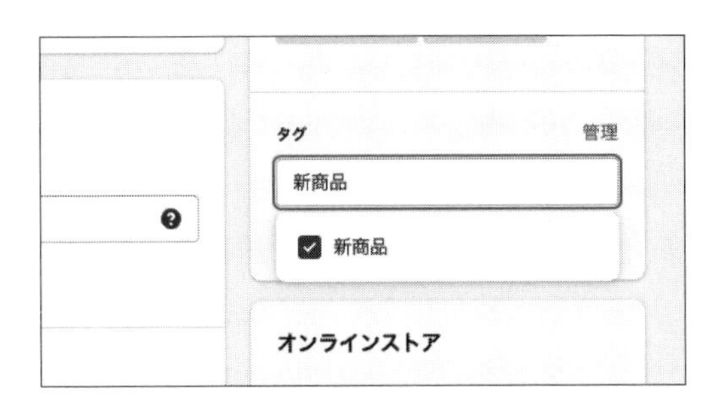

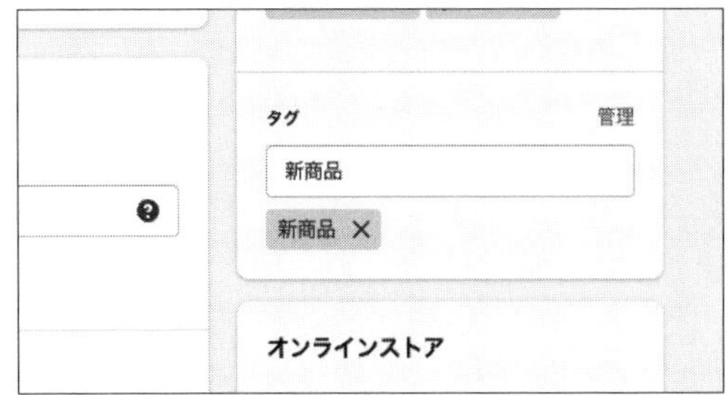

保存ボタンから保存します。

メタフィールドの定義と追加

メタフィールドを利用するためにはあらかじめ定義を登録する必要があります。「設定」→「メタフィールド」から「商品」を選択します。

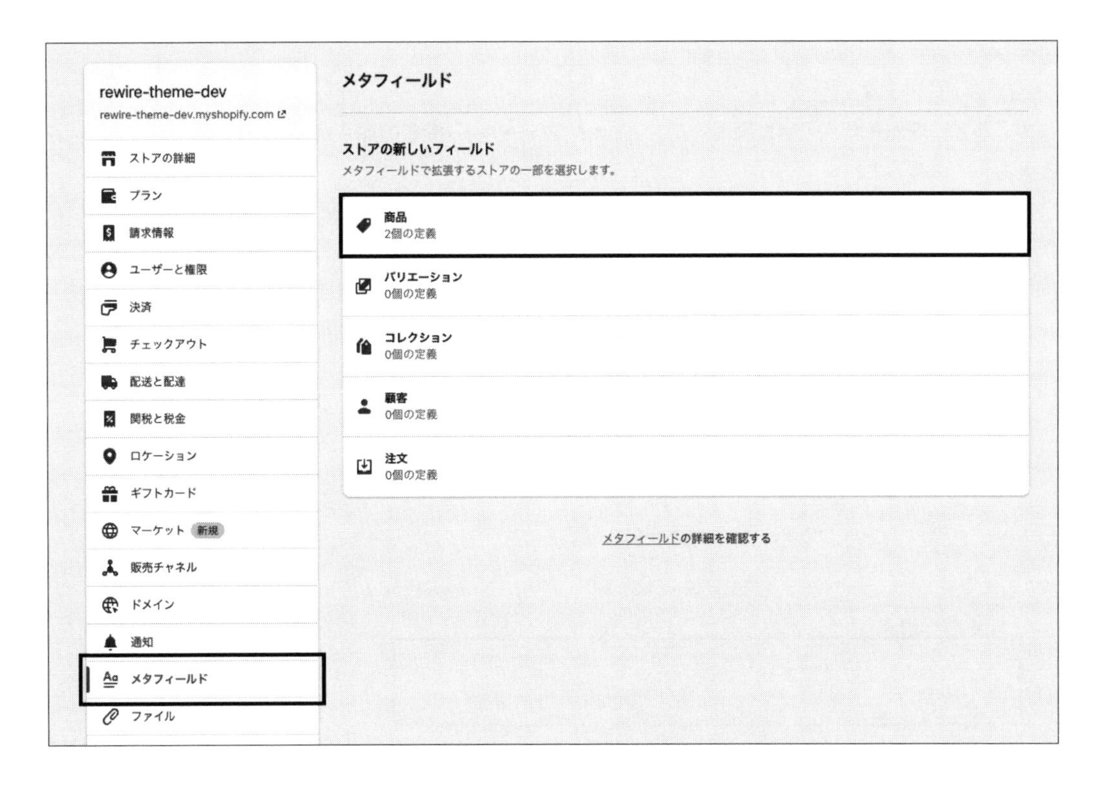

「定義を追加」から新しいメタフィールドを定義します。「名前」と「ネームスペースとキー」を入力します。また、コンテンツタイプに「テキスト」を選択し、保存します。

改めて顧客管理から商品の編集画面を開くと「メタフィールド」欄が追加されているので「受注生産商品」と入力し、保存します。

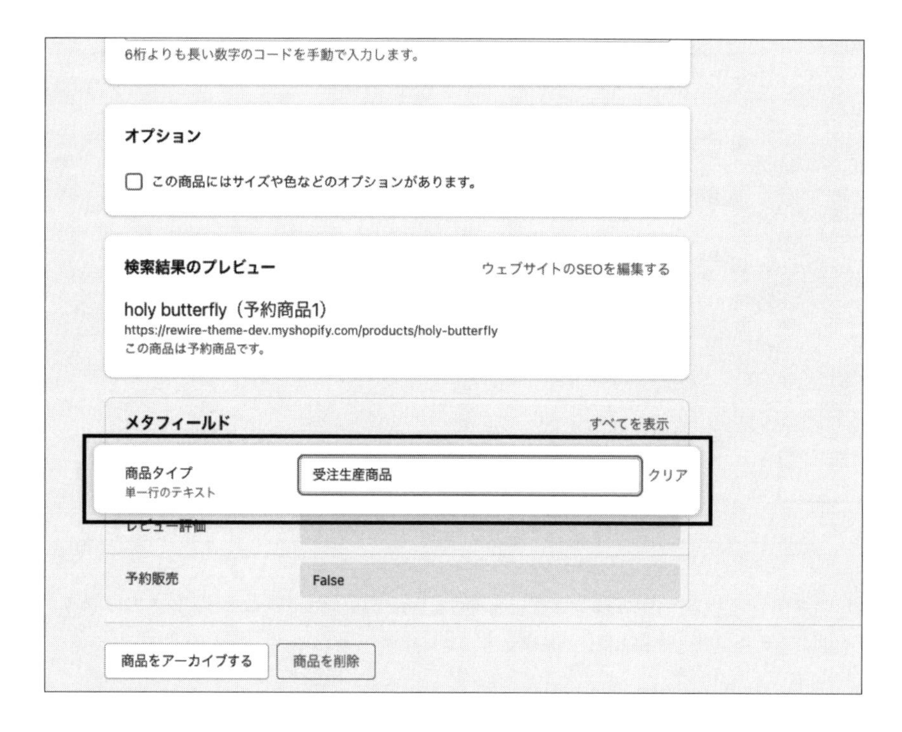

これで商品へのタグとメタフィールドの設定は完了です。Shopify CLIから任意のテーマの編集を行い、テーマのカスタマイズ画面を開きます。商品ページを開き、左上のプレビューから先ほどタグ・メタフィールドを設定した商品を開きます。「商品情報」セクションに「テキスト」ブロックを追加します。

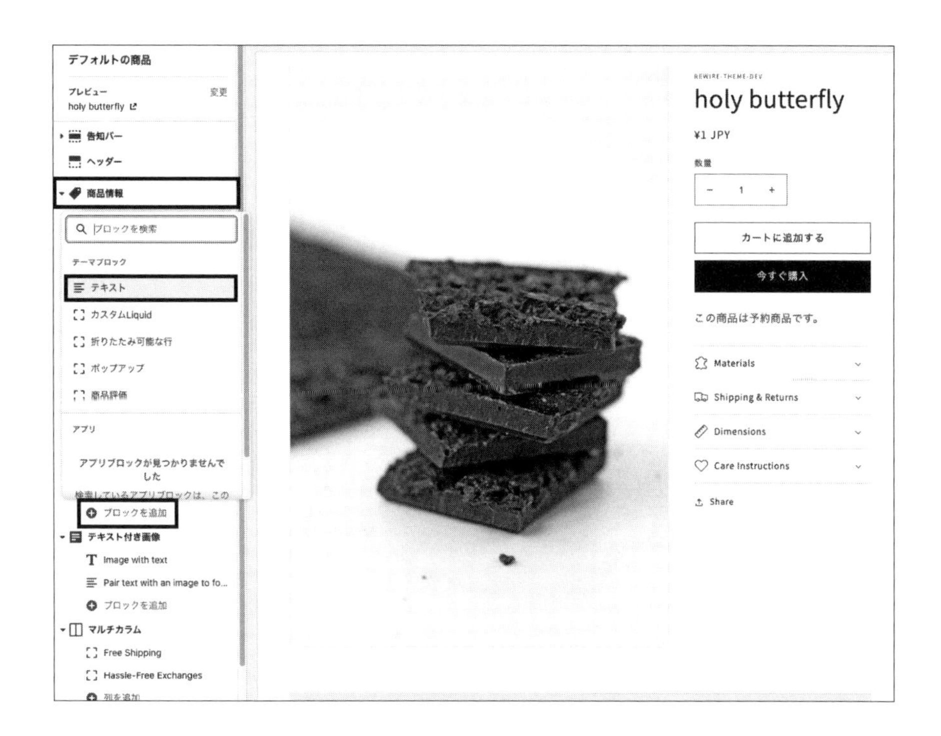

テキストブロックをクリックし、設定項目を確認するとテキストの入力画面の右上にアイコンがついています。こちらは「動的ソース」という仕組みで、設定されている商品情報やメタフィールドを選択し、内容を個別の商品に合わせて表示することができる機能です。

「動的ソースを挿入」から先ほど設定した「商品タイプ」を選択します。また、選択したメタフィールドの値のほかに固定の文字も追加することができます。

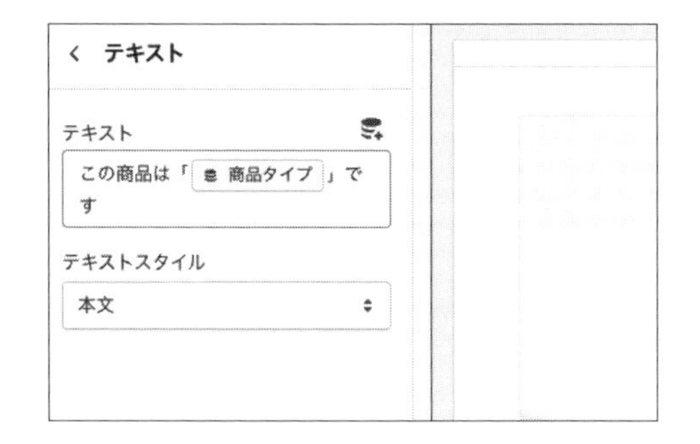

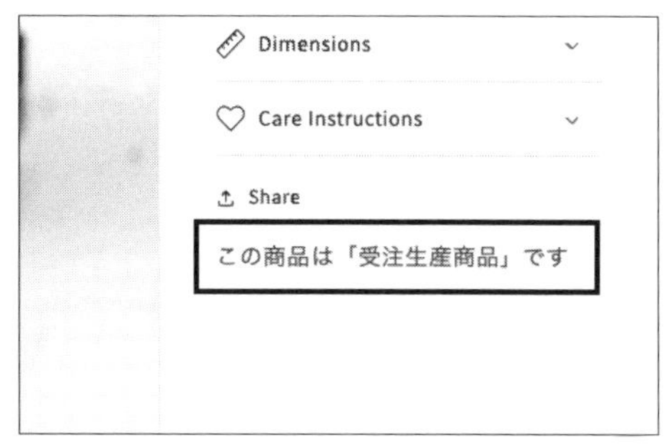

このようにメタフィールドはノーコードでサイト内に埋め込むことも可能です。セクションのほかのブロック内で利用したい、内容により別の表示内容を変更したいなどLiquid上で利用したい場合はコードにてメタフィールドの指定が必要です。商品のメタフィールドには「product.metafields.（ネームスペース）.（キー）」でアクセスすることができます。

試しにコード内に追加してみましょう。main-product.liquidを開き、任意の場所に次のコードを挿入してみましょう。

コード5-3-1

Liquid

```
          </ul>
          <button type="button" class="slider-button slider-button--next{% if media_count <= 3 %}
small-hide{% endif %}{% if media_count <= 4 %} medium-hide large-up-hide{% endif %}" name="next"
aria-label="{{ 'general.slider.next_slide' | t }}" aria-controls="GalleryThumbnails-{{ section.id
}}" data-step="3">{% render 'icon-caret' %}</button>
        </slider-component>
      {%- endif -%}
    </media-gallery>
  </div>
  <div class="product__info-wrapper grid__item{% if settings.page_width > 1400 and section.
settings.media_size == "small" %} product__info-wrapper--extra-padding{% endif %}">

<!-- 商品タイプをメタフィールドから取得 -->
商品タイプ:{{ product.metafields.my_fields._product-type }}

    <div id="ProductInfo-{{ section.id }}" class="product__info-container{% if section.settings.
enable_sticky_info %} product__info-container--sticky{% endif %}">
      {%- assign product_form_id = 'product-form-' | append: section.id -%}

      {%- for block in section.blocks -%}
        {%- case block.type -%}
        {%- when '@app' -%}
          {% render block %}
        {%- when 'text' -%}
          <p class="product__text{% if block.settings.text_style == 'uppercase' %} caption-with-
letter-spacing{% elsif block.settings.text_style == 'subtitle' %} subtitle{% endif %}" {{ block.
shopify_attributes }}>
            {{- block.settings.text -}}
          </p>
        {%- when 'title' -%}
          <h1 class="product__title" {{ block.shopify_attributes }}>
            {{ product.title | escape }}
          </h1>
        {%- when 'price' -%}
          <div class="no-js-hidden" id="price-{{ section.id }}" role="status" {{ block.shopify_
attributes }}>
            {%- render 'price', product: product, use_variant: true, show_badges: true, price_
```

```
class: 'price--large' -%}
            </div>
            {%- if shop.taxes_included or shop.shipping_policy.body != blank -%}
              <div class="product__tax caption rte">
                {%- if shop.taxes_included -%}
                  {{ 'products.product.include_taxes' | t }}
                {%- endif -%}
                {%- if shop.shipping_policy.body != blank -%}
                  {{ 'products.product.shipping_policy_html' | t: link: shop.shipping_policy.url }}
                {%- endif -%}
```

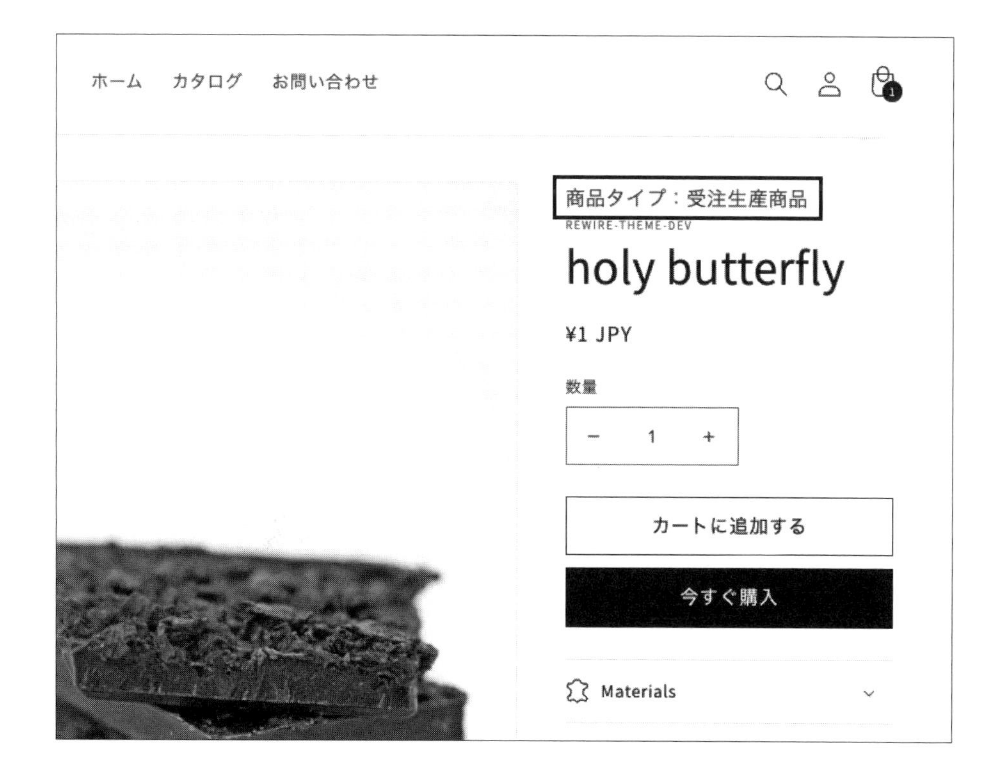

ページに商品の追加情報が入りました。表示するだけではなく、ロジックの中に組み込んで、特定の商品タイプの場合のみ表示を変えるなどの制御が可能です。

次に同じ場所にタグの内容を表示してみましょう。タグの場合は特定のタグがついていたらそのタグを表示させるロジックを追加します。

コード5-3-2

```
Liquid
<!-- 商品タグに「新商品」が含まれていたら表示 -->
{%- if product.tags contains "新商品"-%}
  <h4>新商品</h4>
{%- endif -%}
```

新商品という表示が現れました。

これらを応用することで商品についているタグや設定されているメタフィールドの値を利用してページ全体のレイアウトを変更したり、特定のセクションを非表示にしたりといったカスタマイズが可能です。

また、タグ・メタフィールドについては商品以外（顧客など）にも実装されているため、それらを利用して特定のお客様のステータス（VIPなど）を利用して商品の説明を切り分けたりすることができます。

この章で解説したタグやメタフィールドは管理画面からの追加だけではなく、特定のアプリから追加されることもあります。アプリから追加された値をアプリ間で共有したり、テーマから参照して表示したりすることも可能なため、アプリのドキュメントにて仕様をご確認ください。

Chapter 6

カスタムストアフロント

Shopifyは2021年6月に、カスタムストアフロントのためのフレームワークHydrogenとその運用環境Oxygenを発表しました。これにより、カスタマーにオンラインストアとは異なる購買体験を、より柔軟かつ簡潔に提供することができるようになります。

一方で「カスタムストアフロント」という言葉自体が耳慣れない読者もいることでしょう。
この章ではカスタムストアフロントについて解説します。

6-1 カスタムストアフロントとは

カスタムストアフロントとは、ヘッドレスコマースの実現のためにShopifyから提供される機能です。

```
> A custom storefront is an example of a headless commerce model. Headless commerce is an
architecture where the frontend and backend of your storefront are independent.
> Merchants can use Shopify as the commerce engine behind their independently-built storefront
experiences.
```

https://shopify.dev/custom-storefronts

カスタムストアフロントによって、マーチャントはShopifyをバックエンドとして柔軟性の高い購買体験を構築・提供できるようになります。初めて使う単語が多いので、1つずつ見ていきましょう。

6-1-1 ヘッドレスコマース

ヘッドレスコマースとは、コマースのバックエンドとフロントエンドを分離してサービスを提供するようなコマースのアーキテクチャです。

```
> Headless commerce is an e-commerce architecture where the front-end (head) is decoupled from
the back-end commerce functionality and can thus be updated or edited without interfering with
the front-end, similar to a headless content management system (CMS).
```

https://en.wikipedia.org/wiki/Headless_commerce

実例を参考に見てみましょう。ShopifyはコマースのSaaSです。各マーチャントに、コマースに欠かせない機能を提供しています。販売すべき商品情報を保存したり、販売相手（+販促の相手でもある）となる顧客の情報を管理したりといった機能です。

こういった、コマースサイトの「裏側で保持されているデータ」を、「コマースのバックエンド」と呼ぶことにします。多くの場合、「コマースのバックエンド」は管理画面より作成・閲覧されます。

一方で、コマースサイトの「表側」とは何でしょうか？　生活者が実際に商品を購入するのに使うサイトがそれにあたります。これを「コマースのフロントエンド」と呼ぶことにします。Shopifyでは、多くの場合「オンラインストア」として提供されている機能を用いて、Liquidを使ったテンプレートを操作してカスタマイズします。ヘッドレスコマースの提唱以前、コマースのバックエンドとフロントエンドは不可分なものでした。

本来バックエンドとフロントエンドは同じコマースサービスの一側面なので、不可分なものとして提供されるのは素朴で理に適った仕組みと言えます。現在でも多くのコマースサイトがバックエンドとフロントエンド一体型のアーキテクチャでサービスを提供していると想像しても良いでしょう。

通常のコマース

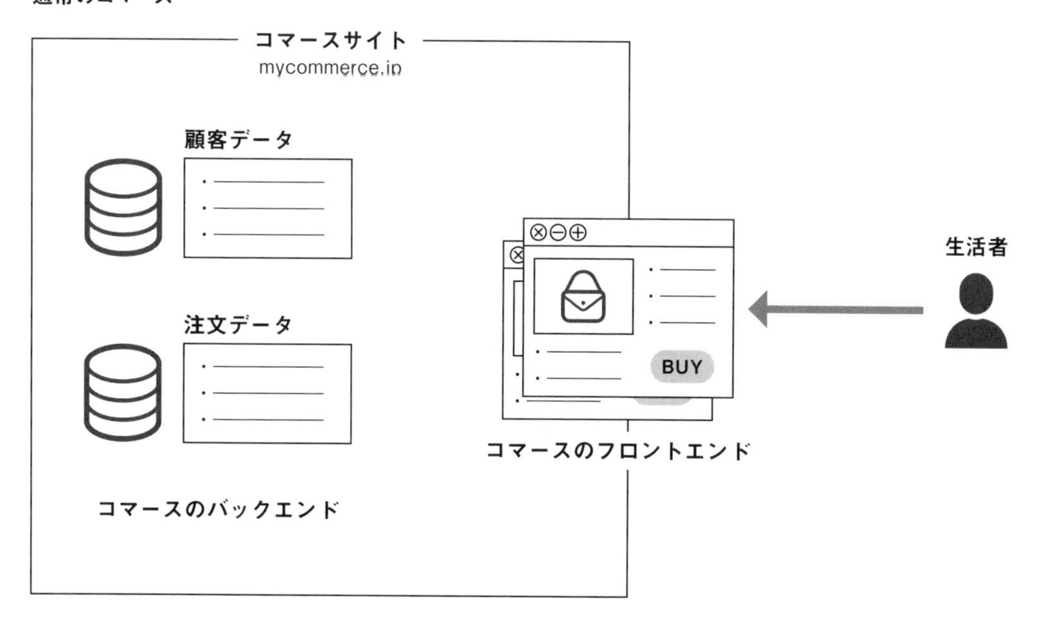

対して、ヘッドレスコマースとは「コマースのバックエンドとフロントエンドを分離」するようなアーキテクチャのことでした。「コマースのバックエンド」= 管理画面と、「コマースのフロントエンド」= オンラインストアが、分離してサービスを提供しているようなコマースサイトを想像すれば良いということになります。

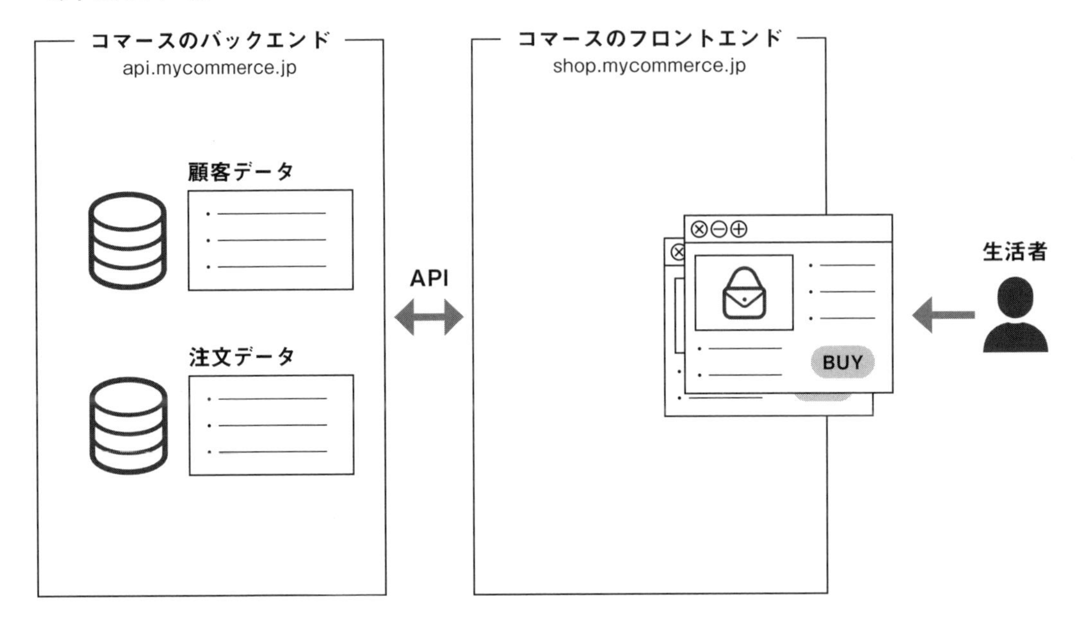

つまりヘッドレスコマースとは、管理画面とオンラインストアが別のサーバーで動作しているようなコマースサイトのことである、ということになります。

6-1-2 Shopifyのカスタムストアフロント

前項でヘッドレスコマースとは何か、簡単に理解しました。次に、改めてShopifyのカスタムストアフロントが何かを見てみましょう。

カスタムストアフロントはヘッドレスコマースで「Shopifyをバックエンドとして柔軟性の高い購買体験を構築・提供できる」機能ですから、「コマースのフロントエンド」側を担う機能であることが推測できます。

ヘッドレスコマースによって、コマースのフロントエンドとバックエンドは協調しながらも独立して機能するようになっています。これにより、オンラインストアやカスタムストアフロントのような、複数の「コマースのフロントエンド」が共存した状態でコマースサービス全体を提供できるのです。もちろん一般的な購買体験は、最初から提供されているオンラインストアでほとんどの場合はカバーできるでしょう。

カスタムストアフロントとは、ヘッドレスコマースによって分離されたバックエンドと協調してオンラインストアとは違う「カスタム」されたフロントエンドを提供するための機能である、と解釈できます。

Shopify のヘッドレスコマース

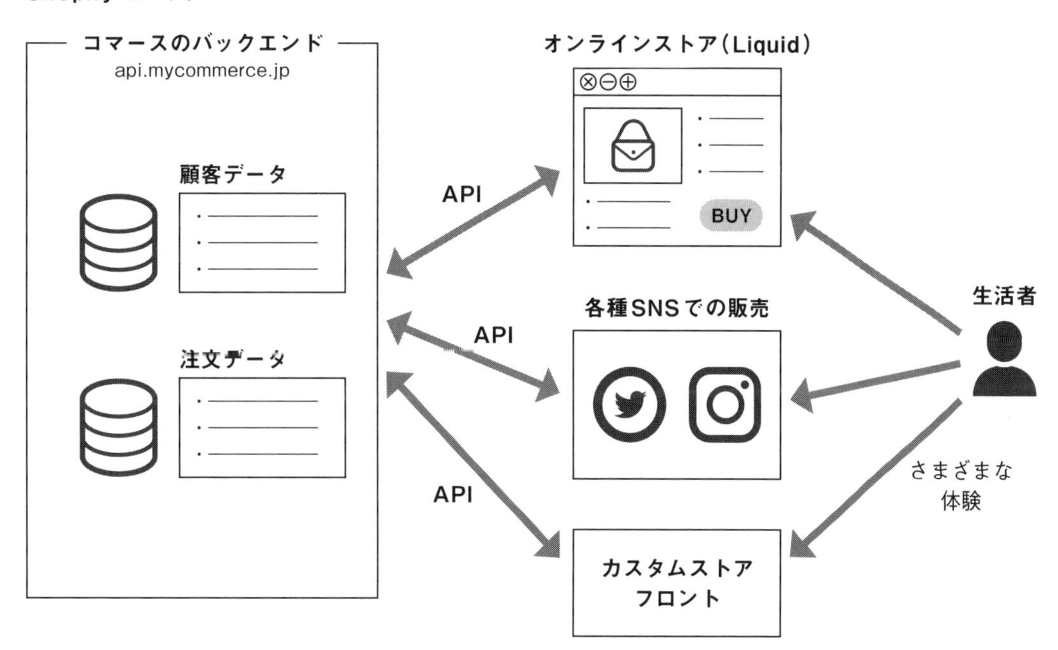

6-1-3 オンラインストアとの違い

前項で見たように、カスタムストアフロントとはオンラインストアとは別に提供される、独自の「コマースのフロントエンド」です。ここで、同じ「コマースのフロントエンド」である、オンラインストアとカスタムストアフロントの違いを見ておきましょう。

	オンラインストア	カスタムストアフロント
見た目の構築	Liquid	制限なし
バックエンドデータの取得	オンラインストアのLiquidで取得できる独自変数	Storefront API
カスタマイズ性	高くも低くもない。サイト構成はShopifyのルールに準ずる	高い。原則として※1サイト構成は自由
サービス提供までのコスト	低い。既存のテーマを流用でき、簡単なカスタマイズは容易	非常に高い。原則としてマーチャントが一からUIを構築する必要がある
サービス運用のコスト	低い。ShopifyのBasic Plan以上の基本機能に含まれる。運用コストを意識する場面は少ない	非常に高い。原則としてマーチャントが運用環境を設計・運用する必要がある※2

※1…ただしチェックアウト以降のページは原則としてオンラインストアのものに準ずるため、完全に自由ではない
※2…これをChapter 7で触れるOxygenが解決することになる可能性はある

並べてみるとわかるように、カスタムストアフロントはカスタマイズ性において優れているものの、開発・運用の両コストが非常に高くなっています。オンラインストアとは違う「カスタム」された購買体験の企画が非常に重要であると言えるでしょう。これについては、次章で改めて触れます。

6-1-4 カスタムストアフロント以外のコマースのフロントエンド

Shopifyでは前述したコマースのフロントエンド群を総称して「販売チャネル（Sales Channel）」と呼んでいます。オンラインストアやカスタムストアフロント以外に、どのような販売チャネルがあるのか見てみましょう。

Shopify POS

Shopifyの提供するPOSアプリを使って、物理店舗での購買体験を提供する販売チャネルです。バックエンドが分離していることによって、オンラインストアとは別の購買経路を提供できるようになる好例と言えるでしょう。また、Shopify POSに限らず、一般にPOSサービスとShopifyが連携されているときは、販売チャネルの形式であると言っても良いでしょう。

Shopify Inbox

マーチャントとカスタマーがチャットでやり取りすることで、販売やサポートを行うことができる販売チャネルです。チャット上で販売する、という点でオンラインストアとは別の購買体験を提供しています。

Amazon・楽天などの外部マーケットプレイスへの出品アプリ

Shopify以外のマーケットプレイスでShopifyに登録したデータを元に販売を行うアプリです。これもヘッドレスコマースの好例の1つと言えるでしょう。

各種モバイルアプリ

マーチャントがAppleのApp StoreやGoogle Play Storeに公開する、自身のブランドのモバイルアプリも販売チャネルの一種です。オンラインストアで代替できないカスタマーにとってユニークな体験を提供できるかどうかが、モバイルアプリ提供のキーになるでしょう。

SNS、動画配信プラットフォーム

InstagramやFacebookなどのSNSも販売チャネルの一種足り得ます。また、動画配信プラットフォームで、LIVE配信中の物販にShopifyの販売チャネルとして実装されているものもあるようです。

次節では「コマースのバックエンド」からデータを取得するためのAPIである、Storefront APIについて見ていきます。

6-2 Storefront API

Chapter 3で触れたとおり、Shopifyには複数のAPIが存在します。アプリ開発者には最も触れる機会の多いAdmin APIや、Shopifyパートナーとしての収益やインストール数追跡に関連するPartner APIなどです。

カスタムストアフロントのためにStorefront APIが存在します。これは、正確にはカスタムストアフロントを始めとする、販売チャネルのためのAPIです。前述のAdmin APIは「コマースのバックエンド」のデータに直接介入するためのAPIと言えます。それと比べて、Storefront APIは「コマースのフロントエンドを介してバックエンドのデータに介入する」ためのAPIと言えるでしょう。本節では、Storefront APIの概要を理解していきます。

6-2-1 Admin APIとの違い

Admin APIとStorefront APIは、一部機能が重複しているように見えることがあります。しかし、実際にはAPIとしての目的がそれぞれに異なるため、同じような機能でも細かい部分が異なります。

例えば、あるカスタマーの情報を取得したいとします。Admin APIはバックエンドに直接介入するためのAPIですから、カスタマーの識別子がわかれば直接情報を取得できます。一方でStorefront APIは「フロントエンドを介してバックエンドのデータに介入する」ためのAPIですので、そのような操作はできません。

コマースのフロントエンドで任意のカスタマーの情報が自由に取得できてしまったら、情報流出の問題になってしまいます。「コマースのフロントエンドを介して」生じ得ないことは、APIとしても提供されないのです。逆に、あるカスタマーにとっての「私のカスタマー情報」はStorefront APIからも取得できます。

Admin APIが「ストアの管理者の代わりに操作をする」ためのAPIであり、Storefront APIが「ストアの利用者の代わりに操作する」ためのAPIであると言い換えても良いかも知れません。APIは用途にあったものを利用するようにしましょう。ちなみにStorefront APIはGraphQLのみが提供されています。Admin APIと異なり、RESTは提供されていません。

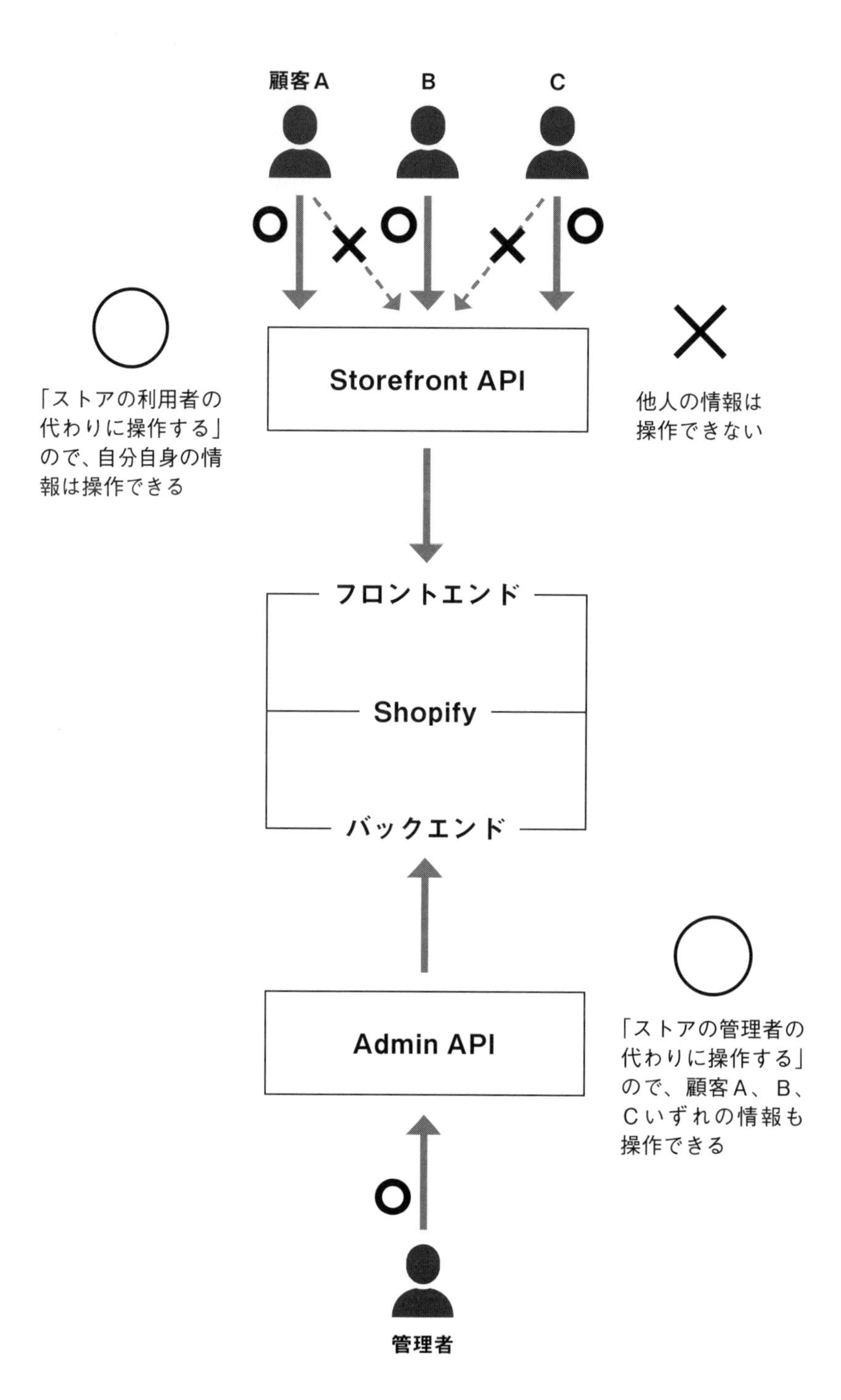
顧客A
B
C
○
×
○
×
○
Storefront API
「ストアの利用者の代わりに操作する」ので、自分自身の情報は操作できる
他人の情報は操作できない
フロントエンド
Shopify
バックエンド
Admin API
「ストアの管理者の代わりに操作する」ので、顧客A、B、Cいずれの情報も操作できる
○
管理者

6-2-2 Storefront APIを試す

それでは実際にStorefront APIを試してみましょう。まずは開発ストアの商品を取得してみます。Chapter 2で触れたとおり、Storefront APIでの開発支援にもShopify GraphiQL Appを使います。以後の節でも、とくに断りがなければAPIのリクエスト例にはShopify GraphiQL Appを用いています。

Chapter 3で触れたとおり、Storefront APIもConnection Modelを採用しています。それでは商品を取得してみましょう。

```graphql
{
  # 商品を10件取得します
  products(first: 10) {
    # edgesとnodeは「複数個のリソースを取得する」ときの作法のようなものです
    # ShopifyではなくGraphQL一般の決まりごとです
    # 詳しくは https://graphql.org/learn/pagination をご参照ください
    edges {
      node {
        id
        title
      }
    }
  }
}
```

10件の商品が取得できました。

```json
{
  "data": {
    "products": {
      "edges": [
        {
          "node": {
            "id": "gid://shopify/Product/7263753633991",
            "title": "Tシャツ(グレイ)"
          }
        },
        {
          "node": {
            "id": "gid://shopify/Product/7263753765063",
            "title": "パーカー"
```

Chapter 6

```
            }
          },
          {
            "node": {
              "id": "gid://shopify/Product/7263753994439",
              "title": "Tシャツ(ブラック)"
            }
          },
          {
            "node": {
              "id": "gid://shopify/Product/7263754059975",
              "title": "Tシャツ(Rewire)"
            }
          }
        ]
      }
    }
}
```

顧客の取得を試みる

次は顧客の情報を取得してみましょう。Admin APIにならえば、customersのようなクエリがありそうです。試してみましょう。それらしいものはcustomerしかサジェストされません。

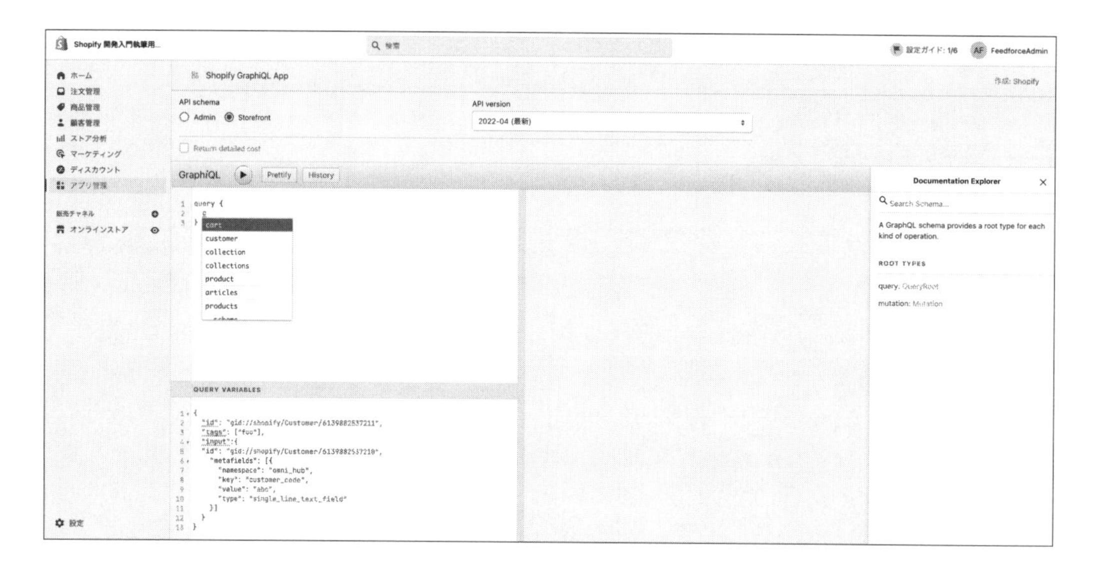

GraphQLはAPI schemaによって、できる操作が厳格に定義されます。Shopify GraphiQL AppはAPI schemaに定義された操作を元にサジェストするクエリを決定するので、サジェストされないのなら存在しないということになります。つまり、customersというクエリは存在しないのです。

「Admin APIとの違い」で触れたように、Storefront APIの目的から考えると商品のように顧客が取得できてしまっては問題ですから、`customers`クエリはなくても良いのでしょう。

6-2-3 本番環境に近い動作確認

次に、実際のカスタムストアフロントに近い環境で動作確認ができるようにしておきましょう。前項でShopify GraphiQL Appを使ったAPIの動作確認ができるようになりました。基本的にはこちらを使って開発を進めていきます。

ただし、実際のカスタムストアフロントで送信しているリクエストをデバッグしたいときにはこれだけでは足りません。開発中のデバッグやリリース後の調査のために、実際のカスタムストアフロントで送信している状況に近づけてリクエストが送信できるようにしておきましょう。この場合でも、クエリの構築にはShopify GraphiQL Appを使うのが便利です。

6-2-4 カスタムアプリを作成する

Chapter 8で詳しく触れますが、Shopifyにはいくつかのアプリの種類が存在します。カスタムストアフロントはマーチャントごとのカスタムされた体験を提供するという性質から、カスタムアプリが適しています。開発補助のためのアプリですから、「ストア管理画面から作成」するのが良いでしょう。

まず、カスタムアプリを開発できるようにします。「アプリ管理」→「アプリ開発」から、「カスタムアプリ開発を許可」します。マーチャントの本番環境ストアなど、自身のパートナーアカウントの管理下にないストアで作成する場合はオーナー権限を持っているアカウントに依頼しましょう。

次に「アプリを作成」します。Storefront APIの検証用とわかればどんな名前でも構いません。「ストアフロントAPIスコープを設定する」より、アクセススコープを設定します。マーチャントに納品するアプリと同じ権限をつけておくのが無難です。

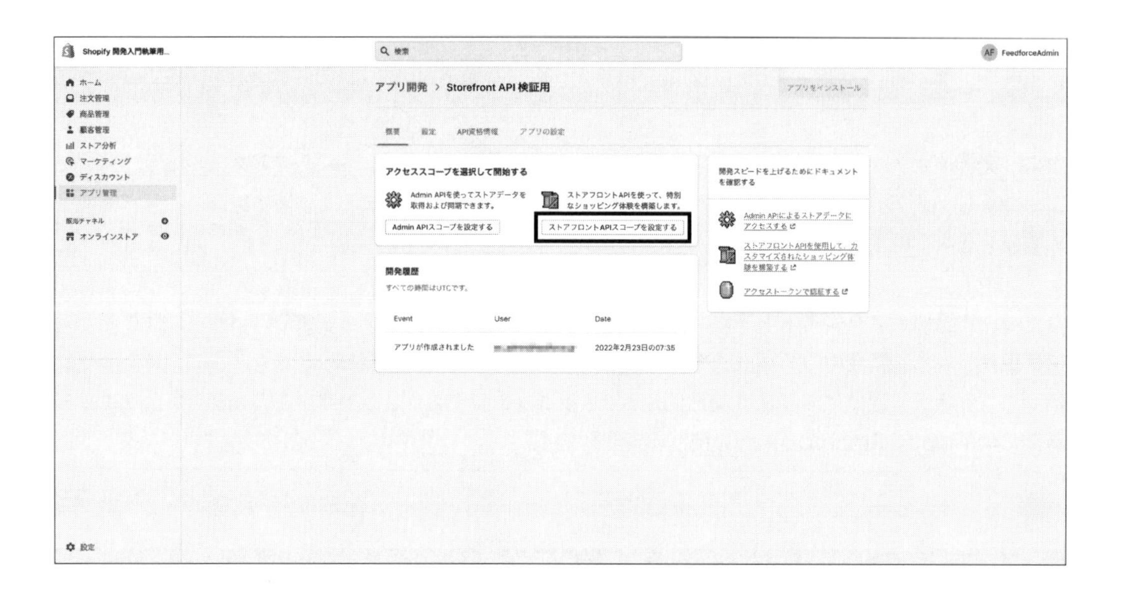

最後にアクセストークンを発行します。「アプリをインストール」すると、アクセストークンが発行されます。

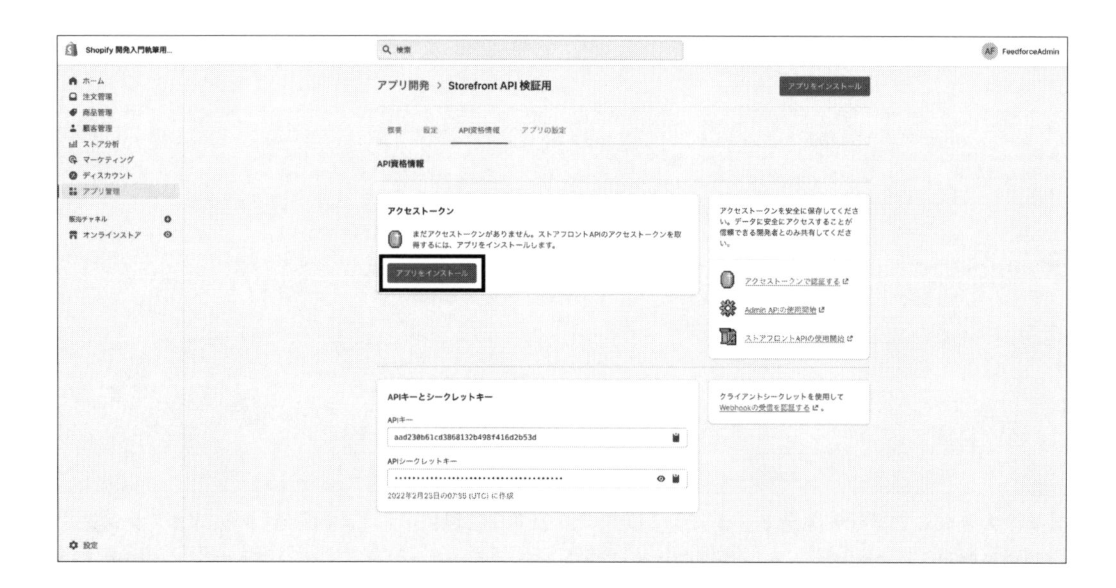

それでは、先程Shopify GraphiQL Appで発行したリクエストと同じものを、curlを用いて実行してみましょう。

```
curl --location --request POST 'https://your-store.myshopify.com/api/2022-01/graphql.json' \
--header 'X-Shopify-Storefront-Access-Token: [発行したアクセストークン]' \
--header 'Content-Type: application/json' \
--data-raw '{"query":"{\n  products(first: 10) {\n    edges {\n      node {\n        id\n        title\n      }\n    }\n  }\n}\n","variables":{}}'
```

PostmanなどのGUIをもったAPIクライアントを用いると、Shopify GraphiQL Appで作ったクエリをそのままコピー・ペーストできて便利です。

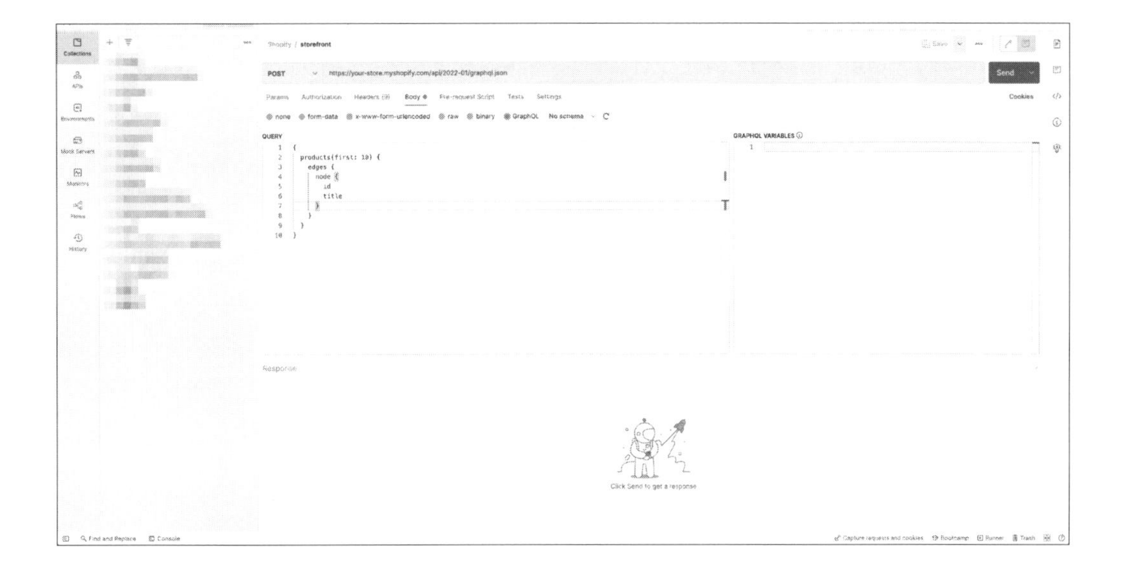

これでStorefront APIの動作確認ができるようになりました。カスタムストアフロントを構築していく中でわからないことや試したいことができたら、このように確認しましょう。それでは次に、カスタムストアフロントのためのフレームワーク、Hydrogenを見てみます。

6-3 Hydrogen

本章の冒頭で触れたとおり、Shopifyからカスタムストアフロントのためのフレームワークである Hydrogenが公開されています。Webアプリケーションとしてのカスタムストアフロントを開発するためのフレームワークと言って良いでしょう。本節では、Hydrogenを用いたカスタムストアフロントの構築について触れていきます。

なお、前節で説明したように、本来カスタムストアフロントはヘッドレスコマースの一種です。Storefront APIを境界にバックエンドとフロントエンドを分離するアーキテクチャですから、本来はフロントエンド側の実装にはStorefront APIを用いること以外の技術的な制約はありません。必ずしもカスタムストアフロントがHydrogenを使った開発手法を指すわけではないことに留意しましょう。また、現時点ではレポジトリでReactNativeのサポートについての議論はなされていないようです。

本節以降は、Webサイトとしてカスタムストアフロントを構築するケースを想定しています。

6-3-1 Hydrogen

Hydrogenは、カスタムストアフロントのためにReactベースで構築されたフレームワークです。Shopifyが中心になって、OSSとして開発されています。

https://github.com/Shopify/hydrogen

```
> Hydrogen is a React-based framework for building dynamic, Shopify-powered custom storefronts.
```

フレームワークという触れ込みではありますが、少なくとも執筆時点ではカスタムストアフロントの開発におけるライフサイクルの大部分をサポートするような機能は備えていません。Shopify特有のリソースや操作をサポートするためのライブラリに、各種のユーティリティツールが付いたもの、くらいに捉えるのが妥当です。

また、あくまでShopifyのカスタムストアフロント開発を支援するためのフレームワークであり、Web

アプリケーションやECサイトのフレームワークとしての一般性はありません。サーバー側でのページ描画※1やキャッシュ機構により、高速・低コストな描画パフォーマンスを実現しています。

2022年1月の執筆時点ではDeveloper previewとして公開されています。今後も大きな変更※2が入り得ることには留意しておきましょう。コードベースはTypeScriptで開発されています。

※1…カスタムストアフロントはStorefront APIを境界にしたコマースのフロントエンドと説明しました。Hydrogenにはサーバー側の描画を含む、Backend-For-Frontendパターンが適用されています。ブラウザで実行されるアプリケーションのみを指す、狭義のフロントエンドでないことに留意しましょう。
※2…インターフェースの後方非互換な変更だけでなく、機能をまるごと取り下げる可能性をShopifyが留保していることも含みます。

6-3-2 Hydrogenを試す

それでは実際にHydrogenを使ってカスタムストアフロントを動かしてみましょう。HydrogenはReactベースのフレームワークなので、開発と実行には原則としてNode.jsのランタイムが必要です。また、Storefront APIのアクセストークンと動作確認のための開発ストアも必要です。

Node.jsランタイムをインストールする

まず、コードのビルドや開発サーバーの起動のため、Node.jsランタイムをインストールしましょう。2022年1月の執筆時点ではNode.jsの16.5.0以上がサポートされています。
https://shopify.dev/custom-storefronts/hydrogen/getting-started/create#requirements

最新のActive LTS（Long-Term Support）バージョンであれば問題ありません。package managerはyarnかnpmが選択できます。ご自身の環境に合わせて適宜選択してください。どちらを選んでも大きな差はないでしょう。本章ではnpmとnpxを用います。

Storefront APIのアクセストークンを用意する

次に、Storefront APIへリクエストが発行できるようにします。前節「カスタムアプリを作成する」に従って、アクセストークンを取得します。なお、一般に「アクセストークン」は秘匿すべき情報であることが多いですが、Storefront APIはその限りではありません。これは、ブラウザから直接リクエストされることも用途にあるため、秘匿されないことが前提となるためです。このことは、アクセススコープがunauthorizedとなっていることからも伺えます。Hydrogenはコードのビルド時点でアクセストークンを要するアーキテクチャであることにも注意しておきましょう。

6-3-3 カスタムストアフロントの雛形を生成する

それではHydrogenを用いたカスタムストアフロントの雛形を生成してみましょう。
執筆時点のバージョンは0.12.0です。

```
$ npm init hydrogen-app@0.12.0
```

プロジェクト名の入力が求められるので、適当な名前を入力しましょう。ここではsandbox-hydrogenという名前を入力します。

```
> Update {プロジェクト名}/shopify.config.js with the values for your storefront. If you want to
test your Hydrogen app using the demo store, you can skip this step.
```

shopify.config.jsの更新を求められるので、「カスタムアプリを作成する」で取得したアクセストークンに差し替えましょう。storeDomainも変更しておきます。案内に従って、依存しているライブラリをインストールしておきます。

```
$ npm i --legacy-peer-deps
```

6-3-4 開発サーバーを起動する

それでは開発サーバーを起動しましょう。

```
$ npm run dev
```

次のような画面が出れば成功です。

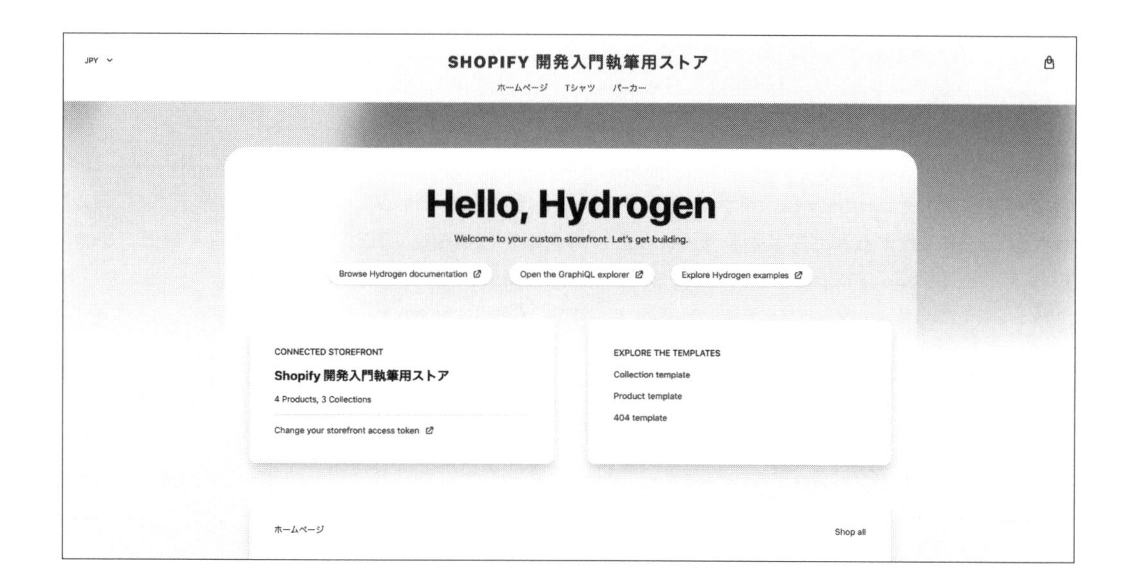

コレクションや商品が表示されない場合は、管理画面でコレクションや商品の表示先にカスタムアプリが設定されているか確認しましょう。

これに限らず、カスタムストアフロントはStorefront APIを境界にバックエンドとフロントエンドを分離するアーキテクチャの上に成り立っています。何か意図しない挙動になったら、バックエンドのデータ、Storefront APIへ送信しているリクエスト、フロントエンドのコードをそれぞれに分けて考えるようにしましょう。

6-3-5 TypeScript化する

雛形として生成されたコードは、すべてJavaScriptで書かれています。しかし、2022年以降に始めるプロジェクトをJavaScriptで開発するメリットはあまりありません。納品時点のコードベースの総量が数百行内に収まると確信できなければ、この時点でTypeScript化しておくことを強く推奨します。現時点でHydrogenのインターフェースに習熟している開発者はいないので、コード補完とコードジャンプが効くようになることだけでも、TypeScript化するコストを回収※できるでしょう。

※ただし、雛形として生成されるファイルのほとんどは型検査を通過できません。必要に応じて段階的にTypeScript化していくのが現実的です。

この問題は、HydrogenのレポジトリでもHydrogenを使う側の開発者の強い要望から、前向きに議論されています。
https://github.com/Shopify/hydrogen/discussions/200

なお、前節で触れたとおり、Hydrogen自身はTypeScriptで開発されています。本章では、以後とくに断りがなければコードサンプルはTypeScriptで提示します。

TypeScriptによる検査環境を導入する

まず、TypeScriptコンパイラとReact関連の型定義ファイルを依存関係に加えます。

```
$ npm i -D -E typescript @types/react @types/react-dom
$ npx tsc --init
```

型検査の設定は次のとおりです。これは一例ですので、実際の開発環境に合わせて設定してください。

コード6-3-5 tsconfig.json

```json
JSON
{
  "compilerOptions": {
    "target": "es2016",
    "jsx": "react",
    "module": "esnext",
    "moduleResolution": "node",
    "esModuleInterop": true,
    "forceConsistentCasingInFileNames": true,
```

```
    "strict": true,
    "skipLibCheck": true
  }
}
```

型検査します。ただし、この時点では検査の対象になるファイルはないので、型検査を実行すると「TS18003: No inputs were found in config file」エラーが出ます。検査対象のファイルが見つからないことによるエラーなので、適当なTypeScriptファイルを作成すれば、エラーは回避できます。

コード6-3-5 sample.ts

```
TypeScript
export const test: string = '0';
```

それでは型検査を実行してみましょう。

```
$ npx tsc --noEmit
```

これでHydrogenを試すための環境ができました。前述のとおり、Hyrodgen自身はTypeScriptで開発されてるので、提供される関数群も、型定義ファイルが公開されています。関数やコンポーネントの使い方に迷う際は、型定義ファイルをご参照ください。

次の節では「カスタマーアクセストークン」を使ってカスタマー自身の情報を取得してみましょう。

6-4 顧客の情報を取得する

前節でインターネット上に公開可能な情報を取得・表示することができました。次は特定のカスタマーにのみ表示したい情報を取得してみましょう。

6-4-1 unauthenticated scope（未認証のスコープ）

前節までに書いたとおり、Storefront APIはunauthenticated = 認証されないAPIです。この「認証」が指すのはWeb技術の用語でいう認証（authenticate）・認可（authorize）の「認証」です。unauthenticated scopeであるリソースを取得・操作するにあたって、取得・操作するのが「誰であるか = 認証」について、アクセススコープが直接的に関知しないことを意味しています。ドキュメントを見てみましょう。

https://shopify.dev/api/usage/authentication#unauthenticated-apis

```
> Shopify's Storefront API is unauthenticated, which means that certain data can be accessed by
users without a username or password.
```

unauthenticated scopeなリソースは、（顧客※の）ユーザー名とパスワードを必要とせずにアクセス可能なデータであることが説明されています。

つまり、unauthenticatedなのは私達のカスタムアプリやそれが発行するアクセストークンそのものではありません。顧客自身のデータ授受についてはこのアクセススコープの直接の責務ではない、別の仕組みで認証してください、というような意味合いだと解釈できます。Storefront APIはコマースのフロントエンドを実装するためのAPIなので、ある顧客に代わって顧客自身のデータを取得、操作することが主な用途になります。そのため、このアクセススコープが顧客自身の認証は行っていないことを示すために、unauthenticatedという名称になっているのでしょう。

※本来、Shopifyの用語ではストアの利用者にはCustomer=顧客を用います。このページでは冒頭でstore data available to（略）end usersとして、usersがストアのエンドユーザー = Customerを指していることが示されています。

Storefront以外のAPI

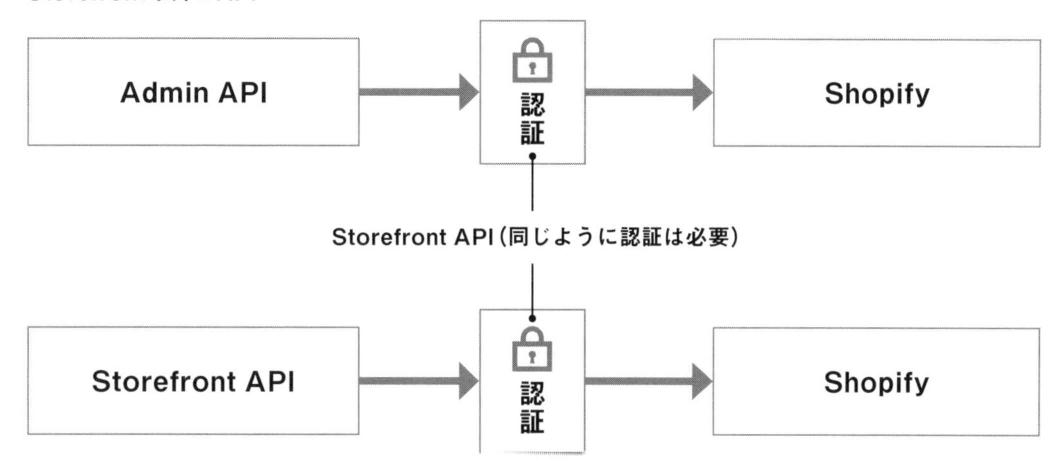

APIの利用そのものには、
Admin APIと同じく認証が必要

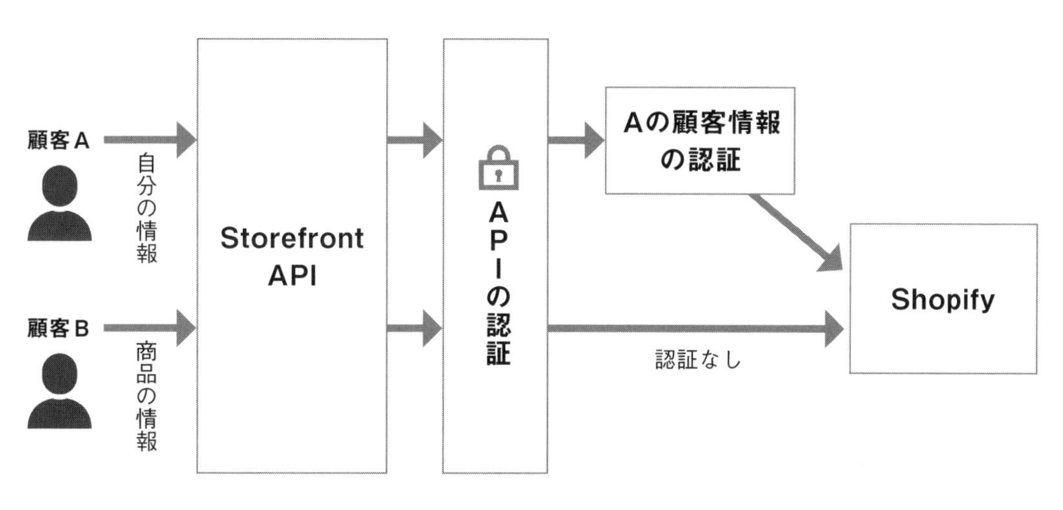

商品情報などは顧客ごとの認証なく
アクセスできる。ただしAPI一般の認証は必要

Admin APIなどと並んで紹介されていると「unauthenticatedだけどアクセストークンは必要なのか」と混乱することがあります。アプリのアクセストークンを用いた認証が不要なわけではなく、また顧客自身のプライベートなデータ授受に認証が不要なわけでもありません。注意しておきましょう。

ドキュメントでは次のように説明されています。

https://shopify.dev/api/usage/access-scopes#unauthenticated-access-scopes

```
> Unauthenticated access is intended for interacting with a store on behalf of a customer to
perform actions such as viewing products or initiating a checkout.
```

6-4-2 カスタマーアクセストークン

前節で解説したとおり、顧客自身のプライベートなデータの閲覧や操作には、顧客自身による認証が必要です。Storefront APIでは、顧客のメールアドレスとパスワードから認証のためのトークンを作成し、これを用いて顧客のリクエストを認証します。これを「カスタマーアクセストークン」と呼びます。

https://shopify.dev/api/storefront/2022-01/mutations/customeraccesstokencreate

```
> A CustomerAccessToken represents the unique token required to make modifications to the
customer object.
```

顧客の情報を取得するには、事前にカスタマーアクセストークンの作成が必要です。まずはgraphiqlで動作を確認してみましょう。Shopify GraphiQL Appで`customerAccessToken`と入力してみてください。「カスタマーアクセストークン」という新たなリソースを作成するわけですから、mutationになっています。

コード例6-4-2 1.gql

```
GraphQL
mutation {
  customerAccessTokenCreate
}
```

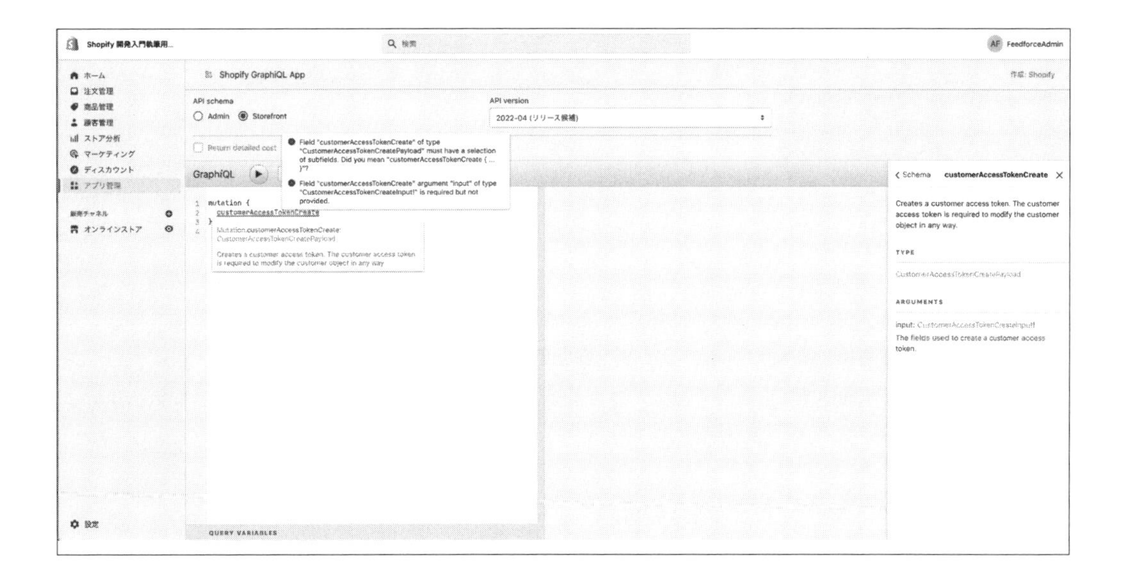

いくつかエラー表示が出ていますね。customerAccessTokenCreateはフィールドをもつこと、inputという引数を取ることが示されています。またcustomerAccessTokenCreateをクリックすると、画面右にこのmutationのシグネチャ※が表示されます。

※ここでは、どのような引数が期待されているか、どのようなレスポンスが返ってくると想定されているかを示す型定義。

このmutationを実行するとレスポンスはCustomerAccessTokenCreatePayload型で返ってくるようです。また、引数としてinputフィールドにCustomerAccessTokenCreateInput型が要求されているようですね。CustomerAccessTokenCreateInputは末尾に!が付いているので、inputフィールドは必ず入力しなければいけないことも分かります。

では、要求されたようにmutationを変更してみましょう。GraphiQLの入力補完機能にサポートされながら要求を満たすと、次のようなmutationになります。

コード例6-4-2 2.gql

```graphql
GraphQL
mutation {
  # 顧客のメールアドレスとパスワードを渡します
  customerAccessTokenCreate(input: {email: "your-mailaddress@example.com", password: "your-password"}) {
    customerUserErrors {
      code
      field
      message
    }
```

```
    customerAccessToken {
      accessToken
    }
  }
}
```

emailとpasswordには、動作確認用の適当なカスタマーアカウントを作成して用いましょう。Shopify GraphiQL AppでcustomerCreate mutationを実行して作成しても良いですし、オンラインストアで作成しても構いません。事前に「管理画面の**設定**」→「**チェックアウト**」から、顧客アカウントを「アカウントを任意にする」もしくは「アカウント作成を必須にする」にしておくことを忘れないようにしましょう。

メールアドレスとパスワードが正しければ、次のようなレスポンスが返ってきます。data.customerAccessTokenCreate.customerAccessToken.accessTokenがカスタマーアクセストークンです。後で使うので控えておきましょう。

```
JSON
{
  "data": {
    "customerAccessTokenCreate": {
      "customerUserErrors": [],
      "customerAccessToken": {
        "accessToken": "***"
      }
    }
  }
}
```

メールアドレスとパスワードのいずれかが間違っていれば、次のようなレスポンスが返ってきます。customerUserErrorsフィールドの中にエラーが入ってきていますね。実際のカスタムストアフロントでは、適宜エラー表示するように実装すると良いでしょう。なお、「メールアドレスとパスワードのどちらが間違っているか」は読み取れないようになっています。これはメールアドレスとパスワードの入力が悪意ある攻撃者によるものであった場合に、エラーメッセージが正しい認証情報の手がかりとならないようにするためでしょう。

```json
{
  "data": {
    "customerAccessTokenCreate": {
      "customerUserErrors": [
        {
          "code": "UNIDENTIFIED_CUSTOMER",
          "field": null,
          "message": "Unidentified customer"
        }
      ],
      "customerAccessToken": null
    }
  }
}
```

なお、ここではカスタマーアクセストークンの基本的な生成方法としてメール、アドレスとパスワードを用いるcustomerAccessTokenCreateの使い方を説明しました。Multipassログインを使っている場合は、customerAccessTokenCreateWithMultipassを使いましょう。

Chapter 6

6-4-3 顧客の情報を取得する

カスタマーアクセストークンが取得できたので、カスタマーの情報を取得してみましょう。今度はShopify GraphiQL Appに`customer`と入力します。すでにあるリソースを取得するので、query になります。mutationのときと同様に、GraphiQLのサポートを受けて期待される入出力を把握しながらリクエストを構築しましょう。

コード6-4-3 1.gql

```graphql
query {
  # [6-4-2] で取得したカスタマーアクセストークンを渡します
  customer(customerAccessToken: "***") {
    id
    email
    firstName
    lastName
  }
}
```

次のようなレスポンスが返ってくれば成功です。

```
JSON
{
  "data": {
    "customer": {
      "id": "***",
      "email": "yamada@example.com",
      "firstName": "太郎",
      "lastName": "山田"
    }
  }
}
```

なお、執筆時点のStorefront APIのバージョン 2022-01では、Customerを含む各リソースのidはBASE64符号化されたものが返ってきます。例えばidがgid://shopify/Customer/1であるカスタマーなら、Z2lkOi8vc2hvcGlmeS9DdXN0b21lci8xです。2022-04からはBASE64符号化されていないidが返ってくるようになります。興味のある方はShopify GraphiQL Appで確認してみると良いでしょう。詳しくはhttps://shopify.dev/api/examples/object-idsをご参照ください。

これで事前の動作確認は完了です。実際の開発でも、UIを作り出す前に意図した操作が出力できるかをgraphiQLで事前に確認しておくとスムーズです。

それではこれをカスタムストアフロントのUIに組み込んでいきましょう。

6-5 顧客の情報をページに表示する

それでは取得したカスタマーの情報を、実際にカスタムストアフロントのページに表示してみましょう。[6-3　Hydrogen]で作成したhydrogenのアプリケーションを流用します。

6-5-1 ログインページを作成する

前節で見たように、カスタマーのログインを表現するためにはcustomerAccessTokenCreateを使います。このmutationを実行するためのページを作成してみましょう。

ページを実装するにあたって、hydrogenはファイルを用いたルーティングを採用しています。ある法則に沿って配備したファイルが、そのままサイトのルーティングになるということです。例えばhttp://localhost:3000/fooへの訪問は、src/routes/foo.tsxというファイルで処理されます。

また、[]で囲まれた文字はパスパラメータとして解釈されます。例えばsrc/routes/[foo].tsxというファイルなら、次のような形でこのページを実装するReact ComponentにPropsとして渡ってきます。

```typescript
type Props = {
  params: {
    foo: string;
  };
};
```

6-5-2 ログインページの雛形を作成する

では、ファイルを作成します。オンラインストアに倣って、/account/loginをログインページとしました。[6-3] で少し触れましたが、hydrogenはReact Server Componentsを用いたSSRをサポートしています。ログインページに限らず、特別に理由がなければサーバー側でコンテンツを描画させておきましょう。React Server Componentsの規約に従ってlogin.server.txsというファイル名を付けておきます。

コード6-5-2 src/routes/account/login.server.tsx

```tsx
import React from 'react';

export default function Index() {
  return <div>Login component at src/routes/account/login.server</div>;
}
```

npm run devで開発サーバーを起動して、http://localhost:3000/account/loginを訪問してみましょう。このような画面が表示されているはずです。

```
Login component at src/pages/account/login.server
```

興味のある方はページのソースを表示して、どんなHTMLが返ってきているかも確認しておきましょう。<div>Login component at src/routes/account/login.server</div>のような文字列が入っているはずです。また、サーバー側で処理が行われているわけですから、このComponentのログ出力はブラウザではなくターミナルに表示されることにも注意しておきましょう。

余談ですが、ほかのWebアプリケーションフレームワークからの連想で、ページごとのファイルが自動生成できないかと考える読者がいるかも知れません。実際にhydrogenは@shopify/hydrogen-cliでそれに近い機能の提供を試みているようです。ただし、本書の執筆時点では生成されるファイルが非常に素朴で、かつJavaScriptファイルが生成されてきます。ドキュメントやCLI上のヘルプなども存在せず、「試しに使ってみる」ような時期もまだ先であると考えた方が良さそうです。

興味のある方は、次のコマンドをお試しください。

```
$ npm i @shopify/hydrogen-cli && npx h2 create page foo
```

6-5-3 ログインフォームを追加する

次にメールアドレスとパスワードの入力フォームを作成していきます。フォームの入力はブラウザで行うので、login.client.tsxを作成しましょう。これもReact Server Componentsの規約に従った命名です。

コード6-5-3 src/routes/account/login.client.tsx

```
TSX
import React, {useState} from 'react';
import {useShop} from '@shopify/hydrogen/client';

export function LoginForm() {
  const [email, setEmail] = useState('');
  const [password, setPassword] = useState('');
  // ストアのドメインやStorefront APIのアクセストークンは、shopify.config.jsに設定したものが取得できる
  const {storeDomain, storefrontApiVersion, storefrontToken} = useShop();
  return (
    <form
      onSubmit={(e) => {
        e.preventDefault();
        fetch(
          `https://${storeDomain}/api/${storefrontApiVersion}/graphql.json`,
          {
            method: 'POST',
            headers: {
              'Content-Type': 'application/json',
              'X-Shopify-Storefront-Access-Token': storefrontToken,
            },
            // カスタマーアクセストークンの取得リクエストを送信する
            body: JSON.stringify({
              query: MUTATION,
              variables: {
                email,
                password,
              },
            }),
          },
        )
          .then((res) => res.json())
          .catch((error) => {
            return {
              data: undefined,
              error: error.toString(),
            };
          });
      }}
    >
```

Chapter 6

```
      <div className="mb-4">
        <input
          className="border focus:outline-none focus:shadow-outline"
          type="email"
          value={email}
          onChange={(e) => setEmail(e.currentTarget.value)}
        />
      </div>
      <div className="mb-4">
        <input
          className="border focus:outline-none focus:shadow-outline"
          type="password"
          value={password}
          onChange={(e) => setPassword(e.currentTarget.value)}
        />
      </div>
      <button className="border" type="submit">
        ログイン
      </button>
    </form>
  );
}

const MUTATION = `
mutation customerAccessTokenCreate($email: String!, $password: String!) {
  customerAccessTokenCreate(input: {email: $email, password: $password}) {
    customerUserErrors {
      code
      field
      message
    }
    customerAccessToken {
      expiresAt
      accessToken
    }
  }
}
`;
```

hydrogenからuseShopというhookをimportしている以外は、とくに変わったことはしていません。QUERY変数に定義したGraphQLのクエリには、前節で用意したmutationをそのまま使っています。

useShopはshopify.config.jsに入力したAPIの資格情報を、React Componentから利用するためのhookです。サーバー・クライアントのいずれの描画プロセスでも、ReactのContextを介して注入されます。hydrogenがrenderHydrogen関数の中に隠蔽しているので、興味のある方はコードを見てみると良いでしょう。

また、説明を簡単にするためにGraphQLのクエリは文字列としてファイル内で直接定義しました。これは必ずしも良いプラクティスとは言えません。コードハイライトが効かない、型検査ができない、入力補完がされない、リクエストパラメータやレスポンスの型を手で定義しなくてはならない、といった問題があるからです。

実際の開発では`*.gql`ファイルにクエリを定義し、`graphql-codegen`を使って APIクライアントとリクエストパラメータとレスポンスの型を自動生成するようにしましょう。

6-5-4 ログインフォームのサーバー側の描画

次に作成したログインフォームを描画しましょう。先ほど作成したサーバー側のComponentに、クライアント側のComponentをimportします。

コード6-5-4 src/routes/account/login.server.tsx

```tsx
import React, {Suspense} from 'react';
import {LoginForm} from './login.client';

export default function Login() {
  return (
    <div>
      <Suspense fallback={null}>
        <LoginForm />
      </Suspense>
    </div>
  );
}
```

6-5-5 カスタマーアクセストークンの取得

これで準備は完了です。前節と同じように、あらかじめ作成済みのカスタマーの認証情報でログインしてみましょう。ブラウザの開発者ツールで、Networkタブを開いておいてください。認証情報を入力して「ログインする」をクリックすると、カスタマーアクセストークンが取得できます。

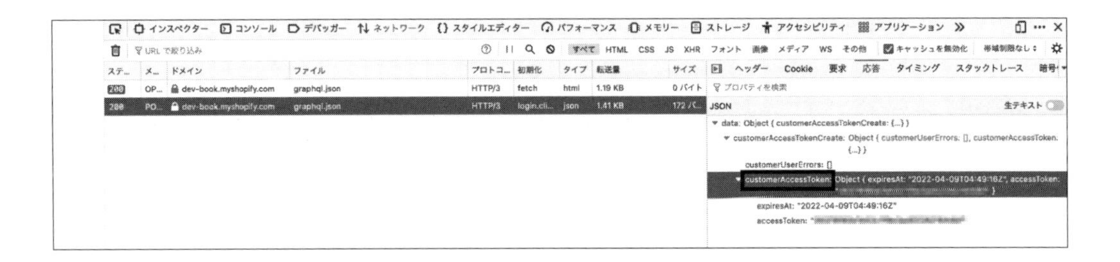

6-5-6 顧客情報の取得と描画

最後に、このカスタマーが「ログインしている」状態を表現します。先程取得したカスタマーアクセストークンを使って、顧客情報を取得・描画してみましょう。

前節で説明したとおり、Storefront APIのアクセストークンと違って、カスタマーアクセストークンはこの顧客について（定義したscopeの範囲で）操作を可能にします。作成するカスタムストアフロントの要求やチームの構成などを考慮して、適切な場所に格納しましょう。

ここでは説明を簡単にするため、Reactのstateに格納しておきます。また、`graphql-codegen`を使っていないので、レスポンスの型が不明であることにもご注意ください。先に述べたように必ず`*.gql`ファイルに定義したクエリから自動生成されたAPIクライアントと型を使うようにしてください。

コード6-5-6 src/routes/account/login.client.tsx

```
+  const [customerAccessToken, setCustomerAccessToken] = useState(null);
// 略
       body: JSON.stringify({
          query: MUTATION,
          variables: {
            email,
            password,
          },
        }),
```

```
      })
        .then((res) => res.json())
+        .then((res) => {
+          setCustomerAccessToken(
+            res.data.customerAccessTokenCreate.customerAccessToken.accessToken,
+          );
+        })
```

次にカスタマーアクセストークンを使って顧客の情報を取得します。カスタマーアクセストークンの有無で顧客情報を取得するようなeffectを定義します。

コード6-5-6 src/routes/account/login.client.tsx

```
+ import React, {useState, useEffect} from 'react';
// 略
+  const [customer, setCustomer] = useState<{
+    email: string;
+    firstName: string;
+    lastName: string;
+  } | null>(null);
+useEffect(() => {
+  if (customerAccessToken == null) return;
+  fetch(`https://${storeDomain}/api/${storefrontApiVersion}/graphql.json`, {
+    method: 'POST',
+    headers: {
+      'Content-Type': 'application/json',
+      'X-Shopify-Storefront-Access-Token': storefrontToken,
+    },
+    body: JSON.stringify({
+      query: QUERY,
+      variables: {
+        customerAccessToken,
+      },
+    }),
+  })
+    .then((res) => res.json())
+    .then((res) => setCustomer(res.data.customer))
+    .catch((error) => {
+      return {
+        data: undefined,
+        error: error.toString(),
+      };
+    });
+}, [customerAccessToken, storeDomain, storefrontApiVersion, storefrontToken]);

// 略
+const QUERY = `
+query customer($customerAccessToken: String!){
```

```
+  customer(customerAccessToken: $customerAccessToken) {
+    id
+    email
+    firstName
+    lastName
+  }
+}
+`;
```

最後に顧客情報の描画を仮想DOMに追加します。

コード6-5-6 src/routes/account/login.client.tsx

```
+       <div>
+         <div>
+           名前: {customer?.lastName} {customer?.firstName}
+         </div>
+         <div>メールアドレス: {customer?.email}</div>
+       </div>
```

それではもう一度認証情報を入力してみましょう。

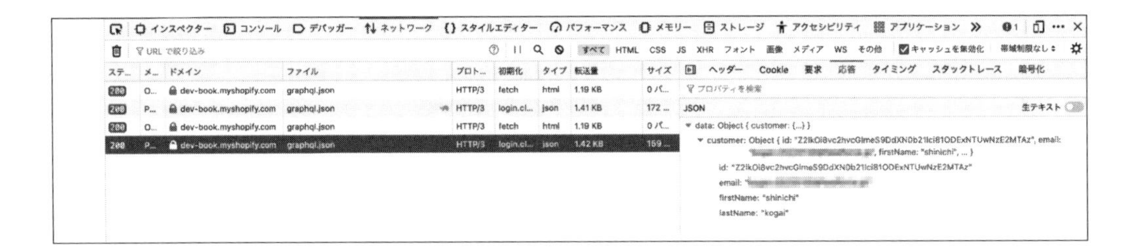

認証情報からカスタマーアクセストークンを作成して、顧客の姓名とメールアドレスが表示できました。

次はコマースサイトの必須要素、商品購入のフローを実装してみましょう。

6-6 商品の購入

それでは最後にカスタムストアフロントでの購入フローの実装を見てみましょう。

6-6-1 CartとCheckout

Shopifyには、購入に関係するリソースとしてCartとCheckoutが存在します。Cartは「これから買おうとしているものたち」を表すリソース、Checkoutは「購入行為そのもの」を表すリソースと考えると良いでしょう。オンラインストアでのテーマ開発の経験がある方なら、目にしたことがあるかも知れません。これらのリソースもヘッドレスアーキテクチャによって分離された「コマースのバックエンド」に存在するリソースです。したがって、基本的にはオンラインストアで出現するものと同じものです。

Checkoutを用いると、オンラインストアと同じチェックアウトURLを利用できます。これはWebブラウザを用いた購入が前提となるチェックアウト方式です。hydrogenを使ったカスタムストアフロントはWebアプリケーションの体を取ることになりますから、これを使うのが良いでしょう。

対して、hydrogenを使わないカスタムストアフロント、例えばゲーム内での物品販売などにStorefront APIを用いる場合は、そのまま使うことは難しいはずです。ブラウザを用意できない・したくないケース※の場合には、いくつかの代替手法が用意されています。

※ゲームの中で販売したい場合など、Webブラウザを用意すると著しくUXが損なわれるケースも考えられます。以降はオンラインストアと同じくチェックアウトURLを使ったチェックアウトweb checktoutで説明していきます。

https://shopify.dev/custom-storefronts/checkout#complete-the-checkout

```
> Complete the checkout using one of the following methods:
> Shopify card vault
> Stripe
> Spreedly
```

状況にあった手段を検討するようにしましょう。

また前節までとは違って、顧客のログインは必須でありません。Shopifyにはゲスト購入機能が存在するからです。デフォルトがゲスト購入のみとなっていることからも暗に推奨されていると考えられるでしょう。

6-6-2 hydrogenでのCartとCheckout

前述したとおり、Shopifyで購入を表現するためにはCartとCheckoutを用います。Storefront APIでそれぞれのリソースの作成方法が説明されています。

- https://shopify.dev/custom-storefronts/cart
- https://shopify.dev/custom-storefronts/checkout

ただし、hydrogenではこれらのリソース利用を抽象化した関数が提供されています。`useCart` `hooks`やCart関連のComponentの中にCartの生成や更新、Checkoutの生成が隠蔽されていますので、これを使うようにします。

scaffoldから生成されたコードには、すでに「カートに入れる」に相当するボタンが実装されています。hydrogenから提供されるhooks,Componentを使っているので基本的にはこちらを踏襲して実装するのが良いでしょう。

6-6-3 Cart作成からCheckout完了まで

ここからはCartの作成からCheckout完了まで、処理の流れを追っていきます。まずは、`src/routes/products/[handle].server.jsx`を見てみましょう。前節までに解説したように`handle`はパスパラメータです。商品ページは商品のhandleをキーにして、表示すべき商品を特定しているようですね。

なお、handleはストア管理画面の商品詳細ページ下部「ウェブサイトのSEOを編集する」から変更できます。当然ながらオンラインストアのhandleも変更されますので、稼働中のストアと並行してカスタムストアフロントを開発している際は注意しましょう。

「Product」→「ProductDetails」→「AddCartMarkUp」の順にComponentのツリーをたどっていくと、以下のような実装に辿り着きます。

```tsx
function AddToCartMarkup() {
  const {selectedVariant} = useProduct();
  const isOutOfStock = !selectedVariant.availableForSale;

  return (
    <div className="space-y-2 mb-8">
      <AddToCartButton
        className={BUTTON_PRIMARY_CLASSES}
        disabled={isOutOfStock}
      >
        {isOutOfStock ? 'Out of stock' : 'Add to bag'}
      </AddToCartButton>
      {isOutOfStock ? (
        <p className="text-black text-center">Available in 2-3 weeks</p>
      ) : (
        <BuyNowButton
          variantId={selectedVariant.id}
          className={BUTTON_SECONDARY_CLASSES}
        >
          Buy it now
        </BuyNowButton>
      )}
    </div>
  );
}
```

Product.SelectedVariant.AddToCartButtonはhydrogenが提供しているComponentの1つです。前述のようにカートへの商品投入を抽象化しています。内部の実装を読むと前述のuseCartを使っており、useCartはCartオブジェクトの作成・更新をしていることが読み取れます。興味のある方はコードを追ってみると良いでしょう。

```tsx
// 執筆時点のパーマリンクは
// https://github.com/Shopify/hydrogen/blob/0258121788aa0df2e19c7fa3b5b0fb72a6172a8c/packages/hydrogen/src/components/AddToCartButton/AddToCartButton.client.tsx

export function AddToCartButton(
  props: Omit<JSX.IntrinsicElements['button'], PropsWeControl> &
    AddToCartButtonProps
) {
  const [addingItem, setAddingItem] = useState<boolean>(false);
  const {
    variantId: explicitVariantId,
    quantity = 1,
    attributes,
```

```
    children,
    accessibleAddingToCartLabel,
    ...passthroughProps
  } = props;
  const {status, linesAdd} = useCart(); // AddToCartButton は useCart を用いて機能を提供していることが分かる
  const product = useProduct();
  const variantId = explicitVariantId ?? product?.selectedVariant?.id ?? '';
  const disabled =
    explicitVariantId === null ||
    variantId === '' ||
    product?.selectedVariant === null ||
    addingItem ||
    passthroughProps.disabled;

  useEffect(() => {
    if (addingItem && status === 'idle') {
      setAddingItem(false);
    }
  }, [status, addingItem]);
```

商品をカートに投入すると、CartオブジェクトがN作成されます。作成されたCartはCart.clientのComponentを介してUIとして表示されます。この際、カートの同一性はローカルストレージに保存されるshopifyCartIdを用いて同定されています。

続いて、チェックアウトを見てみましょう。「Layout.server」→「Cart.client」と追っていくと、CartLinesというhydrogen由来のComponentに辿りつきます。これもAddToCartButtonと同様に、内部的にuseCartを用いて「カートの中身へのアクセス」を抽象化しています。また、CartCheckoutButtonでは作成されているcheckoutUrlを介してweb checkoutへ遷移することができます。ここまででCartとCheckoutにまつわる操作の解説は以上です。

hydrogenが提供しているhooksやComponentで簡略化されていますが、内部的な仕組みは前節までのStorefront APIを用いたフローの発展型であることが分かりました。何か意図しない挙動があったときにも、Storefront APIではどういう処理になっているはずか、ということから考えると問題が明らかになりやすいでしょう。

以上でhydrogenを用いたカスタムストアフロントの解説は終了です。カスタマー情報の取得、カート、チェックアウトなど、コマースのフロントエンドで必要な最低限の操作について触れました。次節では少し目先を変えて、既存のサイトにカスタムストアフロントを展開する例を見てみます。

6-7
既存のサイトにカスタムストアフロントを統合する

ここまでで、独立して稼働するカスタムストアフロントの開発方法を紹介しました。このようなカスタムストアフロントは、最も素直なヘッドレスアーキテクチャの適用例の1つと言えるでしょう。実際にhydrogenはこのようなカスタムストアフロントを念頭において開発されているフレームワークです。

一方でそのような使い方は、Shopifyのオンラインストアとの違いは小さいと言えるでしょう。この節では少し目先を変えて、稼働中の既存サイトがある想定で部分的にカスタムストアフロントを扱う方法を紹介します。

Chapter 6

6-7-1 「既存のサイト」を用意する

それではまず「稼働中の既存サイト」を用意しましょう。ここでは解説のため、適当なHTMLファイルを用意します。クライアントのコーポレートサイトや商品のLP、稼働中のブログなどで代替されることを想定して読んでください。

最初にHTMLファイルを作成します。

コード6-7-1 public/index.html

HTML

```html
<!DOCTYPE html>
<html>
  <head>
    <meta charset="UTF-8" />
    <title>Customer storefront</title>
  </head>
  <body>
    <section>
    <h1>something already hosted</h1>
    </section>
  </body>
</html>
```

このサイトの内容は何でも構いません。手元に適当なWordpress環境があれば、そちらで置き換えても良いでしょう。それではサーバーを立ち上げてみます。

```
$ ruby -run -e httpd ./public -p 3000
```

`localhost:3000`にサイトが立ち上がりました。次にサイトにShopifyの商品情報を表示してみましょう。

6-7-2 hydrogenの利用可否

前節までにhydrogenはSSRの機能を含んだフレームワークだと説明しました。前節までに見たコードでもサーバーで描画されているものがありました。既存のサイトの中でカスタムストアフロントを構築する場合、サーバー側で描画されていたhydrogenのコードはどうなるのでしょうか。

当然ながら「既存のサイト」の描画プロセスに直接介入しない限り、hydrogenのSSR機能は使うことができません。hydrogenのSSRに関する処理をサーバー側で担えば共存させることも可能かも知れませんが、そのためにはサーバー側の実装がJavaScriptコードの評価を行える必要があります。不可能ではないですが、あまりコストパフォーマンスの良い実装とはならないでしょう。ここではCSR（クライアントサイドレンダリング）のみを対象に解説します。

SSRを用いないとすると、hydrogenを使い続ける必要はあるのでしょうか。ここは状況によって分かれるところでしょう。hydrogenはカスタムストアフロントのためのフレームワークと紹介しました。一方で、hydrogenはRailsやNext.jsのように、「それ1つでほとんどの機能実装が完結する」ようなものではありません。基本的にはReactやviteの機能をカスタムストアフロントの開発向けに調整したもの、といったものです。前節で「ライブラリに各種のユーティリティツールが付いたもの」とも紹介したとおり、提供する機能が少ない代わりに制約も少なくなっています。

6-7-3 初期設定

作成したいものがhydrogenのComponentに依存しないのであれば単なるReactのアプリケーションとして作れば良いでしょうし、そうでなければhydrogenを使っても良いでしょう。

ここでは引き続きhydrogenのコードを流用します。ただし、hydrogenの裏側でスクリプトのビルドを担っているviteは、アプリケーションのエントリーポイントとしてhtmlファイルを要求します。ここではSSRは取り扱いませんので、単なるCSRのReactアプリケーションをエントリーポイントとしてwebpackでビルドします。

コード6-7-3 webpack.config.js

```javascript
const path = require("path");

module.exports = {
  entry: "./src/entry.tsx",
  module: {
    rules: [
      {
        test: /\.tsx?$/,
        use: "ts-loader",
        exclude: /node_modules/,
      },
    ],
  },
  resolve: {
    extensions: [".tsx", ".ts", ".js", ".mjs"],
  },
  mode: "development",
  output: {
    path: path.resolve(__dirname, "public"),
    filename: "app.js",
  },
};
```

次にhello worldだけを描画する、単純なReactアプリケーションを作成します。

コード6-7-3 src/entry.tsx

```tsx
import { render } from "react-dom";

const App: React.FC = () => (<div>hello world</div>);
```

```
const renderApp = () => {
  const container = document.querySelector("#custom_storefront");
  if (container == null) return;
  render(<App />, container);
};

renderApp();
```

最後にHTMLファイルへエントリーポイントを追加します。

コード6-7-3 public/index.html

```
<!DOCTYPE html>
<html>
  <head>
    <meta charset="UTF-8" />
    <title>Customer storefront</title>
+   <script defer src="/app.js"></script>
  </head>
  <body>
    <section>
    <h1>something already hosted</h1>
    </section>
+   <section>
+   <h1>custom storefront</h1>
+   <div id="custom_storefront"></div>
+   </section>
  </body>
</html>
```

`$ npx webpack -w`でビルドを開始したら`localhost:3000`を読み込み直し、確認してみましょう。Reactアプリケーションが立ち上がり`hello world`が表示されています。

6-7-4 商品リストの取得

それでは最後に、Storefront APIを介してShopifyの商品情報を取得しましょう。基本的には前節までにhydrogenが隠蔽していた操作を、必要に応じて自分たちのコードに引き上げていくだけです。

まずは通常のhydrogenアプリと同様に、Storefront APIのパラメーターを取得できるようにします。

コード6-7-4 src/entry.tsx

```
import { render } from "react-dom";
+import { ShopifyProvider } from "@shopify/hydrogen/client";
+import { shopifyConfig } from "./shopify.config";

const App: React.FC = () => (
+  <ShopifyProvider shopifyConfig={shopifyConfig}>
     <div>hello world</div>
+  </ShopifyProvider>
);

const renderApp = () => {
  const container = document.querySelector("#custom_storefront");
  if (container == null) return;
  render(<App />, container);
};

renderApp();
```

hydrogenはReactのContextProviderであるShopifyProviderを介して、Storefront APIのパラメーターを取得しています。Reactアプリケーションの初期化時に注入しておくのが良いでしょう。hydrogenの`renderHydrogen`を見ると、この操作が隠蔽されていることが分かります。

Storefront APIを使えるようになったので、商品情報を取得してみましょう。

コード6-7-4 src/ProductList.tsx

```TSX
import { useEffect, useState } from "react";
import {
  MediaFileFragment,
  ProductProviderFragment,
  useShop,
  flattenConnection,
} from "@shopify/hydrogen";
```

Chapter 6

```
import { print } from "graphql";
import gql from "graphql-tag";

function useProducts<T>(): { data: T | null } {
  const [data, setData] = useState<T | null>(null);
  const { storeDomain, storefrontApiVersion, storefrontToken } = useShop();
  const url = `https://${storeDomain}/api/${storefrontApiVersion}/graphql.json`;
  const body = JSON.stringify({
    query: print(QUERY),
    variables: {
      handle: "tshirts", // 検証用の開発ストアに設定されていた商品コレクションのhandleを指定しています
      numProducts: 10,
    },
  });
  // Storefront APIへのリクエスト方法は、既出のものと同じです
  useEffect(() => {
    fetch(url, {
      method: "POST",
      headers: {
        "X-Shopify-Storefront-Access-Token": storefrontToken,
        "content-type": "application/json",
      },
      body,
    })
      .then((res) => res.json())
      .then((res) => setData(res.data));
  }, [url]);

  return { data };
}

type Product = {
  vendor: string;
  descriptionHtml: string;
  handle: string;
  title: string;
  id: string;
};
type ProductResponse = {
  collection: {
    id: string;
    title: string;
    description: string;
    products: {
      edges: [
        {
          node: Product;
        }
      ];
    };
```

```
  };
};

export const ProductList: React.FC = () => {
  const { data: products } = useProducts<ProductResponse>();
  // data が nullの時は、データ取得中であることがuseProductsの実装から分かります
  return products == null ? (
    <div>Loading</div>
  ) : (
    <ul>
      {flattenConnection<Product>(products.collection.products).map(
        ({ title, id }) => (
          <div key={id}>{title}</div>
        )
      )}
    </ul>
  );
};

const QUERY = gql`
  query CollectionDetails(
    $handle: String!
    $country: CountryCode
    $numProducts: Int!
    $includeReferenceMetafieldDetails: Boolean = false
    $numProductMetafields: Int = 0
    $numProductVariants: Int = 250
    $numProductMedia: Int = 6
    $numProductVariantMetafields: Int = 0
    $numProductVariantSellingPlanAllocations: Int = 0
    $numProductSellingPlanGroups: Int = 0
    $numProductSellingPlans: Int = 0
  ) @inContext(country: $country) {
    collection(handle: $handle) {
      id
      title
      descriptionHtml
      products(first: $numProducts) {
        edges {
          node {
            vendor
            ...ProductProviderFragment
          }
        }
        pageInfo {
          hasNextPage
        }
      }
    }
  }
```

```
    ${MediaFileFragment}
    ${ProductProviderFragment}
`;
```

useShop hooksでStorefront APIのパラメーターを取得していることにご注意ください。先程説明したとおり、Contextを経由してパラメーターを取得しています。最後に、src/entry.tsxでProductListを描画してください。

解説を簡単にするため、リクエストのキャッシュ作成は行っていません。graphqlのリクエストと型も自動生成していませんので、注意して読んでください。それではこの状態で`localhost:3000`をリロードしてみましょう。

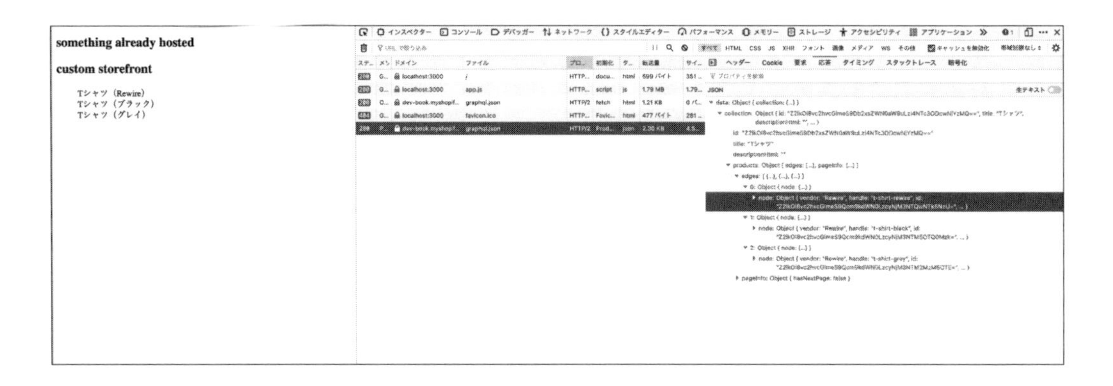

商品のタイトルが表示されました。

以上で既存のサイトにカスタムストアフロントを統合する方法の解説は終了です。hydrogenで作成されたアプリと違い、リクエストやキャッシュの面倒を自分で見る必要があります。「既存のサイト」の環境にもよりますが、マーチャントの要求が動的なインタラクションを含まないのであれば、単にサーバーの実行環境からAPIリクエストを発行するという方法も考えられます(おそらくその方がキャッシュ作成は容易でしょう)。ご自身の環境と要求によって適切な手法を選択してください。

次章では「カスタムストアフロントを作成する」ところから少し発展して、「どこで動作させるか」や「そもそも何を走らせるか」について触れていきましょう。

Chapter 7

実環境での カスタムストアフロント

前章までで、ヘッドレスアーキテクチャやhydrogen、カスタムストアフロントの開発方法を見てきました。Chapter 7ではこれらをさらに発展させて、本番環境の構築や配備、カスタムストアフロントの事例について見ていきましょう。

7-1 デプロイメント

カスタムストアフロントはヘッドレスコマースの一形態ですので、配備と運用はShopifyではなくマーチャント自身の責務となります。カスタムストアフロントの実行環境としてどのような配備先があるのか、見てみましょう。

7-1-1 カスタムストアフロントの実行環境

開発が首尾よく進んだとして、カスタムストアフロントはどこで実行するのが良いでしょうか。

```
> You can deploy a Hydrogen app to most Node.js and Worker runtimes.
```

https://shopify.dev/custom-storefronts/hydrogen/deployment

Shopifyによれば、HydrogenアプリはNode.jsといくつかのサーバーレス実行環境（ほぼNode.js実行環境と考えて良いでしょう）に配備可能です。ひな型から生成された`server.js`を見ると、hydrogenをexpressの上で動作させています。ただし、hydrogenはあくまでReactServerComponentsをベースにしたフレームワークです。それ自体は特定のWebアプリケーションフレームワークに依存したものではありません。

この節では、Hydrogenアプリの配備先として検討され得るいくつかのサービスについて順番に見ていきます。

7-1-2 Oxygen

OxygenはShopifyより予告されている、Hydrogenアプリの実行環境です。ただし、執筆時点ではまだ公開されていません。

```
> Oxygen is co-located with your shop's data in Shopify's data centers around the world.
```

どのようなものになるかは不明ですが、Shopifyが提供するコマースのバックエンドと、物理的、論理的に近い位置で実行されるサービスとなるであろうことがほのめかされています。これはパフォーマンス上のメリットにつながる可能性があるでしょう。

一方で、おそらくはPaaSとしての提供となるでしょうから、自前のデータベースとの接続が要件に入るのであれば、インターネットを介したデータベースアクセスも考慮しなくてはいけないかも知れません。

7-1-3 Cloudflare workers

HydrogenアプリはCloudflareが提供するサーバーレス環境である、Cloudflare workersに配備することができます。サーバーレス環境の一種なので、RDBと接続する必要がある場合は注意が必要でしょう。2021年11月にコネクションプールを利用できるようにする仕組みが提案されています※1。

また、Hydrogenはコマースのフロントエンドなので、即応性の観点からコールドスタート問題にも考慮が必要でしょう※2。また、Cloudflare workersはFaaSの一種ですから、ローカルの開発サーバーとは実行モデルが変わります。デバッグのときには注意が必要です。

※1…https://blog.cloudflare.com/relational-database-connectors/
※2…https://blog.cloudflare.com/eliminating-cold-starts-with-cloudflare-workers/

7-1-4 各種コンテナ実行環境

Googleが提供しているCloud Runや、Herokuなどの各種のコンテナ実行環境も、Hydrogenアプリの実行環境としてサポートされています。コンテナ環境でのカスタムストアフロントの運用は、Oxygenを除けば最も妥当な選択肢となるでしょう。静的ファイルのCDNへの配備は自身で行う必要があります。IaaS/Paasの機能の1つとして提供されているコンテナ実行環境が多いので、プラットフォーム内の各サービスとの併用が容易であることは大きなメリットです。

Herokuを採用する場合は、Private Spaceを利用しないと東京リージョンからサービスを提供することができないことに注意しましょう。アメリカ大陸や欧州のリージョンでは、日本国内向けのコマースサービスを即応性の面で適切に提供することは困難です。

7-1-5 各種Node.js実行環境

Node.jsのインストールされている環境で実行します。開発環境と同質の実行環境と言って良いでしょう。また、Dockerランタイムを採用した場合も、Dockerイメージの中にNode.js環境がインストールされた上で同じスクリプトをエントリーポイントとして実行しています。Dockerランタイムと同様、HerokuやGCPなどの各種IaaS/PaaSが利用可能です。

Vercelでの動作も想定されているようです。expressアプリケーションの初期化コードを調整すれば良いでしょう。
https://vercel.com/guides/using-express-with-vercel#standalone-express

ただし、VercelはHerokuやGCPなどに比べてサーバーレス的な実行モデルで動作しています。Cloudflare workersと同じく、デバッグやRDBとの接続には注意する必要があるでしょう。

以上、hydrogenアプリケーションの配備先候補となるインフラ環境をいくつか見てみました。適切なインフラ選定はマーチャントの要求に強く依存するため、一般性のある選択肢というものはありません。また、Oxygenが予告されていることからも分かるとおり、カスタムストアフロントのデプロイメント自体がこれから成熟に向かって進んでいく領域です。これらを踏まえて、慎重に検討しましょう。次節では、カスタムストアフロントを採用するべきシチュエーションについて見ていきます。

7-2 カスタムストアフロントを採用すべきか

本節ではカスタムストアフロントの採用をどのように判断するかについてお話します。

ここまでカスタムストアフロントの使い方について解説してきました。しかし、カスタムストアフロントを実際のコマースの現場で本当に意味のある使い方をすることは難しい課題です。オンラインストアと機能的に同質※1のものを提供するのであれば、カスタムストアフロントを採用する意味がある場面は限られていると言えるでしょう。

※1…ここでは、主な機能が「商品を表示・購買させること」であるようなカスタムストアフロントを指します。

7-2-1 開発・運用のコスト試算

まずはコストを比較してみましょう。簡単な開発・運用のコストを試算してみて、オンラインストアとカスタムストアフロントのコスト上の性質を見てみます。

オンラインストアのコスト試算

オンラインストアを使った場合、有償テーマをそのまま、もしくはカスタマイズして※2使うことが多いはずです。Liquidに直接手を入れた場合はテーマ自体のメンテナンスをしていく必要が出てきますが、それ以外の場合には恒常的なコストは掛からないと考えて良いでしょう。

※2…2022年2月にテーマの自動更新機能が公開されました。Liquidに直接手を入れるようなカスタマイズの手法は、これからは避けたほうが良いかも知れません。 https://changelog.shopify.com/posts/introducing-easy-theme-updates

カスタムストアフロントのコスト試算

一方でカスタムストアフロントを使った場合、まずカスタムストアフロント自体の開発費用が掛かります。デザイナーとエンジニアが1名ずつ、1カ月付きっきりで開発すれば※3リリースできるとします。もちろんリリースして終わりではありません。カスタムストアフロントの提供する機能がリリース後もまったく変わらなかったとしても※4、内部で使用するライブラリはアップデートする必要があります。

また、当然ながらカスタムストアフロントの稼働環境は自分たちで用意してメンテナンスする必要があります。オンラインストアと同等の可用性、パフォーマンスを達成し続けるには、カスタムストアフロントの構築とは別のスキルセットが必要です。これも恒常的な人的コストとなるでしょう。何らかのIaaSなりPaaSなりを使うことになるでしょうが、可用性、可観測性などの安定稼働のために重要な特質を達成できる設計になっている必要があります。

もちろんコマースのフロントエンドですから、表示速度も重要な特性です。これらの人的コスト以外に、稼働環境自体の費用も掛かります。人的コストに比べればわずかでしょうが、10万円/月程度は見るべきでしょう。

※3…実際にはディレクター相当の人間がマーチャントの要望を吸い出す必要があるでしょう。また、1カ月という見積もりはかなり甘めに見ています。
※4…これも現実的な想定とは言えません。

オンラインストアとのコスト比較

それではオンラインストアとカスタムストアフロントのコスト試算を比較してみましょう。

	オンラインストア	カスタムストアフロント
イニシャルコスト	数万円程度	2〜3人／月以上
ランニングコスト	なし	0.5人／月以上（機能追加を行わない場合） または1〜3人／月以上（機能追加を行う場合。ただし要件による）

オンラインストアでは数万円を一度支払う程度で済んだものが、カスタムストアフロントを使った場合はイニシャルコストで数百万円（これは原価ですから、外部の協力会社に依頼する場合はその利潤も乗ることになるでしょう）、さらにランニングコストも下限で百万円以上を見込む必要があります。

もちろん、これはかなり単純化した試算ですが、ここまでコストを掛けてもオンラインストアと同等の体験を提供できるわけではないことに注意が必要です。

7-2-2 非機能要件の比較

単純なコスト以外にもオンラインストアには多くの優越点があります。サイト自体の可用性や即応性、各Shopifyアプリとの連携などが挙げられます。

可用性と即応性

オンラインストアとカスタムストアフロントを比較したときに見落としてはならない点として、オンラインストアの高い可用性、即応性が挙げられます。一般的にコマースにおいて、ストアの可用性と即応性は売上に直結する最重要の非機能要件の1つです。オンラインストアはマーチャントが何らコストを掛けることなく高い可用性を提供し、繁忙期にあってもサイトのパフォーマンスは高いレベルを保っています。

同じレベルのことをカスタムストアフロントで達成することは、高いレベルの専門性が必要です。Hydrogenで構築したとして、サービスを提供するインフラが常時「適切に稼働している」ことを観測しておく必要があるでしょう。本番環境で問題が発生すれば（必ず発生するという前提でいるべきです）調査する必要があります。調査をするためのオブザーバビリティ（可観測性）は備わっているでしょうか？

HydrogenはReactのアプリケーションですから、ブラウザ側に少なくないサイズのアセット配信を要することになります。これはCDNから配信する必要があるでしょう。また、アプリケーションサーバーとブラウザの地理上の距離も考慮する必要があります。せっかくCDNに配備されたReactアプリケーションが、通信の度に太平洋を横断するような設計になっていたら、顧客が満足できるパフォーマンスを達成することは難しいでしょう。

もちろんこれらは、適切な知識と経験をもったチームを編成できるのであれば、解決できる問題です。ただし、それはかなり難しい課題であると言わざるを得ません。そういった人材の選定自体が専門知識を要しますし、そのような人材はそもそもソフトウェア開発の現場で奪い合いになっているのが現状です。

カスタムストアフロントで達成しようとしていることがオンラインストアと同質なのであれば、Liquidを扱える人材を探すか、自身がLiquidを扱えるようになる方が明らかに低コストで合理的でしょう※。

※Liquidを用いたオンラインストアのカスタマイズは、Chapter 4から展開されています。

Shopifyアプリとの連携

多くのShopifyアプリは、オンラインストアを機能提供の第一ターゲットに置いています。もちろん、カスタムストアフロントをサポートしているアプリもありますが、技術上の制約で機能が限定的であることもあります。

そもそも「カスタム」ストアフロントですから、アプリから見て「自身の機能提供のシチュエーション」を定義すること自体が難しいとも言えるでしょう。

カスタムストアフロントを採用するのであれば、事前に用いたいShopifyアプリとの連携可否を確認しておく必要があります。場合によってはアプリとの連携機能自体を開発するか、アプリの利用自体を諦める必要も出てくるでしょう。

7-2-3 事例

それでは、オンラインストアで代替できない体験として、どのようなものがあるでしょうか。カスタムストアフロントを含む、Storefront APIによる実装であると推測される事例を見ていきます。

オンラインストアと共存する、別のコマースサイトが求められた

PGM Art WorlDはドイツを拠点にアート作品の印刷販売を行っているコマースサイトです。それまで利用していたオープンソースのEC基盤のバージョンがサポート期限切れとなったことを機会に、システムを一から見直しました。分析の結果、彼らのビジネスには、生活者向けのB2C領域とパートナー向けのB2B領域に大別でき、両者はまったく異なるUXを要求することが明らかになったのです。そこで彼らは、B2C領域をShopifyのオンラインストアで、B2B領域をカスタムストアフロントで充足させることにしました。

引用元　https://especial.digital/case-study/pgm-art-world
オンラインストア　https://pgm.de

コマースのバックエンドがShopifyで完結していない

子供を妊娠している親のためのウィッシュリスト共有サービスであるBabylistは、紹介する商品を登録するCMSがすでに存在していました。「コマースのバックエンド」のうち、商品マスタの管理系がShopifyとは別のシステムで構築、運用されていたのです。

このシステムまでもShopifyに移行させることは、システム全体に不要な複雑性を生むと判断した彼らは、購買系（Checkout）をShopifyに、商品系を既存のシステムにそれぞれ担わせた上で、カスタムストアフロントとして全体の体験を統合しました。

引用元　https://www.simicart.com/blog/shopify-headless-examples/#1_Babylist
オンラインストア　https://www.babylist.com/

販売する地域別に顧客体験をデザインする

高級ジュエリー・アクセサリーブランドのポールヴァレンタインは国際市場へのアプローチの手段として、地域ごとに単語の翻訳を超えて体験をカスタマイズする必要があると考えました。カスタムストアフロントを用いることで、地域ごとの特別な顧客体験をデザインすることが可能になっています。

引用元　https://www.simicart.com/blog/shopify-headless-examples/#10_Paul_Valentine
オンラインストア　https://www.paul-valentine.com

アーティストのライブ配信内での物販

コロナ禍において、さまざまなリアルイベントの提供者が新たなチャレンジを行いました。ビリー・アイリッシュが2020年10月に配信したコンサートでは、ライブ配信内で直接物品が販売されました。販売のバックエンドにはShopifyが使われています。ライブ配信はMaestroというライブ配信サービスで提供されており、このサービスはShopifyのアプリストアに自身のアプリを販売チャネルとして公開しています。

動画配信やゲーム内での物品販売はStorefront API利用の好例と言えます。一方で、これらはマーチャントごとにカスタムされた体験の提供とはなりづらい側面があります。動画配信やゲームは各種のプラットフォーム上で展開され、プラットフォームのベンダーによる販売チャネルとして提供されることが自然だからです。

引用元　https://www.billboard.com/pro/maestro-livestream-billie-eilish-merch-sales-shopify/

以上、カスタムストアフロントの概念から開発、事例などを紹介してきました。マーチャントのビジネスに強力な一手となり得る反面、良くも悪くも非常にリッチなアプローチであることが確認できたでしょう。こういった多用なアプローチの選択肢があることも、Shopifyを選定する1つの理由になるのではないでしょうか。

次章からはShopifyアプリの開発について見ていきます。

本当にカスタムストアフロントが必要ですか？ オンラインストアのパフォーマンス改善

カスタムストアフロントを採用する理由の1つに、オンラインストアのパフォーマンス低下を挙げられることがあります。 しかし「パフォーマンス低下」が何を指し、何によって生じているかを明瞭にしない限り、カスタムストアフロントの採用は問題の解決にはなりません。

このコラムでは本編の補稿として、オンラインストアのパフォーマンス計測について紹介します。オンラインストアの表示パフォーマンスは、管理画面の「オンラインストア」→「テーマ」→「オンラインストアの速度」から確認できます。 このスコアはGoogleのLighthouse※を用いて計測されています。スコアの詳細はPageSpeed Insightsから確認できますので、見ておきましょう。Chromeの開発者ツールで、Lighthouseタブを開いても同じものが確認できます。

※https://github.com/GoogleChrome/lighthouse

計測するとスコアが数値として表示されますが、パフォーマンス改善の目的はユーザーの体験向上であり、人間の感性に根ざすものです。一方でスコアの構成要素である各指標は人間の感性そのものではありません。 同一視できるものではないことに注意しましょう。したがって、必ずしもスコアが100点であることを目指す必要はありません。

各指標はブラウザの描画プロセスにおけるイベントを、ブラウザが収集することで計測されます。 ブラウザの描画プロセスは事前に把握しておきましょう。
https://developer.mozilla.org/en-US/docs/Web/Performance/How_browsers_work#render

また、各指標の意味を把握しておくことも重要です。
https://web.dev/lighthouse-performance

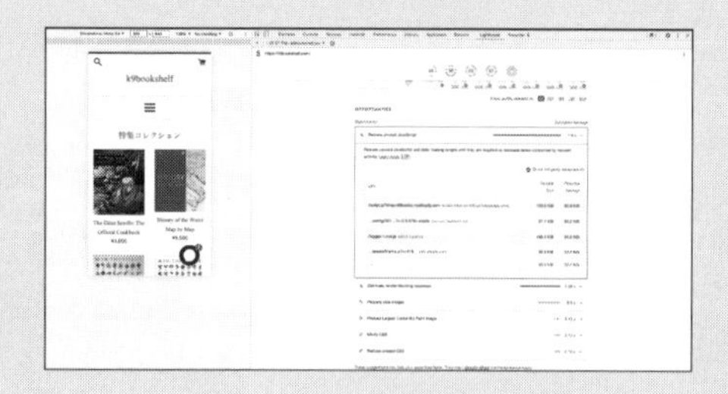

Chapter 8

アプリ開発

Shopifyではストアにアプリをインストールすることで簡単にストアをカスタマイズできます。Chapter 8ではShopifyアプリについて、その種類や開発に必要な技術を解説します。

8-1 Shopifyのアプリ開発とは

8-1-1 アプリの種類

Shopifyアプリには次の3種類が存在しており、開発の目的に応じて選択する必要があります。

- 公開アプリ
- カスタムアプリ（パートナーダッシュボードから作成）
- カスタムアプリ（ストア管理画面から作成）

公開アプリはShopifyアプリストアでの販売を目的としたアプリです。不特定多数のストアでインストールして利用することができ、後述のBilling APIを利用して定期的な月額課金や一度きりの購入に対するストアへの請求を行えます。アプリストアで公開するためにはShopifyの審査を通過する必要があり、販売には手数料が発生します。

一方、カスタムアプリは単一のストア向けのアプリ開発を目的としており、アプリストアでは販売できません。ストアを介さずに直接マーチャントへ販売を行うため、Shopifyの審査は不要であり、手数料も発生しません。汎用的な実装を考える必要がなく、マーチャント側の意向を反映させやすいと言えるでしょう。

なお、以前はプライベートアプリというアプリの種類も存在していました。しかし、2022-01-24のShopify公式ブログ※により、カスタムアプリがプライベートアプリの機能をすべてサポートするようになったため、プライベートアプリはカスタムアプリに置き換えられるとの発表がありました。今後も既存のプライベートアプリは使用および変更可能とのことですが、新規の開発は行えなくなる見込みです。

※https://bit.ly/3Mbyjjf

8-1-2 公開アプリとは

公開アプリはShopifyアプリストアでの販売を目的としたアプリであり、公開にはShopifyの審査を通過する必要があります。

不特定多数のストアから利用されるものなので、汎用性が高く、さまざまなECサイトの課題解決につながるアプリを設計する必要があります。

なお、審査通過前の公開アプリは「下書きアプリ」と呼ばれ、アプリストアへの掲載および販売はできませんが、開発ストアにインストールして動作を確認できます。ただし、インストール先のストアはマーチャントへの移管ができなくなるなど、制限を受けることになるので注意が必要です。

本格的な公開アプリの開発では、アプリストア掲載用の本番アプリ（production）と、動作確認用（staging）の下書きアプリを用意して開発することをおすすめします。公開アプリはリリースして開発が終わりという訳ではなく、アプリで利用するShopify Admin APIのバージョンアップに対応したり、マーチャントの要望に応えて機能を追加したり、継続的な開発が必要となるためです。そのため、新機能のリリース前に動作確認を行うための下書きアプリをあらかじめ用意しておき、開発用ストアで動作確認を行った後に本番アプリへリリースする、といった手順を踏むようにしましょう。

8-1-3 公開アプリの売上と手数料

Shopify Unite 2021※では公開アプリの料金体系の変更が発表されました。
※https://bit.ly/3MdX1zl

以前は、アプリストアでの売上に対して20%の手数料が引かれるという料金体系でしたが、2021-08-01の以降は初回のパートナー登録手数料に99USDが必要ではあるものの、年間総売上の内1,000,000USDまでは手数料不要、1,000,000USDを超過した売上については15%の手数料が適用されるという料金体系になりました。

この利益率の改善はアプリ開発者のモチベーション向上につながり、今後のアプリストアはさらなる賑わいを見せることとなるでしょう。

アプリストアの手数料

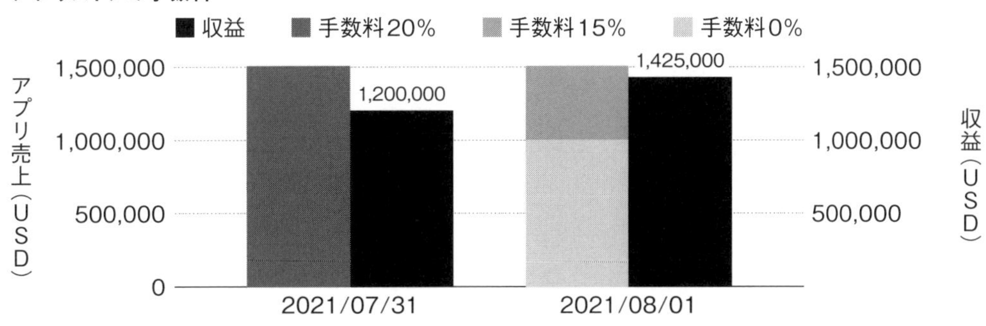

8-1-4 カスタムアプリとは

カスタムアプリは単一のストア向けのアプリ開発を目的としており、アプリストアでの販売ができない代わりにShopifyの審査は不要です。公開アプリのような汎用性を意識する必要はなく、マーチャントの意向に沿ったアプリを開発できます。カスタムアプリを選択する理由としては、マーチャントから開発を受託するケースや、マーチャントが自社でストアの機能を拡張するようなケースが想定されます。

なお、単一のストア向けと紹介しましたが、Shopify Plusパートナーであれば Shopify Plusのストアに限り、複数インストールできます。

また、公開アプリの節でも触れましたが、カスタムアプリの開発においても、本番用(production)と開発用(staging)のカスタムアプリをそれぞれ用意して開発を行うことをおすすめします。

8-1-5 どちらのカスタムアプリを選択するべきか

プライベートアプリが非推奨とされてから、カスタムアプリには「パートナーダッシュボードから作成」と「ストア管理画面から作成」の2系統が存在するようになりました。後者が従来のプライベートアプリに相当するもので、認証にOAuthが不要であったり、App BridgeやApp Extensionが利用不可だったりと、同じカスタムアプリでも両者はかなり異なる性質をもちます。

では、どちらのカスタムアプリを選択すべきかをどのように判断すれば良いのでしょうか。

後述するPolarisやApp Bridge、App Extensionを使ってShopify埋め込みアプリを作成したい場合は必然的に「パートナーダッシュボードから作成するカスタムアプリ」を選択することになります。アプリが提供できる機能の幅が広いので、基本的にはこちらのカスタムアプリを選択すれば良いはずです。

一方で、Shopify埋め込みアプリが不要、またはChapter 6とChapter 7で解説した「カスタムストアフロント」のみ提供したい、という場合は「ストア管理画面から作成するカスタムアプリ」を選択する方が良いでしょう。

カスタムストアフロントの開発にはStorefront APIの利用が必須ですが、このAPIの利用にはStorefront APIのAccess Token(注:Admin APIのAccess Tokenとは異なる)が必要です。公開アプリやパートナーダッシュボードから作成するカスタムアプリではAdmin APIを用いてStorefront APIのAccess Tokenを発行する必要がありますが、ストア管理画面から作成するカスタムアプリでは、管理画面から直接Storefonrt APIのAccess Tokenを発行できます。

通常、Admin APIを利用するためにはOAuth認証のcallbackを受け付けるサーバーサイドの実装が必要となりますが、こちらのカスタムアプリでは不要となります。要件次第ではCSSやJavaScriptなどを配信するCDNさえ整えれば十分というケースもあるでしょう。

8-1-6 カスタムアプリの売上と手数料

公開アプリではパートナー登録手数料として初回に99USDが必要でしたが、カスタムアプリのみを販売する場合は不要です。また、アプリストアを介さずにマーチャントへ直接販売を行うため、販売手数料も発生しません。

8-1-7 アプリの比較

ここまで紹介した公開アプリとカスタムアプリの違いについて、次表にまとめました。Shopify App BridgeやApp Extensionについては後述します。

App 種別	認証方法	インストール	アプリの審査	ストアでの販売	備考
公開アプリ	OAuth※1	複数のストア	必要	可能	利用規約に基づいたデータ同期が必要
カスタムアプリ(パートナーダッシュボードから作成)	OAuth※1	単一のストア※2	不要	不可	Billing APIの利用不可
カスタムアプリ(ストア管理画面から作成)	管理画面からAccess Tokenを発行	単一のストア	不要	不可	Billing API、Shopify App BridgeおよびApp Extensionの利用不可

※1…Embedded Appを利用する場合はOAuthとSession Token
※2…Shopify Plusパートナーであれば Shopify Plusのストアに限り複数インストール可能

8-2 Polaris

8-2-1 Polaris とは

PolarisはShopifyが提供するデザインシステムおよびUIコンポーネントのライブラリの総称です。Shopifyのパートナーダッシュボードやストア管理画面もPolarisを使って作成されており、埋め込みアプリの開発でも使用することで、インターフェース要素の再発明が不要になるだけでなく、Shopify全体を通じて一貫したUI/UXを効率的に設計できるようになります。
Polarisのコンポーネントは非常に洗練されており、非常に使い勝手が良いです。また、日々新しいコンポーネントも追加されていくため、今後もUI/UX設計は効率的になっていくでしょう。

PolarisはReactを用いたUIコンポーネントとしてnpmが公開されており、TypeScriptの型定義も同梱されているため、React + TypeScriptの構成での実装をおすすめします。本書でもReact + TypeScriptを用いた実装を中心に取り扱います。

一方で、Polarisの実態はCSSのライブラリであるため、直接HTMLにスタイルを適用することでも利用できます。ただし、HTMLに直接CSSクラスを適用する形のマークアップは、Reactのコンポーネントベースの UIに比べてメンテナンスが大変になるので、よほどの事情がない限りはこちらの方法はおすすめできません。

HTMLに直接CSSを使ったPolarisの実装例

```html
HTML
<link
  rel="stylesheet"
  href="https://unpkg.com/@shopify/polaris@7.6.0/build/esm/styles.css"
/>
```

```html
HTML
<div class="Polaris-Page">
  <div
    class="Polaris-Page-Header Polaris-Page-Header--isSingleRow Polaris-Page-Header--mobileView
Polaris-Page-Header--noBreadcrumbs Polaris-Page-Header--mediumTitle"
  >
```

```
    <div class="Polaris-Page-Header__Row">
      <div class="Polaris-Page-Header__TitleWrapper">
        <h1 class="Polaris-Header-Title">Example app</h1>
      </div>
    </div>
  </div>
  <div class="">
    <div class="Polaris-Card">
      <div class="Polaris-Card__Section">
        <button class="Polaris-Button" type="button">
          <span class="Polaris-Button__Content">
            <span class="Polaris-Button__Text">Example button</span>
          </span>
        </button>
      </div>
    </div>
  </div>
</div>
```

8-2-2 開発環境構築

ここではcreate-react-app※1を使ったPolarisの基本的な使い方を解説します。執筆時点のインストール方法を次に示しますが、最新のインストール方法はpolaris-reactの「Using the React components」※2をご参照ください。

※1…https://github.com/facebook/create-react-app
※2…https://github.com/Shopify/polaris-react#using-the-react-components

動作確認環境

- create-react-app v5.0.0
- @shopify/polaris v9.0.0
- @shopify/polaris-icons: ^4.18.2

インストール

create-react-appを使って新しいアプリを作成し、polarisをインストールします。

```
$ npx create-react-app polaris-sandbox --template typescript
$ cd polaris-sandbox
$ npm install @shopify/polaris
$ npm start
```

polaris-sandbox/src/index.tsxを編集

Polarisのcssをimportします。

```
TSX
import React from "react";
import ReactDOM from "react-dom";
import "./index.css";
import App from "./App";
import reportWebVitals from "./reportWebVitals";
import "@shopify/polaris/build/esm/styles.css"; // ← 追加

ReactDOM.render(
  <React.StrictMode>
    <App />
  </React.StrictMode>,
  document.getElementById("root")
);

reportWebVitals();
```

polaris-sandbox/src/App.tsxを編集

後述するAppProviderなどをimportして、Polarisの基本的なコンポーネントを表示させてみます。

```
TSX
import jaTranslations from "@shopify/polaris/locales/ja.json";
import { AppProvider, Page, Card, Button } from "@shopify/polaris";

function App() {
  return (
    <AppProvider i18n={jaTranslations}>
      <Page title="Example app">
        <Card sectioned>
          <Button onClick={() => alert("Button clicked!")}>
            Example button
```

```
          </Button>
        </Card>
      </Page>
    </AppProvider>
  );
}

export default App;
```

実行結果

ブラウザでhttp://localhost:3000を開くと、次の内容が表示されているはずです。

8-2-3 ページの基本構造の設計

ここからはPolarisを使って簡単な埋め込みアプリを設計してみます。UI設計というとFormやCheckboxなどの部品を組み合わせていくイメージが強いかもしれませんが、最初に抑えるべきはページの基本構造の設計です。PolarisではStructure※というカテゴリにページ構造を制御するためのコンポーネントが纏められています。

詳細は後述しますが、Structureカテゴリのコンポーネントは次のような構造で利用するので、イメージしながら読んでいただけると理解の助けになるでしょう。

※https://polaris.shopify.com/components/structure

コード8-2-3-1

TSX

```
function App() {
  return (
    <AppProvider>
      <Frame>
```

```
          <Page>
            <Layout>
              <Card>{/* components */}</Card>
            </Layout>
          </Page>
        </Frame>
      </AppProvider>
    );
  }
```

AppProvider

<AppProvider>コンポーネントはアプリケーション全体でグローバルな設定を共有するために必要であり、PolarisのReactコンポーネントにおいてルートに指定すべきコンポーネントです。

主なプロパティを紹介します。

i18n

i18nは「国際化」を表すinternationalizationを省略した名称で、サイトで扱う母国語を指定するために利用されます。このプロパティは必須なので、AppProviderを利用する上で何らかの母国語を指定しておく必要があります。日本語の場合はjaTranslations、英語の場合はenTranslationsを指定します。配列を使って複数指定することもできます。

コード8-2-3-2

```
TSX
import jaTranslations from "@shopify/polaris/locales/ja.json";
import { AppProvider } from "@shopify/polaris";

function App() {
  return <AppProvider i18n={jaTranslations}></AppProvider>;
}
```

linkComponent

このプロパティを指定すると、ほかのPolarisコンポーネントの内部で使われているリンクがオーバーライドされます。react-routerで提供されるLinkコンポーネントをアプリケーション全体で利用したい場合などに指定します。

Frame

<Frame>はページ全体の枠組みを定義するためのコンポーネントです。このコンポーネント自体には視覚的要素はなく、<Navigation>、<TopBar>、<Toast>、<ContextualSaveBar>などのコ

ンポーネントを包括する親コンポーネントになっています。

次にコード例を示しますが、長くなるので詳細は割愛します。詳しくは公式ドキュメント※をご参照ください。

※https://polaris.shopify.com/components/structure/frame

コード8-2-3-3

TSX
```
function App() {
  // (省略)
  return (
    <AppProvider i18n={/* (省略) */}>
      <Frame
        logo={logo}
        topBar={topBarMarkup}
        navigation={navigationMarkup}
        showMobileNavigation={mobileNavigationActive}
        onNavigationDismiss={toggleMobileNavigationActive}
      >
        {contextualSaveBarMarkup}
        {loadingMarkup}
        {pageMarkup}
        {toastMarkup}
        {modalMarkup}
      </Frame>
    </AppProvider>
  );
}

export default App;
```

実行結果

上記の表示例を見れば想像できたかもしれませんが、次に示すように埋め込みアプリではストア管理画面のUIと被ってしまうため、<Frame>を利用するシーンはあまりないでしょう。埋め込みアプリではなく独立したページとして作成する際に利用すると良いでしょう。

埋め込みアプリ内で<Frame>を使用した例

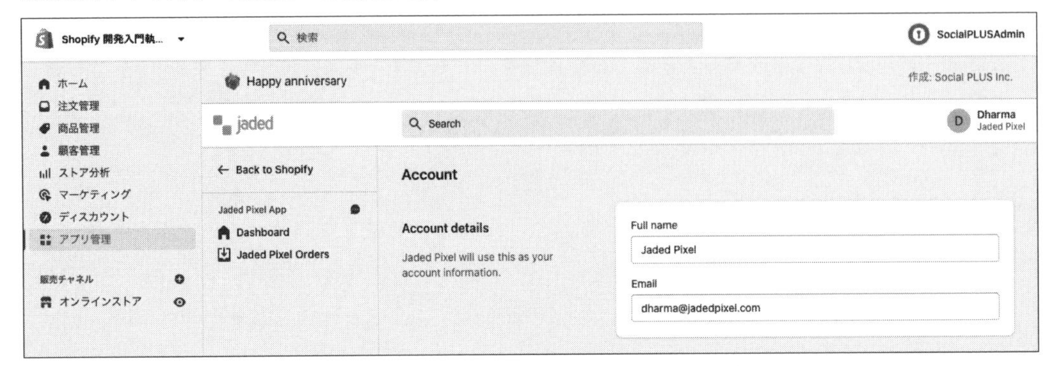

logo

画面左上に表示されるロゴ画像のURLやクリック時に遷移するURLを指定するオプションです。また、ContextualSaveBarが表示された際のロゴ画像は黒背景用のものになるため、別途URLを設定できます。

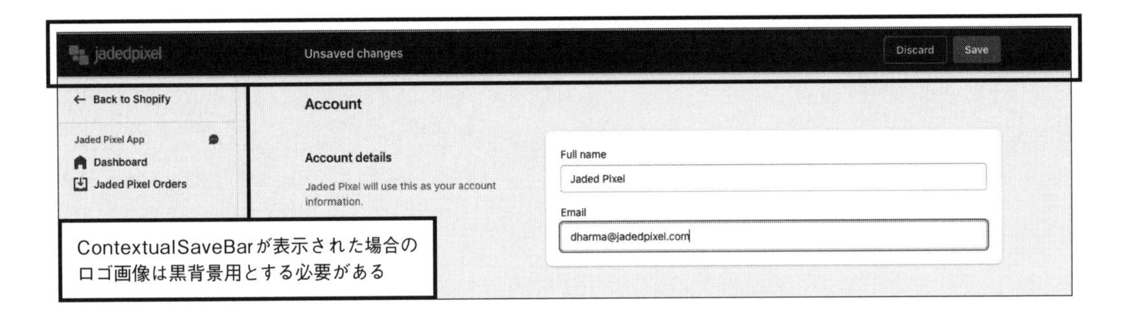

topBar

画面上部のトップバーに表示するコンテンツを指定するオプションです。検索フォームやログイン中のユーザーを表示するユーザーメニューなどが含まれます。また、スマートフォンで表示している場合は画面左上のハンバーガーアイコンをタップすることでナビゲーションが表示されるため、タップされた際のコールバック関数もここで指定します。

スマートフォンで表示した場合の表示例

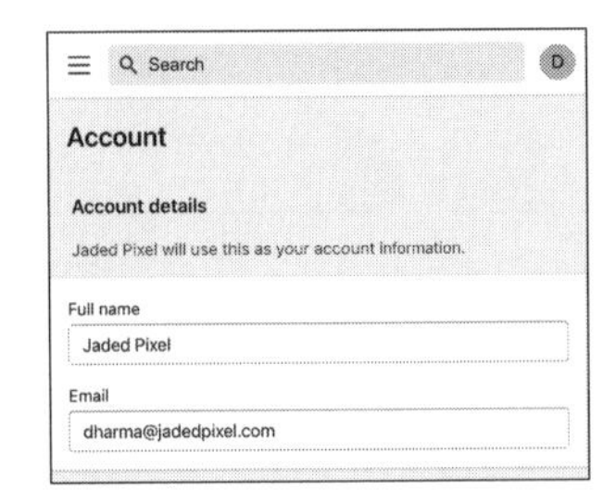

navigation

画面左側のナビゲーション（サイドバー）に表示するコンテンツを指定するオプションです。

showMobileNavigation

スマートフォン用のナビゲーションの表示・非表示を制御するためのフラグを指定します。

onNavigationDismiss

スマートフォン用でナビゲーションを非表示にする際のコールバック関数を指定します。

Page

ページのタイトル、パンくずリスト、関連するアクションなど、ページの外枠を定義するためのコンポーネントです。

コード8-2-3-4

```tsx
import jaTranslations from "@shopify/polaris/locales/ja.json";
import { AppProvider, Page, Card, Badge } from "@shopify/polaris";

function App() {
  return (
    <AppProvider i18n={jaTranslations}>
      <Page
        breadcrumbs={[{ content: "Products", url: "/products" }]}
        title="3/4 inch Leather pet collar"
        titleMetadata={<Badge status="success">Paid</Badge>}
        subtitle="Perfect for any pet"
```

```
        compactTitle
        primaryAction={{ content: "Save", disabled: true }}
        secondaryActions={[
          {
            content: "Duplicate",
            accessibilityLabel: "Secondary action label",
            onAction: () => alert("Duplicate action"),
          },
          {
            content: "View on your store",
            onAction: () => alert("View on your store action"),
          },
        ]}
        actionGroups={[
          {
            title: "Promote",
            actions: [
              {
                content: "Share on Facebook",
                accessibilityLabel: "Individual action label",
                onAction: () => alert("Share on Facebook action"),
              },
            ],
          },
        ]}
        pagination={{ hasPrevious: true, hasNext: true }}
      >
        <Card title="Credit card" sectioned>
          <p>Credit card information</p>
        </Card>
      </Page>
    </AppProvider>
  );
}

export default App;
```

実行結果

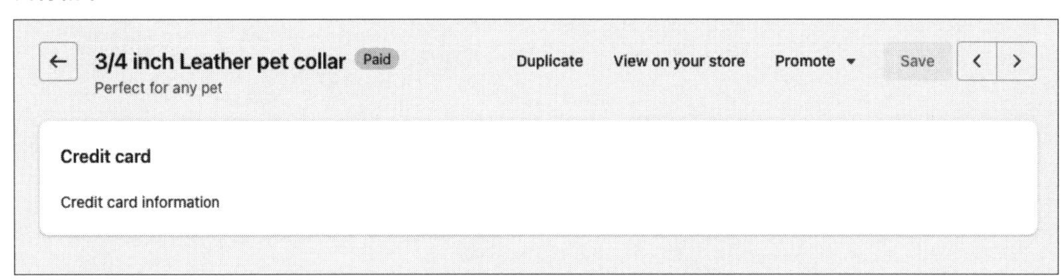

breadcrumbs
画面左上のパンくずリストを指定します。

title
ページのタイトルを指定します。

titleMetadata
ページのステータス情報を指定します。タイトルの後に表示されます。

subtitle
ページのサブタイトルを指定します。

compactTitle
指定するとタイトルとサブタイトルの間の余白がなくなります。

primaryAction
ページ内のプライマリアクションを指定します。

secondaryActions
ページ内のセカンダリアクションを指定します。複数定義可能で、表示は横並びになります。

actionGroups
ページ内のセカンダリアクションを指定します。複数定義可能で、クリックすると展開するメニュー形式で表示されます。

セカンダリアクションの表示例

pagination
ページネーションを指定します。ページ内コンテンツが複数ページに跨がる場合に使用します。

Layout
ページ内コンテンツのレイアウトを定義するためのコンポーネントです。主な構成としては、1列、2列、および注釈付き、の3つがありますが、1列構成の場合は省略しても良いでしょう。

コード8-2-3-5

TSX
```
import jaTranslations from "@shopify/polaris/locales/ja.json";
import { AppProvider, Card, Layout, Page, TextStyle } from "@shopify/polaris";

function App() {
  return (
    <AppProvider i18n={jaTranslations}>
      <Page>
        <Layout>
          <Layout.Section oneHalf>
            <Card title="Florida" actions={[{ content: "Manage" }]}>
              <Card.Section>
                <TextStyle variation="subdued">455 units available</TextStyle>
              </Card.Section>
            </Card>
          </Layout.Section>
          <Layout.Section oneHalf>
            <Card title="Nevada" actions={[{ content: "Manage" }]}>
              <Card.Section>
                <TextStyle variation="subdued">301 units available</TextStyle>
              </Card.Section>
            </Card>
          </Layout.Section>
        </Layout>
      </Page>
    </AppProvider>
  );
}

export default App;
```

Polarisはレスポンシブデザインに対応しており、2列のレイアウトはブラウザの横幅が狭くなると自動的に上下に配置されるようになります。

ブラウザの横幅が広い場合の2列のレイアウト表示例

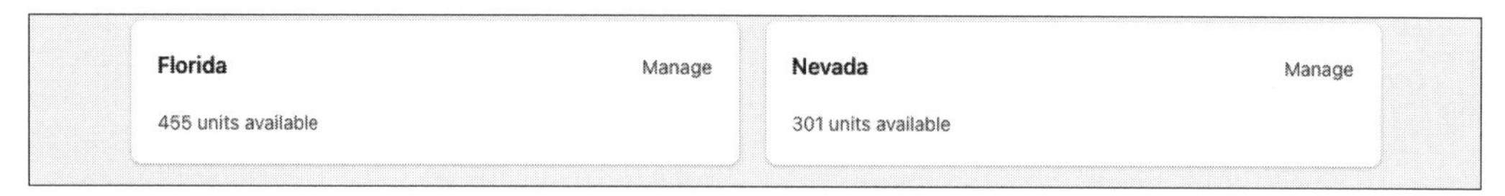

ブラウザの横幅が狭い場合の2列のレイアウト表示例

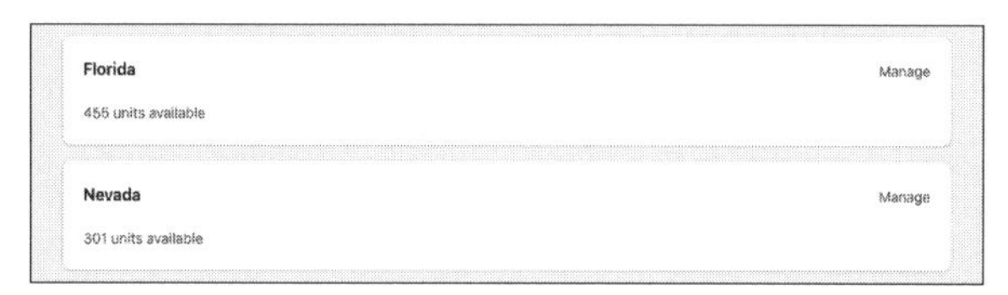

また、2列のレイアウトにはプライマリ、セカンダリを指定することもでき、指定した場合は横幅の比率が2：1で表示されます。

コード8-2-3-6

```
TSX
import jaTranslations from "@shopify/polaris/locales/ja.json";
import { AppProvider, Card, Layout, Page } from "@shopify/polaris";

function App() {
  return (
    <AppProvider i18n={jaTranslations}>
      <Page>
        <Layout>
          <Layout.Section>
            <Card title="Order details" sectioned>
              <p>View a summary of your order.</p>
            </Card>
          </Layout.Section>
          <Layout.Section secondary>
            <Card title="Tags" sectioned>
              <p>Add tags to your order.</p>
            </Card>
          </Layout.Section>
        </Layout>
      </Page>
    </AppProvider>
  );
}

export default App;
```

実行結果

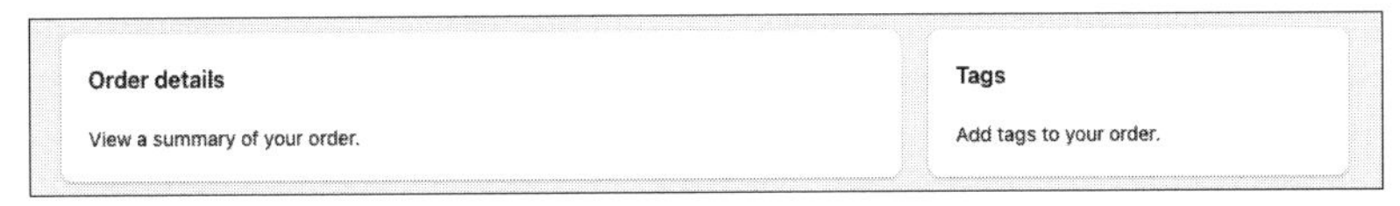

「注釈付きのレイアウト」は設定ページなどで利用します。それ以外の用途で利用することは推奨されていません。

コード8-2-3-7

```
TSX
import jaTranslations from "@shopify/polaris/locales/ja.json";
import {
```

```
  AppProvider,
  Card,
  FormLayout,
  Layout,
  Page,
  TextField,
} from "@shopify/polaris";

function App() {
  return (
    <AppProvider i18n={jaTranslations}>
      <Page>
        <Layout>
          <Layout.AnnotatedSection
            id="storeDetails"
            title="Store details"
            description="Shopify and your customers will use this information to contact you."
          >
            <Card sectioned>
              <FormLayout>
                <TextField
                  label="Store name"
                  onChange={() => {}}
                  autoComplete="off"
                />
                <TextField
                  type="email"
                  label="Account email"
                  onChange={() => {}}
                  autoComplete="email"
                />
              </FormLayout>
            </Card>
          </Layout.AnnotatedSection>
        </Layout>
      </Page>
    </AppProvider>
  );
}

export default App;
```

実行結果

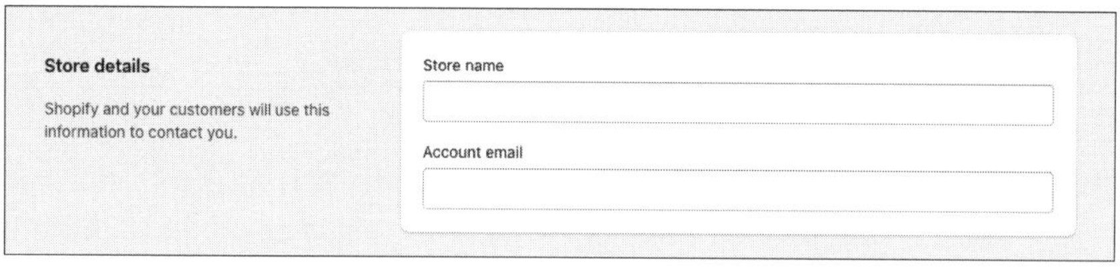

Store details

Shopify and your customers will use this information to contact you.

Store name

Account email

Card

Shopifyストア管理画面ではカード型のデザインが採用されており、類似した内容やタスクをグループ化することでマーチャントが理解しやすいUI/UXを提供できるようになっています。Cardコンポーネントでは、タイトル、アクション（リンクやボタンなど）、セクション（内容の区切り）を定義できます。

コード8-2-3-8

```tsx
import jaTranslations from "@shopify/polaris/locales/ja.json";
import { AppProvider, Card, Page } from "@shopify/polaris";

function App() {
  return (
    <AppProvider i18n={jaTranslations}>
      <Page>
        <Card title="Online store dashboard" sectioned>
          <p>View a summary of your online store's performance.</p>
        </Card>
      </Page>
    </AppProvider>
  );
}

export default App;
```

実行結果

Online store dashboard

View a summary of your online store's performance.

title

カードのタイトル。代わりに<Card.Header>を利用しても同様の効果が得られます。

sectioned

指定すると自動的に余白の領域が追加されます。<Card.Section>を使用しても同様の効果が得られます。

コード8-2-3-9

```tsx
import jaTranslations from "@shopify/polaris/locales/ja.json";
import { AppProvider, Card, Page } from "@shopify/polaris";

function App() {
  return (
    <AppProvider i18n={jaTranslations}>
```

```
      <Page>
        <Card>
          <Card.Header title="Online store dashboard" />
          <Card.Section>
            <p>View a summary of your online store's performance.</p>
          </Card.Section>
        </Card>
      </Page>
    </AppProvider>
  );
}

export default App;
```

subdued

指定するとカードの背景色が暗くなり、目立たなくなります。<Card.Section>に指定するとセクション内の背景色のみ暗くなります。

コード8-2-3-10

TSX

```
import jaTranslations from "@shopify/polaris/locales/ja.json";
import { AppProvider, Card, List, Page } from "@shopify/polaris";

function App() {
  return (
    <AppProvider i18n={jaTranslations}>
      <Page>
        <Card title="Staff accounts">
          <Card.Section>Felix Crafford</Card.Section>
          <Card.Section subdued title="Deactivated staff accounts">
            Ezequiel Manno
          </Card.Section>
        </Card>
      </Page>
    </AppProvider>
  );
}

export default App;
```

実行結果

Staff accounts

Felix Crafford

DEACTIVATED STAFF ACCOUNTS

Ezequiel Manno

primaryFooterAction

カードのプライマリアクションを指定します。

secondaryFooterActions

カードのセカンダリアクションを指定します。

コード8-2-3-11

TSX
```
import jaTranslations from "@shopify/polaris/locales/ja.json";
import { AppProvider, Card, List, Page } from "@shopify/polaris";

function App() {
  return (
    <AppProvider i18n={jaTranslations}>
      <Page>
        <Card
          title="Shipment 1234"
          secondaryFooterActions={[{ content: "Edit shipment" }]}
          primaryFooterAction={{ content: "Add tracking number" }}
        >
          <Card.Section title="Items">
            <List>
              <List.Item>1 × Oasis Glass, 4-Pack</List.Item>
              <List.Item>1 × Anubis Cup, 2-Pack</List.Item>
            </List>
          </Card.Section>
        </Card>
      </Page>
    </AppProvider>
  );
}

export default App;
```

実行結果

Shipment 1234

ITEMS

- 1 × Oasis Glass, 4-Pack
- 1 × Anubis Cup, 2-Pack

Edit shipment　Add tracking number

8-2-4 代表的なコンポーネント

Polarisで利用できるコンポーネントは沢山あるので、本書ではよく利用されるコンポーネントを抜粋して紹介します。これら以外のコンポーネントについては公式ドキュメント※をご参照ください。

※https://polaris.shopify.com/components

Button / ButtonGroup

これまでにも何度か登場したButtonコンポーネントは、「追加」「閉じる」「キャンセル」「保存」などのアクションに使用します。ButtonGroupコンポーネントでまとめることで、Buttonコンポーネントが横一列に表示され、Button同士の間隔を調整できるようになります。

コード8-2-4-1

```tsx
TSX
import jaTranslations from "@shopify/polaris/locales/ja.json";
import { AppProvider, Page, Card, Button, ButtonGroup } from "@shopify/polaris";

function App() {
  return (
    <AppProvider i18n={jaTranslations}>
      <Page title="Example app">
        <Card sectioned>
          <ButtonGroup>
            <Button>Cancel</Button>
            <Button primary>Save</Button>
          </ButtonGroup>
        </Card>
      </Page>
    </AppProvider>
  );
}

export default App;
```

実行結果

Link

AppProviderで指定した`linkComponent`が適用されるので、<a>タグではなくLinkコンポーネントを使うようにしましょう。

external

外部ページへのリンクを表現したい場合に指定します。リンクにアイコンが表示され、新しいタブで開くようになります。

コード8-2-4-2

```tsx
import jaTranslations from "@shopify/polaris/locales/ja.json";
import { AppProvider, Page, Card, Link } from "@shopify/polaris";

function App() {
  return (
    <AppProvider i18n={jaTranslations}>
      <Page title="Example app">
        <Card sectioned>
          <Link external url="https://example.com">
            Example Link
          </Link>
        </Card>
      </Page>
    </AppProvider>
  );
}

export default App;
```

実行結果

TextField

入力フォームで使用するテキストフィールドのコンポーネントです。

コード8-2-4-3

TSX

```
import { useState, useCallback } from "react";
import jaTranslations from "@shopify/polaris/locales/ja.json";
import { AppProvider, Card, Page, TextField } from "@shopify/polaris";

function App() {
  const [textFieldValue, setTextFieldValue] = useState("Jaded Pixel");

  const handleTextFieldChange = useCallback(
    (value) => setTextFieldValue(value),
    []
  );

  return (
    <AppProvider i18n={jaTranslations}>
      <Page>
        <Card title="Shipment 1234" sectioned>
          <TextField
            label="Store name"
            value={textFieldValue}
            onChange={handleTextFieldChange}
            maxLength={20}
            autoComplete="off"
            showCharacterCount
          />
        </Card>
      </Page>
    </AppProvider>
  );
}

export default App;
```

実行結果

Shipment 1234

Store name

Jaded Pixel　11/20

label

テキストフィールドのラベルを指定します。

value

テキストフィールドの初期値を指定します。

onChange

テキストフィールドの値が変更された際のCallback関数を指定します。

maxLength

テキストフィールドの最大文字数を指定します。

autoComplete

ブラウザによる自動入力の有効・無効を指定します。

showCharacterCount

有効にした場合、テキストフィールドの現在の文字数を表示します。

error

テキストフィールドの下部にバリデーションエラーメッセージを表示します。

コード8-2-4-4

TSX

```
import { useState, useCallback } from "react";
import jaTranslations from "@shopify/polaris/locales/ja.json";
import { AppProvider, Card, Page, TextField } from "@shopify/polaris";

function App() {
  const [textFieldValue, setTextFieldValue] = useState("Jaded Pixel");

  const handleTextFieldChange = useCallback(
    (value) => setTextFieldValue(value),
    []
  );

  return (
    <AppProvider i18n={jaTranslations}>
      <Page>
        <Card title="Shipment 1234" sectioned>
          <TextField
            label="Store name"
            value={textFieldValue}
            onChange={handleTextFieldChange}
```

```
          error="Store name is required"
          autoComplete="off"
        />
      </Card>
    </Page>
  </AppProvider>
  );
}

export default App;
```

実行結果

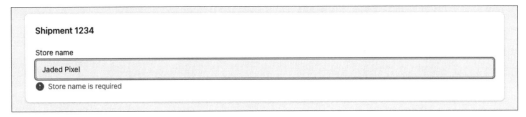

Banner

マーチャントに重要な情報を伝えるために使用するコンポーネントです。ページのヘッダーまたはフッター部分に配置します。

コード8-2-4-5

```tsx
import jaTranslations from "@shopify/polaris/locales/ja.json";
import { AppProvider, Banner, Page } from "@shopify/polaris";

function App() {
  return (
    <AppProvider i18n={jaTranslations}>
      <Page>
        <Banner
          title="USPS has updated their rates"
          action={{ content: "Update rates", url: "" }}
          secondaryAction={{ content: "Learn more" }}
          status="info"
          onDismiss={() => {}}
        >
          <p>Make sure you know how these changes affect your store.</p>
        </Banner>
      </Page>
    </AppProvider>
```

```
  );
}

export default App;
```

実行結果

title

バナーのタイトルを指定します。

action

バナーのプライマリアクションを指定します。指定するとバナーの下部にボタンが表示されます。

secondaryAction

バナーのセカンダリアクションを指定します。指定するとバナーの下部にリンクが表示されます。

status

バナーのステータスを指定します。この値に応じてバナーの背景色が変化します。

onDismiss

バナー右上の非表示ボタンがクリックされた際のCallback関数を指定します。

Modal

モーダルはページ内のコンテンツの上に被さるように表示されるUIで、表示されている間はモーダル以外の要素を操作できなくなります。重要な情報への注意喚起や、重要な処理を実行する前の確認などによく使用されます。

コード8-2-4-6

TSX
```
import { useState, useCallback } from "react";
import jaTranslations from "@shopify/polaris/locales/ja.json";
```

```
import { AppProvider, Modal, TextContainer } from "@shopify/polaris";

function App() {
  const [active, setActive] = useState(true);
  const handleChange = useCallback(() => setActive(!active), [active]);

  return (
    <AppProvider i18n={jaTranslations}>
      <Modal
        open={active}
        onClose={handleChange}
        title="Reach more shoppers with Instagram product tags"
        primaryAction={{ content: "Add Instagram", onAction: handleChange }}
        secondaryActions={[{ content: "Learn more", onAction: handleChange }]}
      >
        <Modal.Section>
          <TextContainer>
            <p>
              Use Instagram posts to share your products with millions of
              people. Let shoppers buy from your store without leaving
              Instagram.
            </p>
          </TextContainer>
        </Modal.Section>
      </Modal>
    </AppProvider>
  );
}

export default App;
```

実行結果

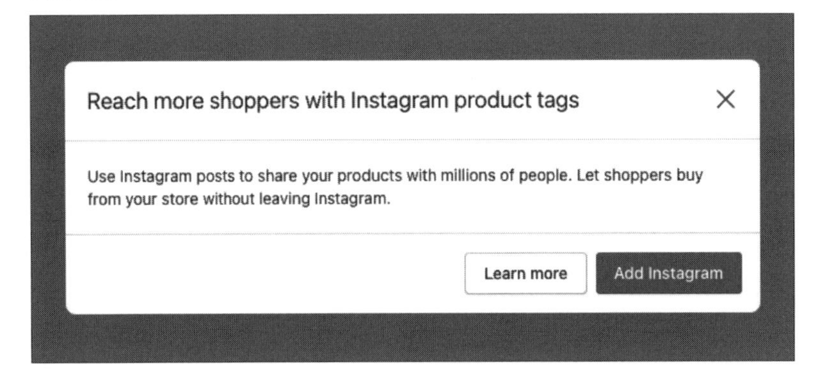

8-3
App Bridge

App BridgeもPolarisと同様にShopify埋め込みアプリで利用できるShopify製のJavaScriptのライブラリです。PolarisはUI部品の集まりでしたが、App Bridgeは機能の集まりです。こちらもPolaris同様にReact ＋ TypeScriptの構成で利用することをおすすめします。ちなみにApp Bridgeという名称ですが、おそらくストア管理画面（iframeの外側）と埋め込みアプリ（iframeの内側）の架け橋（bridge）という意味から名付けられていると予想します。

なお、`<Toast>`、`<Modal>`などのコンポーネントはPolarisにも同じようなUIで存在していますが、両者で若干に挙動が異なるので、あらかじめどちらを使うかの方針を決めておくと良いでしょう。私たちは、App Bridgeをストア管理画面の埋め込みアプリ内でしか動作確認できないので、原則PolarisのUIを利用する、という方針にしています。

動作確認環境

- `@shopify/app-bridge`: v2.0.19
- `@shopify/app-bridge-react`: v2.0.19
- `@shopify/app-bridge-utils`: v2.0.19
- `@shopify/react-form`: v1.1.18

8-3-1 導入

App Bridgeはストア管理画面の埋め込みアプリ内でしか動作しません。そのため、App Bridgeを開発するための環境構築は難しい、というのが実情です。埋め込みアプリの開発環境構築および実装例を[9-4　CLIでサンプルアプリを作成する → 9-4-4　実装 → 埋め込みアプリのフロントエンドを実装する]で解説しているので、そちらをご参照ください。

Chapter 8

8-3-2 React Components

@shopify/app-bridge-reactで提供されるReact ComponentベースのApp Bridgeの機能をいくつか紹介します。

Provider

App BridgeをReact Componentを使って初期化する際に利用するのが<Provider>です。App BridgeはPolarisと組み合わせて使用することが多いため、次のようなコードで初期化することになるでしょう。PolarisとApp Bridgeの<AppProvider>と<Provider>はそのままだと紛らわしいので<PolarisProvider>と<AppBridgeProvider>という別名を指定しています。

なお、本節ではApp Bridgeのサンプルコードをいくつか紹介しますが、いずれも<Provider>コンポーネントの子要素として指定することを前提に記載しています。

コード8-3-2-1

TSX
```
import React from "react";
import jaTranslations from "@shopify/polaris/locales/ja.json";
import { AppProvider as PolarisProvider } from "@shopify/polaris";
import { Provider as AppBridgeProvider } from "@shopify/app-bridge-react";

type Props = {
  apiKey: string;
  host: string;
};

const App: React.FC<Props> = ({ apiKey, host }) => {
  return (
    <PolarisProvider i18n={jaTranslations}>
      <AppBridgeProvider config={{ apiKey, host, forceRedirect: true }}>
        {/* some contents */}
      </AppBridgeProvider>
    </PolarisProvider>
  );
};

export default App;
```

apiKey

パートナーダッシュボードから取得したAPI Keyの値を指定します。

host

現在ログイン中のストアを表す値です。Shopifyから埋め込みアプリをリクエストされる際にクエリパラメータとして付与されています。このときのクエリパラメータにはhmacが付与されており、hostを含めてクエリパラメータが改ざんされていないかどうかを検証する必要があります。検証方法については［8-5　OAuth → 認可コードフロー → ⑦⑧アプリサーバーへリダイレクト（認可コード付き）］にて解説していますので、そちらをご参照ください。

forceRedirect

trueを指定すると、埋め込みアプリがiframe外でレンダリングされた際に自動で埋め込みアプリにリダイレクトしてくれるようになります。

useAppBridge hook

App Bridgeクライアントであるappインスタンスを取得するためのhookです。`<Provider>`より内側のコンポーネント内で使用できます。例えば、［8-6　Session Token］で解説するセッショントークンやRedirectを使用する際にappインスタンスが必要となります。

コード8-3-2-2

```typescript
import { useAppBridge } from "@shopify/app-bridge-react";
import { getSessionToken } from "@shopify/app-bridge-utils";

const app = useAppBridge();
const sessionToken = await getSessionToken(app);
```

ResourcePicker

モーダルでストアに存在する商品やコレクションの一覧を表示して、任意のアイテムを選択できるUIを提供します。

コード8-3-2-3

```tsx
import React, { useState } from "react";
import { ResourcePicker } from "@shopify/app-bridge-react";

const ResourcePickerExample: React.FC = () => {
  const [open, setOpen] = useState(true);
  const closeResourcePicker = () => setOpen(false);
  return (
    <ResourcePicker
      resourceType="Product"
```

```
        open={open}
        onCancel={closeResourcePicker}
      />
    );
  };

  export default ResourcePickerExample;
```

実行結果

resourceType

モーダルに表示するリソースの種類を指定します。Product、ProductVariant、Collectionの中から指定できます。

open

モーダルを表示するか否かを指定します。

onSelection

「追加」がクリックされた際に実行されるCallback関数を指定します。Callback関数の引数として、選択されたリソースのID一覧が渡されます。

onCancel

「キャンセル」がクリックされた際に実行されるCallback関数を指定します。

8-3-3 Action

@shopify/app-bridge/actionsで提供される機能です。React Componentではありませんが、UIに影響を与える機能もあります。

Redirect

埋め込みアプリはiframe内で実行されるため、通常のページ遷移はiframe内のページ遷移となります。Redirectを使用するとiframeの内側からブラウザトップレベルのページ遷移を実現できます。また、newContextオプションを指定した場合は新しいウィンドウでページが開かれます。

コード8 3 3 1

TSX
```
import React from "react";
import { Card, Page } from "@shopify/polaris";
import { useAppBridge } from "@shopify/app-bridge-react";
import { Redirect } from "@shopify/app-bridge/actions";

const MyRedirect: React.FC = () => {
  const app = useAppBridge();
  const redirect = Redirect.create(app);

  // 埋め込みアプリのドメイン内の path にリダイレクト
  const linkToAppPath = {
    content: "設定ページ",
    onAction: () => {
      redirect.dispatch(Redirect.Action.APP, "/settings");
    },
  };

  // 外部のドメインの URL にリダイレクト
  const linkToRemoteUrl = {
    content: "example.com を開く",
    onAction: () => {
      redirect.dispatch(Redirect.Action.REMOTE, "https://example.com");
    },
  };

  // ストア管理画面内の path にリダイレクト
  const linkToAdminPath = {
    content: "顧客一覧ページ",
    onAction: () => {
      redirect.dispatch(Redirect.Action.ADMIN_PATH, {
        path: "/customers",
        newContext: true,
      });
```

```
    },
  };

  return (
    <Page>
      <Card
        title="Redirect example"
        secondaryFooterActionsDisclosureText="リンク一覧"
        secondaryFooterActions={[
          linkToAppPath,
          linkToRemoteUrl,
          linkToAdminPath,
        ]}
      />
    </Page>
  );
};

export default MyRedirect;
```

NavigationMenu

埋め込みアプリのタイトル下に表示されるナビゲーションメニューを作成する機能です。AppLinkと組み合わせて使用します。

コード8-3-3-2

```
TSX
import React from "react";
import { useAppBridge } from "@shopify/app-bridge-react";
import { AppLink, NavigationMenu } from "@shopify/app-bridge/actions";

const createAppLink = (label: string, destination: string): AppLink.AppLink => {
  const app = useAppBridge();
  return AppLink.create(app, { label, destination });
};

const MyNavigationMenu: React.FC = () => {
  const app = useAppBridge();
  NavigationMenu.create(app, {
    items: [
      createAppLink("メニュー1", "/menu1"),
      createAppLink("メニュー2", "/menu2"),
      createAppLink("メニュー3", "/menu3"),
    ],
  });
  return <></>;
};

export default MyNavigationMenu;
```

実行結果

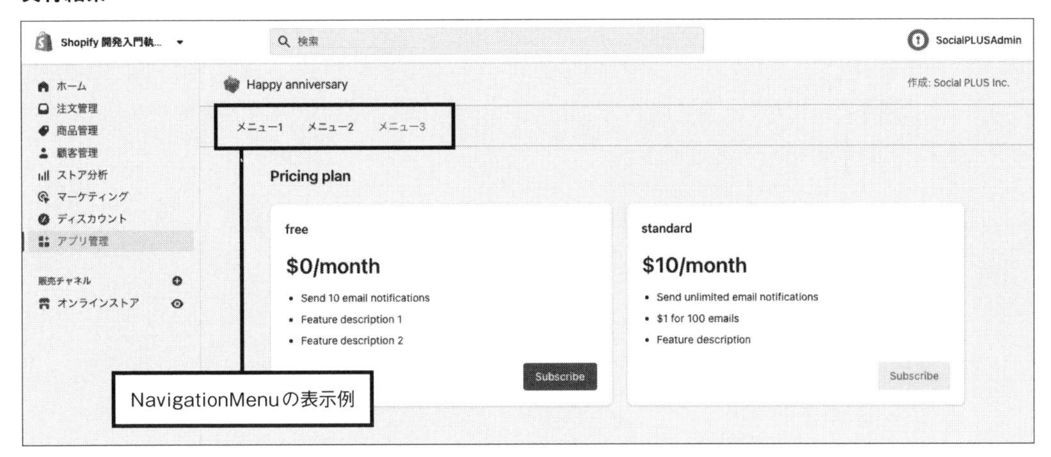

なお、ナビゲーションメニューの設定はパートナーダッシュボードの「アプリ設定」→「埋め込み式アプリ」→「メニューバー」からも指定可能ですが、こちらは日本語タイトルのメニューが禁止されており、多言語対応も執筆時点(2022年4月)ではできないようです。

また、同じようなUIをPolarisの`<Tabs>`でも表現できますが、`<Tabs>`はiframeの内部に描画されるため、ページ内容と一緒にスクロールされてしまいます。`NavigationMenu`はiframeの外側に描画されるのでスクロールしても画面上部に表示が固定され続けます。

ContextualSaveBar

フォームが設置されているページで、内容が変更されている際に画面上部から「保存されていない変更」があることを通知してくれるUIを作成する機能です。非常に便利な機能ですが、設定する項目が多いので実装が少し複雑になります。

コード8-3-3-3

TSX
```
import React, { useEffect, useMemo } from "react";
import { Card, Form, FormLayout, Page, TextField } from "@shopify/polaris";
import { useAppBridge } from "@shopify/app-bridge-react";
import { useField, useForm } from "@shopify/react-form";
import { ContextualSaveBar } from "@shopify/app-bridge/actions";

const useContextualSaveBar = ({ reset, submit, dirty }) => {
  const app = useAppBridge();
  // 初期化
  const contextualSaveBar = useMemo(
    () =>
      ContextualSaveBar.create(app, {
        saveAction: {
          disabled: false,
          loading: false,
        },
        discardAction: {
          disabled: false,
          loading: false,
          discardConfirmationModal: true,
        },
      }),
    [app]
  );

  useEffect(() => {
    // 「破棄する」「保存する」がクリックされた際に実行する Callback 関数を登録する
    contextualSaveBar.subscribe(ContextualSaveBar.Action.DISCARD, reset);
    contextualSaveBar.subscribe(ContextualSaveBar.Action.SAVE, submit);
    return () => {
      // クリーンアップ関数の実行時に登録した Callback 関数を破棄する
      contextualSaveBar.unsubscribe();
    };
  }, [contextualSaveBar, reset, submit]);

  useEffect(() => {
    // フォームに変更があった場合のみ「保存されていない変更」を表示する
    contextualSaveBar.dispatch(
      dirty ? ContextualSaveBar.Action.SHOW : ContextualSaveBar.Action.HIDE
    );
```

```
  }, [contextualSaveBar, dirty]);
};

const MyForm: React.FC = () => {
  const { fields, reset, submit, dirty } = useForm({
    fields: {
      title: useField(""),
    },
    onSubmit: async (fieldValues) => {
      console.log(fieldValues);
      return { status: "success" };
    },
  });
  useContextualSaveBar({ reset, submit, dirty });

  return (
    <Page>
      <Card title="Sample form" sectioned>
        <Form onSubmit={submit}>
          <FormLayout>
            <TextField label="Title" autoComplete="off" {...fields.title} />
          </FormLayout>
        </Form>
      </Card>
    </Page>
  );
};

export default MyForm;
```

実行結果

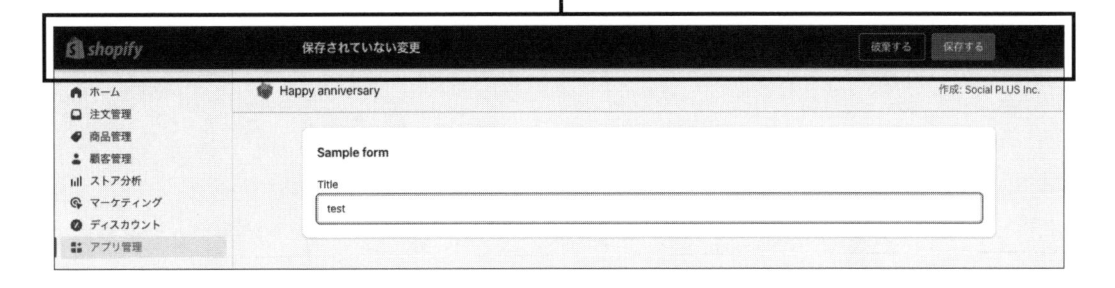

サンプルコードで登場するuseFormやuseFieldは、@shopify/react-formというライブラリの関数です。詳細は割愛しますが、埋め込みアプリでFormを扱うのがとても簡単になるのでおすすめです。戻り値のresetとsubmitはそれぞれフォームの内容を初期化する関数とサブミットする関数です。dirtyはフォームに内容に変化があった際にtrueを返します。

なお、今回のサンプルコードのために［9-4 CLIでサンプルアプリを作成する］の開発環境に@shopify/react-formをインストールしましたが、そのままだとエラーになってしまうのでconfig/webpack/environment.jsに次の設定を追記する必要がありました。同じように試してみたい方はご注意ください。

コード8-3-3-4

```
JavaScript
// config/webpack/environment.js
const { environment } = require("@rails/webpacker");

// ↓↓↓↓以下を追加↓↓↓↓
environment.config.merge({
  module: {
    rules: [
      {
        test: /\.mjs$/,
        include: /node_modules/,
        type: "javascript/auto",
      },
    ],
  },
});
// ↑↑↑↑ここまで↑↑↑↑

module.exports = environment;
```

8-4 App extension

App extensionはストア管理画面などにアプリ固有の拡張機能をもたせられる機能です。例えば、ストア管理画面の注文・商品・顧客管理ページに新しいUIを付与することができます。

App extensionにはさまざまな種類がありますが、いずれもストア管理画面やテーマ編集画面などShopifyの提供するUIからアプリへリクエストを送信する機能となっています。App extensionを上手く活用すれば、埋め込みアプリのUI実装負担を軽減し、アプリ開発を効率的に行えるでしょう。

8-4-1 ストア管理画面

管理画面リンク

「管理画面リンク」はストア管理画面からアプリを実行できるApp extensionです。任意のストア管理画面ページの「その他の操作」に追加されます。実行するとアプリへHTTPリクエストが送信され、クエリパラメータからストア名や現在表示している注文情報のIDなどが参照できます。

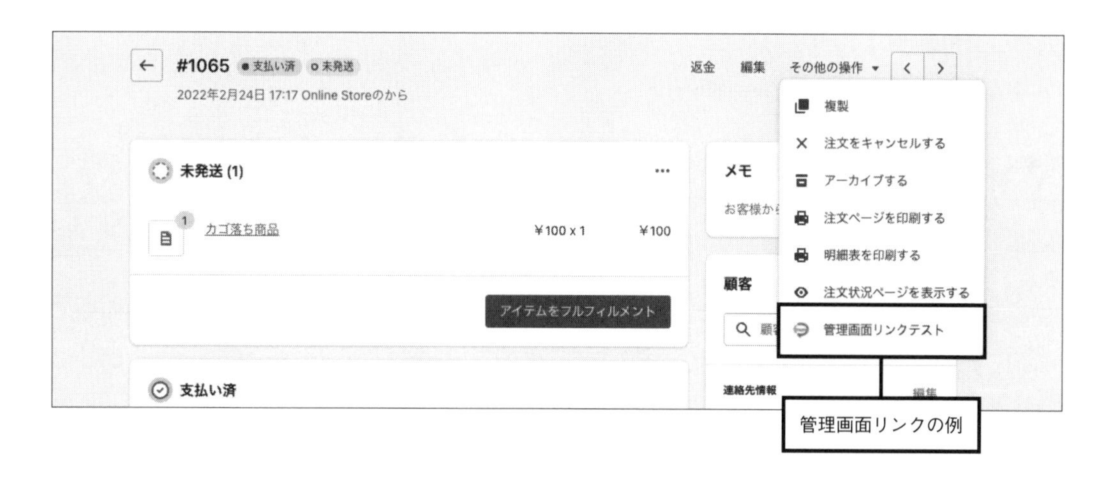

設定は「パートナーダッシュボード」→「アプリ管理」→「拡張機能」から行います。

管理画面リンクの設定ページ

リンクラベル

機能の表示名として使用されます。

リンク先URL

管理画面リンクを実行した際にリクエストが送られる先のURLを指定します。ただし、実際には「リンク先URL」のドメイン部分は無視され、「パートナーダッシュボード」→「アプリ管理」→「アプリ設定」で登録した「アプリURL」のドメインが使用されます。

リンク先URLの例

https://example.com/path/to/resource

実際にリクエストが送信されるURL

https://{アプリURLのドメイン}/path/to/resource

また、リクエストには次のようなクエリパラメータが付与されています。

```
hmac: 8ee9661be79505b760f7a0424c9f125149155a6f95ef19535df3fb2db154c3b0
host: c3RhZ2luZy1zb2NpYWxwbHVzLm15c2hvcGlmeS5jb20vYWRtaW4
id: 4677753209075
locale: ja-JP
session: 60a49d59e32e5996346b08a8c0570b1b9eb012547989b9c6d95644269e9220d4
shop: some-shop.myshopify.com
timestamp: 1645951052
```

shopの値から管理画面リンクを実行したストアを特定します。

idは「リンクを表示するページ」に「注文詳細」や「商品の詳細」などを指定した場合に付与される値で、Admin APIのlegacy_idに対応した値になっています。

hmacはクエリパラメータに改ざんが無いことを検証するための値です。検証方法は［8-6　OAuth］の「認可コードフロー」の節で解説している方法と同じですので、そちらをご参照ください。

リンクを表示するページ

「管理画面リンク」を表示するページを指定します。指定可能なページは次のとおりで、「詳細」ページを選択した場合のみクエリパラメータにidが含まれます。

- 注文
  - 注文の概要
  - 注文詳細
- 下書き注文
  - 下書き注文の概要
  - 下書き注文詳細
- 商品
  - 商品の概要
  - 商品の詳細
- バリエーション
  - バリエーションの詳細
- コレクション
  - コレクションの概要
  - コレクションの詳細
- ページ
  - ページの概要
  - ページの詳細
- ブログ
  - ブログの詳細
- 記事
  - 記事の詳細
- 顧客
  - お客様の概要
  - お客様の詳細
- カゴ落ち

- カゴ落ちの詳細
- ディスカウント
    - ディスカウントの概要
    - ディスカウントの詳細

一括操作リンク

「一括操作リンク」も「管理画面リンク」と同様にストア管理画面からアプリを実行できるApp extensionです。任意のストア管理画面ページの「その他の操作」に追加されます。実行するとアプリへHTTPリクエストが送信され、クエリパラメータからストア名や現在表示している注文情報のIDなどが参照できます。

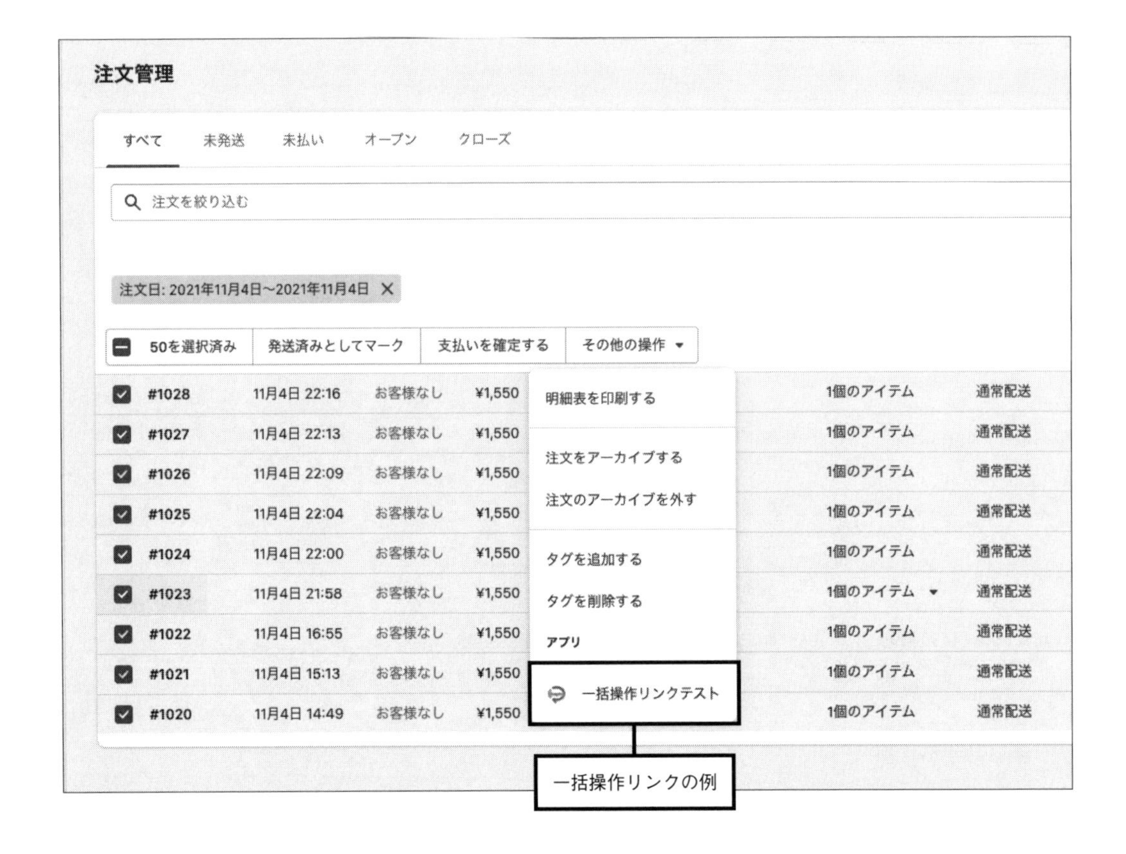

設定は「パートナーダッシュボード」→「アプリ管理」→「拡張機能」から行います。

一括操作リンクの設定ページ

< 拡張機能
一括操作リンク
保存
一括操作ラベル
一括操作リンクテスト
ラベルには40文字以上を含めることはできません。
リンク先URL
http://example.com/path/to/resource
リンクを表示するページ
注文アクションのドロップダウン
Shopifyはこのリンクにいくつかのパラメーターを追加します: shop={ショップのURL}、id={現在選択されているオブジェクトのID}
プレビュー
4 注文管理を選択済み　アクション
一括操作リンクテスト
アプリアイコンはアプリ設定ページで変更できます。
キャンセル
保存
一括操作リンクの詳細を確認する。

一括操作ラベル

機能の表示名として使用されます。

リンク先URL

一括操作リンクを実行した際にリクエストが送られる先のURLを指定します。

管理画面リンクと同様に、実際には「リンク先URL」のドメイン部分は無視され、「パートナーダッシュボード」→「アプリ管理」→「アプリ設定」で登録した「アプリURL」のドメインが使用されます。

リクエストには次のようなクエリパラメータが付与されています。

```
hmac: b3c4c754394570114e63f2d83eb0fc940b8cfe107e3474a6704fff150c7edb81
host: c3RhZ2luZy1zb2NpYWxwbHVzLm15c2hvcGlmeS5jb20vYWRtaW4
ids[]: 4679041188083
ids[]: 4677753209075
ids[]: 4675112796403
locale: ja-JP
session: 60a49d59e32e5996346b08a8c0570b1b9eb012547989b9c6d95644269e9220d4
shop: some-shop.myshopify.com
timestamp: 1645964789
```

管理画面リンクと異なるのは、ids[]というパラメータが付与される点です。これらの値はAdmin APIのlegacy_idに対応した値で、一覧から選択したリソースのIDが指定されます。ただし、一度に選択できるのは50件までで、51件以上選択した場合は一括操作リンクがグレーアウトして選択できない状態になります。

リンクを表示するページ

「一括操作リンク」を表示するページを指定します。指定可能なページは次のとおりです。

- 注文
  - 注文アクションのドロップダウン
- 下書き注文
  - 下書き注文アクションのドロップダウン
- 商品
  - 商品アクションのドロップダウン
- バリエーション
  - バリエーションアクションのドロップダウン
- 顧客
  - 顧客アクションのドロップダウン

8-4-2 Flow

Flowは、Shopifyが無償で提供している「Shopify Flow」というアプリと連携するためのApp extensionです。

Shopify Flowを使ったワークフローの例

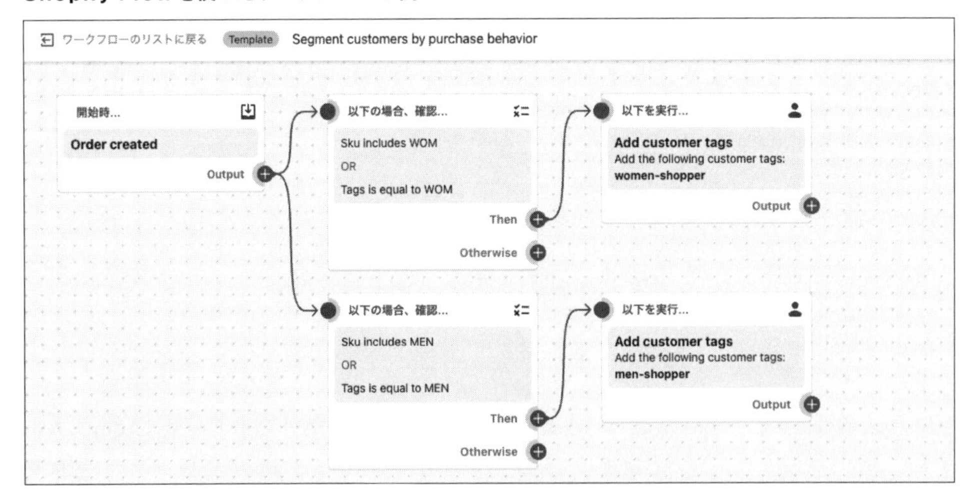

Shopify Flowを使うとノーコードでストア運営のさまざまな業務を自動化することができ、例えば次のようなことが実現できます。

- 否定的なレビューを受け取ったときにサポートチケットを作成する
- サンプルを注文した顧客にタグを設定し、その後購入するかどうかを追跡する
- 商品の在庫が少なくなったときに通知を受け取る
- 100ドル以上の注文に無料ギフトを追加する

従来はShopify Plusでしか利用できませんでしたが、2022/03/09にプレミアムプランでも利用できるようになったことが発表されました。

参考：Shopify開発者のための重要なプロダクトアップデート — Shopify開発者【2022年版】\- Shopify日本(https://www.shopify.jp/blog/partner-whats-new-2022)

トリガー

トリガーはShopify Flowのワークフローを開始させるイベントです。Shopify Flowに標準で用意されているトリガーには「商品の購入」「顧客の新規作成」などがあり、これらのイベントをきっかけにワークフローが起動します。App extensionからFlow/トリガーを作成することでアプリ独自のトリガーをShopify Flowから使用できるようになります。

トリガーの作成には、「パートナーダッシュボード」→「アプリ管理」→「拡張機能」からの登録と、アプリからAdmin APIをリクエストする実装が必要です。

Flowトリガーの設定ページ

プロパティを追加する

トリガーから参照できるプロパティを設定します。例えば「顧客の新規作成」というトリガーであれば、作成された顧客の情報がプロパティとして設定されており、ワークフロー内の条件分岐やアクションから参照できます。

プロパティには次の種類があり、アプリからAdmin API（GraphQL）を介してトリガーを起動する際に値を付与します。

- Shopifyプロパティ
  - 顧客
  - 注文
  - 商品
- カスタムプロパティ
  - String
  - Number
  - Boolean
  - URL
  - Eメール

ペイロードのプレビュー

トリガーを起動する際のGraphQLペイロードのテンプレートです。アプリからAdmin APIをリクエストする際にresourcesとpropertiesを指定します。

resourcesのnameとurlはトリガーの情報として付与するものですが、明確な指定はないようです。トリガーのタイトルとアプリのURLを指定しておけば良いでしょう。

propertiesは「プロパティを追加する」で定義したプロパティの具体的な値を指定します。

```
GraphQL
mutation
{
  flowTriggerReceive(body: "{
    \"trigger_id\": \"e72f115b-d474-40e0-b61b-62bb50304d56\",
    \"resources\": [
      {
        \"name\": \"{トリガーのタイトル}\",
        \"url\": \"{アプリの URL}\"
      }
    ],
    \"properties\": {
      \"some property\": \"{プロパティの値}\"
    }
  }") {
    userErrors {field, message}
  }
}
```

アクション

アクションはShopify Flowのワークフローから起動される処理です。標準で用意されているアクションには「Admin APIと同等の操作（顧客の作成など）」のほか、「メール送信」や「次のアクションまで一定時間待機する」などがあります。App extensionからFlow/アクションを作成することで、アプリ独自のアクションをShopify Flowから使用できるようになります。

アクションの作成には、「パートナーダッシュボード」→「アプリ管理」→「拡張機能」からの登録と、Shopify Flowから送信されるWebhookを処理する実装が必要です。

Flowアクションの設定ページ

フィールドを作成する

アクションの実行時にワークフローから受け取る引数を定義します。定義したフィールドの値がwebhookのペイロードとして送られてきます。フィールドには型定義があり、利用できる型は次のとおりです。

- 短いテキスト
- 長いテキスト
- Number
- チェックボックス
- URL
- Eメール

なお、Shopify Flowワークフローではアクションのフィールドに`{{customer.id}}`のようなLiquidが利用できます。設定フィールドのヘルプテキストにその旨を説明しておくことで、トリガーから受け取った顧客IDなどをアクションで受け取るようにすることもできます。

Webhookの処理

ペイロードのプレビューに表示されているJSONがwebhookで送られてくるので、アプリ側で処理できるように実装します。Flowアクションから送られてくるwebhookの取り扱いは［8-7　Webhook］で解説した方法と同じです。詳細はそちらをご参照ください。

Flowを変更する際の注意

一度公開したトリガーやアクションの設定を変更する際は、破壊的変更かどうかを注意する必要があります。破壊的変更には次のようなものがあります。

- アクションのフィールド名の変更または削除
- アクションのフィールドを「任意」から「必須」に変更、または「必須」のフィールドを追加する
- トリガーやアクションを無効化、または削除する

もしこれらに該当する変更を行った場合、トリガーやアクションを利用しているワークフローは失敗するようになります。

一方、次の変更は破壊的変更に該当しません。

- トリガーやアクションのタイトルや説明を変更する
- アクションに設定している「HTTPSリクエスト」のURLを変更する

- アクションのフィールドラベルやヘルプテキストを変更する
- アクションのフィールドを「必須」から「任意」に変更する

公開中のトリガーやアクションに対して破壊的な変更を加える必要がある場合は新たに作成して古いものを削除するしかありません。その際は次の手順に沿って移行する必要があります。

1. トリガーまたはアクションのステータスを「非公開」にする。「非公開」となったトリガーまたはアクションは、新規のワークフローからは利用できませんが、既存のワークフローからは引き続き利用できます。
2. トリガーまたはアクションがワークフローテンプレートとして公開されている場合、flow-connectors-dev@shopify.comに変更の旨を伝える。
3. 新しいトリガーまたはアクションを作成する。
4. 古いトリガーまたはアクションを利用しているマーチャントに移行が必要な旨を伝える、または移行の補助を行う。
5. すべてのマーチャントが古いトリガーまたはアクションの利用を停止したことを確認し、古いトリガーまたはアクションを削除する。

8-4-3 テーマアプリの拡張機能

[4-3 テーマ（テーマエディタ）の構造について］で解説したとおり、Online Store 2.0ではノーコードでオンラインストアが編集できるようになりました。ストアのテーマにはさまざまなブロックが組み込まれていますが、テーマアプリの拡張機能を使えばアプリ固有のブロックを追加できます。従来はAdmin APIのScriptTagを使ってJavaScriptを追加したり、Assetを使ってsnippetを追加したりするという方法でオンラインストアの構築を支援していましたが、今後はテーマアプリ拡張機能を用いた方法へと移行することが推奨されています。

開発手順

テーマアプリ拡張機能は［9-3 開発ツール - Shopify CLI → Extensionコマンド］で解説するCLIコマンドを使って開発します。開発はCLIコマンドを使って、①テーマアプリ拡張機能に必要なテンプレートファイルを作成し、②パートナーダッシュボードへ登録、③ブロックを構成するLiquidファイルやJavaScript、CSSファイルなどをShopify's CDN※にアップロードする、という流れになります。

※https://shopify.dev/themes/best-practices/performance#host-assets-on-shopify-servers

https://github.com/Shopify/theme-extension-getting-startedにはテーマアプリ拡張機能のサンプルコードも公開されていますので、開発の際にご参考ください。

ファイル構造

CLIコマンドを使用するとテーマアプリ拡張機能に必要なテンプレートファイルが作成されます。ファイルとディレクトリは次のような構造になっています。

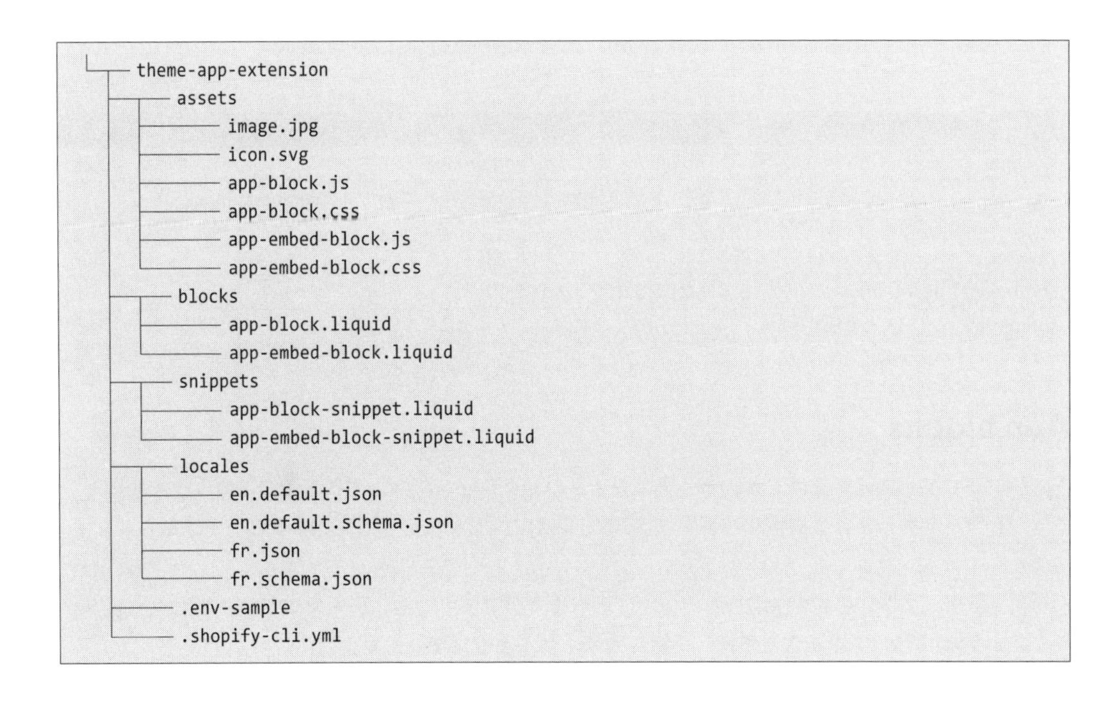

assets

テーマに挿入されるCSSやJavaScript、その他の静的ファイルを保存するためのディレクトリです。これらのアセットファイルは、後述するSchemaや`asset_url`、`asset_image_url`といったLiquid URL Filterから参照できます。

blocks

後述するApp blocksとApp embed blocksのLiquidファイルを保存するディレクトリです。

snippets

テーマアプリ拡張機能のLiquidから参照するスニペットファイルを保存するディレクトリです。App blocksやApp embed blocksから参照します。

locales

多言語対応のロケールファイルを保存するディレクトリです。テーマエディタ向けの「スキーマロケールファイル」とストアフロント向けの「ストアフロントロケールファイル」が存在します。

Schema

［Chapter 5 テーマカスタマイズの具体例］で紹介したSchemaとよく似た概念で、App blocksやApp embed blocksの属性を定義するために使用します。主な属性は次のとおりです。詳細は公式ドキュメント※をご参照ください。

※https://shopify.dev/apps/online-store/theme-app-extensions/extensions-framework#schema

属性	説明	必須
name	テーマエディタに表示されるApp blocksやApp embed blocksのタイトル	Yes
target	ブロックが配置される場所を指定します。App blocksの場合はsection、App embed blocksの場合はheadまたはbodyを指定します	Yes
javascript	assetsディレクトリから読み込むJavaScriptファイルを指定します	No
stylesheet	assetsディレクトリから読み込むCSSファイルを指定します	No
templates	ブロックを使用できるテンプレートを指定します。未指定の場合はすべてのテンプレートから使用できます	No

App blocks

テーマアプリ拡張機能が提供する、テーマエディタのセクションに挿入するためのブロックです。セクションによって表示される横幅などが異なるので、レスポンシブなデザインとすることが求められます。

Shopifyのサンプルコードを使用した例を次に示します。実装すると、テーマエディタのセクションから「ブロックを追加」を選択した際に、一覧に表示されるようになります。

テーマエディタからテーマアプリ拡張を表示した例

テーマブロックと同様にブロック内の要素をテーマエディタから編集することもできます。

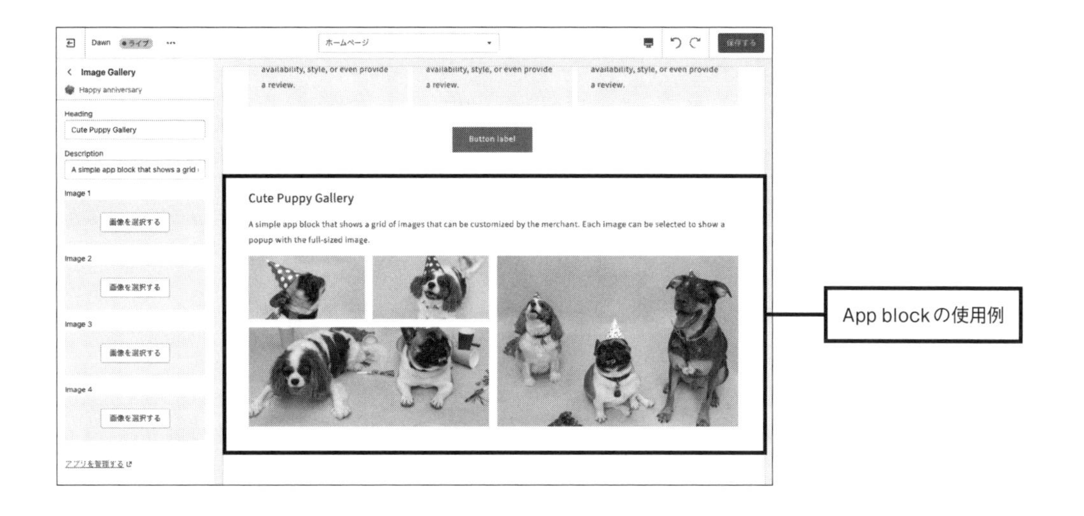

App embed blocks

UIコンポーネントやフローティング要素、オーバーレイ要素を提供する場合はApp embed blocksを使用します。

Shopifyのサンプルコードを使用した例を次に示します。テーマエディタの「テーマ設定」→「アプリを埋め込む」から有効化することでテーマに反映されるようになります。画面右下に犬のアイコンが表示されるようになりました。

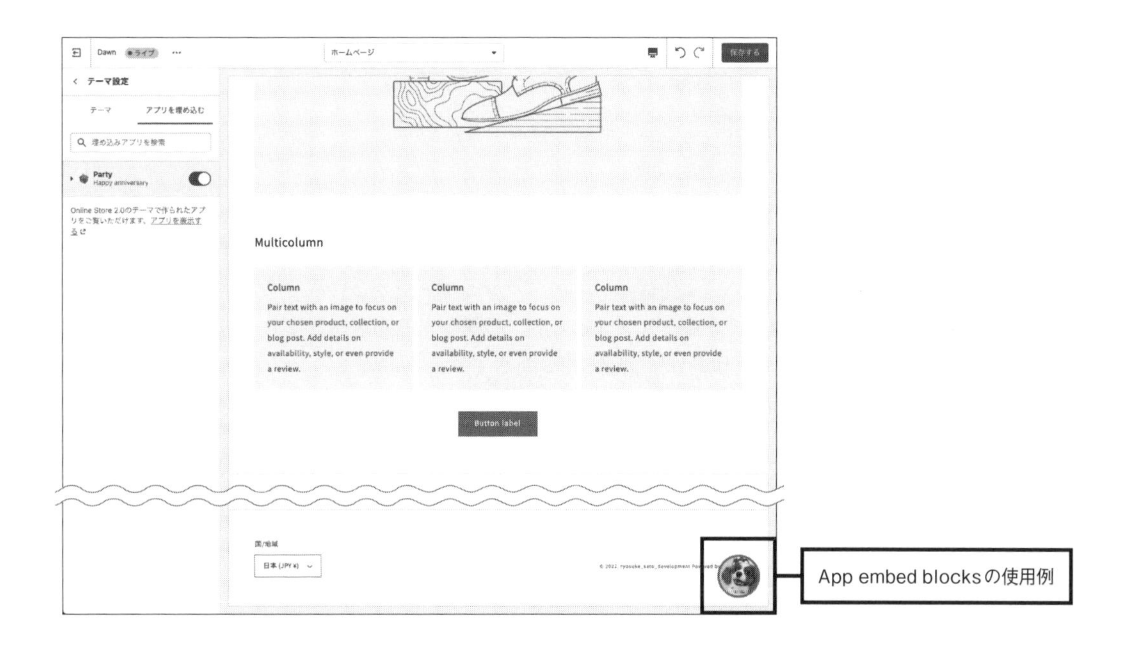

8-5 OAuth

「公開アプリ」と「パートナーダッシュボードから作成したカスタムアプリ」では、Shopify Admin APIおよびStorefront APIを利用するためにOAuth 2.0による認可フローを実装する必要があります。

OAuth 2.0とは聞き慣れない単語かもしれませんが、RFC 6749およびRFC 6750で定義される「権限の認可」のための技術仕様のことを指します。

インターネットでさまざまなサービスを利用していると、日常的にLINEログインやTwitterログインなどのソーシャルログインを目にする機会も多いと思いますが、これらの機能はOAuth※の仕様に則って実装されています。

※LINEログインはOAuth 2.0を拡張したOpen ID Connect、TwitterログインはOAuth 1.0aの仕様に則っています。

8-5-1 認可とは

「認可」という言葉が出てきましたが、認可とは何のことでしょうか。認証と似ていますが、認証と認可は別の概念です。一言で言えば、「認証」は通信の相手が誰（何）であるかを確認すること、「認可」は特定の条件に対して、何らかの権限を与えることを意味します。

Shopify Admin APIやStorefront APIを利用すると、アプリをインストールしたストアの保有する顧客や商品データなどにアクセスできますが、マーチャントの許可なしにすべてのデータにアクセスできるわけではありません。「公開アプリ」と「パートナーダッシュボードから作成したカスタムアプリ」ではOAuthによる認可フローを通じて『私のアプリはストアの保有する顧客情報にアクセスする必要があるので認可してください』というやり取りを実現しているのです。

8-5-2 認可コードフロー

OAuth 2.0の認可フローにはいくつかの種類がありますが、Shopifyでは「認可コードフロー」が採用されています。Shopifyアプリの認可コードフローのシーケンス図を以下に示します。

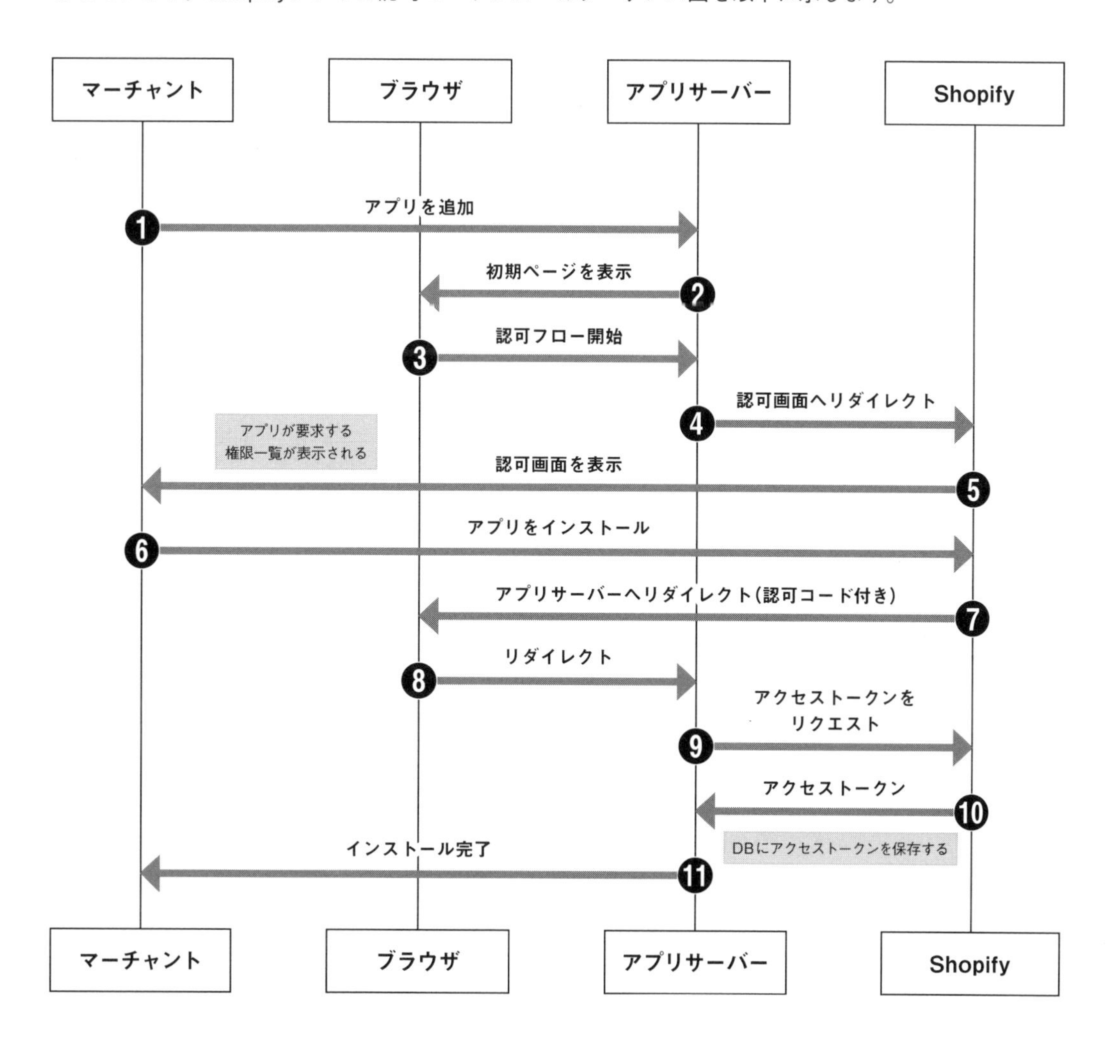

①アプリを追加

Shopify App Storeから「アプリを追加」を実行すると、パートナーダッシュボードのアプリ管理画面から設定した「アプリURL」にリダイレクトされます。なお、「リダイレクトURLの許可」には⑦⑧のリダイレクトで使用するURLを設定しておきます。

< sample_app
アプリ設定
アプリ情報
この情報は、アプリを識別するために使用されます。
アプリ名
Sample App
API連絡先メールアドレス
sampleapp@example.com
このメールを使用して、APIの問題 (Webhookの失敗など) についてご連絡します。
URL
Shopifyのマーチャントは、ここで指定したURLを通じてアプリにアクセスします。
アプリURL
https://example.com
設定URL (オプション)
例:https://example.com/preferences
リダイレクトURLの許可
https://example.com/callback
アプリを公開するには、少なくとも1つのリダイレクトURLを含める必要があります。マーチャントは、アプリのインストール後にこれらの許可されたURLにリダイレクトされます。リダイレクトURLに関する詳細情報。

②初期ページを表示 / ③認可フロー開始

アプリの初期ページを表示します。アクセストークンを取得するまでアプリからShoify Admin APIを利用できないため、アプリを追加したあと自動的に認可フローを開始するように実装することが多いでしょう。

④認可画面へリダイレクト

アプリのサーバーサイドから次のURLへリダイレクトさせます。

```
https://{shop}.myshopify.com/admin/oauth/authorize?client_id={api_key}&scope={scopes}&redirect_uri={redirect_uri}&state={nonce}&grant_options[]={access_mode}
```

{shop}は認可を要求する対象ストアの名前、{api_key}はパートナーダッシュボードから取得できるアプリのAPI keyです。

scope

{scopes}は認可で要求する権限の一覧をカンマ区切りにした値です。例えば、「注文の書き込み」「顧客情報の読み取り」を要求する場合は次のようになります。

```
scope=write_orders,read_customers
```

scopeの一覧については公式ドキュメント※をご参照ください。

※https://shopify.dev/api/usage/access-scopes

redirect_uri

{redirect_uri}はマーチャントがアプリの要求する権限を認可した後にリダイレクトする先のURLです。前述のシーケンス図の⑦⑧で使用されます。このURLはあらかじめパートナーダッシュボードのアプリ管理画面「リダイレクトURLの許可」に設定しておく必要があります。

state

{nonce}にはサーバー内で発行したランダムな値を設定します。これはCSRFを防止するために必要な値です。発行した値は⑦⑧の検証に使用するため、サーバーのセッションで安全に保管しておく必要があります。

参考：RFC 6749 - The OAuth 2\.0 Authorization Framework

access_mode

ShopifyのOAuthで発行されるアクセストークンには「オンライン」と「オフライン」が存在し、どちらのトークンを発行するかを指定します。オンラインの場合はper-user、オフラインの場合はvalueを設定または指定を省略します。

「オンライン」のトークンはストア管理画面にログインしているマーチャントと対応しており、マーチャントがログアウトするとトークンも無効となります。「オフライン」のトークンはストアと対応しており、トークンに有効期限もありません。

とくに理由がなければ「オフライン」を指定するのが簡単ですが、ログイン中のマーチャントの権限レベルによってアプリの機能を制限する必要がある場合は「オンライン」を指定すると良いでしょう。

⑤認可画面を表示 / ⑥アプリをインストール

マーチャントに次の画面が表示されます。マーチャントが認可する権限を確認して「アプリをインストール」をクリックします。

⑦⑧アプリサーバーへリダイレクト（認可コード付き）

マーチャントに認可されると「認可コード」とともにアプリサーバーへリダイレクトされます。リダイレクトの際には次のようなクエリパラメータが付与されています。

```
https://example.org/some/redirect/uri?code={authorization_code}&hmac=da9d83c171400a41f8db91a9505
08985&host={base64_encoded_hostname}&shop={shop_origin}&state={nonce}&timestamp=1409617544
```

code={authorization_code}がアクセストークンの発行に必要な「認可コード」です。hmac、shop、stateはセキュリティチェックに使用される値です。いずれかのチェックで不正を検知した場合、後続の処理を中断する必要があります。

hmac

クエリパラメータが改ざんされていないかどうかを検証するための値です。次のクエリパラメータを例として、検証フローを解説します。

```
code=0907a61c0c8d55e99db179b68161bc00&hmac=700e2dadb827fcc8609e9d5ce208b2e9cdaab9df07390d2cbca10
d7c328fc4bf&shop=some-shop.myshopify.com&state=0.6784241404160823&timestamp=1337178173
```

1. Arrayパラメータの変換

idsのようなArrayパラメータが含まれている場合、クエリパラメータではids[]=1&ids[]=2のように表現されますが、検証前にids=["1", "2"]のように変換する必要があります。

2. HMACの値をクエリパラメータから除外する

クエリパラメータに含まれるhmacの値は検証に使用する値ですが、クエリパラメータからは除外しておく必要があります。前述のクエリパラメータは次のようになります。

```
code=0907a61c0c8d55e99db179b68161bc00&shop=some-shop.myshopify.com&state=0.6784241404160823&time
stamp=1337178173
```

3. 検証の実行

クエリパラメータはHMAC-SHA256ハッシュ関数と、パートナーダッシュボードから取得できるShopifyアプリのAPI secretを使って生成されています。2.のクエリパラメータに対して同様の処理を行い、hmacの値と一致するかどうかを検証します。

次にRubyを使ったサンプルコードを示します。

コード8-5-2-1

```ruby
Ruby
digest = OpenSSL::Digest.new('sha256')
secret = 'my_api_secret_key'
message = 'code=0907a61c0c8d55e99db179b68161bc00&shop={shop}.myshopify.com&state=0.6784241404160
823&timestamp=1337178173'

digest = OpenSSL::HMAC.hexdigest(digest, secret, message)
ActiveSupport::SecurityUtils.secure_compare(digest, "700e2dadb827fcc8609e9d5ce208b2e9cdaab9df073
90d2cbca10d7c328fc4bf")
```

shop
次の条件に合致する正しいストアのホスト名であることを検証します。

- myshopify.comで終わる値であること
- a-z 0-9 ハイフン、ピリオド以外の文字が含まれていないこと

state
④ 認可画面へリダイレクトの際に発行したstateと同じ値が指定されているかどうかを検証します。

④で発行した値はサーバーのセッションに保管されているはずで、③で認可を開始したブラウザと対応した値になっています。もし、この値が一致しない場合は③を実行したブラウザと⑧を実行したブラウザが異なるということになり、CSRF攻撃の可能性を疑う必要があります。

⑨⑩アクセストークンをリクエスト

前述の「認可コード」を使って、次のURLにアクセストークンをリクエストします。

```
POST https://{shop}.myshopify.com/admin/oauth/access_token
```

{shop}は認可を要求する対象ストアの名前です。次のパラメータをリクエストボディに付与します。

パラメータ	説明
client_id	パートナーダッシュボードから取得できる ShopifyアプリのAPI key
client_secret	パートナーダッシュボードから取得できる ShopifyアプリのAPI secret
code	リダイレクト時に提供された認可コード

リクエストに成功すると次のようなレスポンスが返されます。

```
{
  "access_token": "f85632530bf277ec9ac6f649fc327f17",
  "scope": "write_orders,read_customers"
}
```

パラメータ	説明
access_token	アクセストークン。Shopify Admin APIの利用時に必要となります
scope	発行されたアクセストークンに対して認可された権限の一覧

このアクセストークンはDBなどに、安全に保管してください。この値はパスワードのようなもので、この値を使えば誰でも対象ストアに対してAdmin APIを実行できてしまいます。アクセストークンを使ったAdmin APIのリクエスト例はChapter 3をご参照ください。

⑪インストール完了

アプリのページへリダイレクトさせます。埋め込みアプリを利用している場合はApp BridgeのRedirectを使用してiframe内にアプリがレンダリングされるようにする必要があります。

8-6 Session Token

Session Tokenとは埋め込みアプリにおける認証を実現するためのトークンであり、その実態はJWT（JSON Web Token）※です。

※https://jwt.io/

［8-5 OAuth］で解説したAccess Tokenと混同してしまいそうですが、Access Tokenはバックエンドから Shopify Admin APIへリクエストするための認可のトークンであり、Session Tokenは埋め込みアプリにログイン中のマーチャントを認証するためのものです。

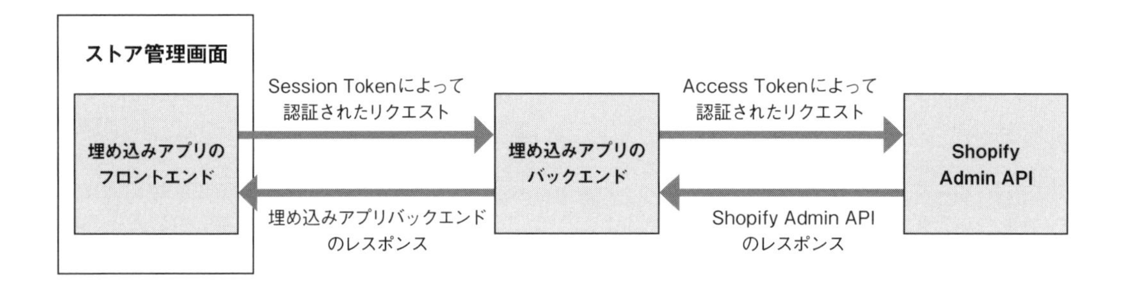

以前は埋め込みアプリでもCookieを使ったセッションによって認証を実現していたようですが、近年3rd party cookieの規制が厳しくなっており、一部のブラウザではブロックされてしまうようになりました。そのため、JWTベースのSession Tokenへ移行した、という経緯があるようです。

8-6-1 CookieとJWTによる認証の違い

最も大きな違いは、CookieはサーバーのDBやRedisでログインの有無といったセッション情報を管理するステートフルな方式であるのに対し、JWTはトークンそのものに「認証した」という情報をもつステートレスな方式である、という点が挙げられます。前者はCookieで管理しているセッションIDが漏洩した際、サーバー側で管理しているセッション情報を削除すればユーザーごとにログインを無効化できますが、後者はユーザーごとのログイン無効化は実現できず、JWTの署名アルゴリズムや秘密鍵を変更してすべてのJWTを無効化する必要があります。

そのため、JWTには発行日時と有効期限がペイロードに含まれており、有効期限を極力短くすることで漏洩に対する保険を掛けるようになっています。Session Tokenの有効期限は1分と非常に短く、バックエンドに対するリクエストごとにトークンを再発行する必要があります。なお、リクエストごとにトークンを発行すれば良いため、Session Tokenの管理にブラウザのローカルストレージを利用する必要はありません。JWTをローカルストレージへ保存することはセキュリティリスクにつながるとも言われています。

8-6-2 Session Tokenの中身

Session Tokenは「ヘッダー」「ペイロード」「署名」の３つのパーツから構成されるJWTです。ヘッダーとペイロードはJSONをBase64でエンコードした値となっており、それぞれのパーツはピリオド「.」で区切られています。JWTの簡単な例を次に示します。


```
eyJhbGciOiJIUzI1NiIsInR5cCI6IkpXVCJ9.eyJpc3MiOiI8c2hvcC1uYW1lLm15c2hvcGlmeS5jb20vYWRtaW4-IiwiZGV
zdCI6IjxzaG9wLW5hbWUubXlzaG9waWZ5LmNvbT4iLCJhdWQiOiI8YXBpIGtleT4iLCJzdWIiOiI8dXNlciBJRD4iLCJleHA
iOjE2NDg2NjYyMjUsIm5iZiI6MTY0ODY2NjE2NSwiaWF0IjoxNjQ4NjY2MTY1LCJqdGkiOiIyM2NhZmNkYi1jMjk3LTQ0ZmQ
tYmFkYS0xOTg0YjllMWE2MGUiLCJzaWQiOiJkNTcwMTQzMTc5NjRkNGI3ZDBjNjJlZjQ2ZTk4MGI5ZWFlMzYxMGE5NDdjMzB
iM2IxOTY2ODM0ZTgyNzU2MjQ3In0.TP9eM0uDg8Ov4BPYo7NB2Qq6reiGbarpdYp3Jc-7Bjk
```


このJWTのヘッダーとペイロードをBase64でデコードすると次のような値となります。

ヘッダー

```json
{
  "alg": "HS256",
  "typ": "JWT"
}
```

「ヘッダー」にはJWTの署名アルゴリズムなどが含まれます。

ペイロード

```json
{
  "iss": "<shop-name.myshopify.com/admin>",
  "dest": "<shop-name.myshopify.com>",
  "aud": "<api key>",
  "sub": "<user ID>",
```

Chapter 8

```
    "exp": 1648666225,
    "nbf": 1648666165,
    "iat": 1648666165,
    "jti": "23cafcdb-c297-44fd-bada-1984b9e1a60e",
    "sid": "d57014317964d4b7d0c62ef46e980b9eae3610a947c30b3b1966834e82756247"
}
```

「ペイロード」には次のような情報が含まれています。

- iss：ストア管理画面のドメイン名
- dest：ストアのドメイン名
- aud：ログイン先のShopifyアプリのAPI Key
- sub：ログイン中のマーチャントのユーザーID
- exp：Session Tokenの有効期限
- nbf：Session Tokenが有効化された日時
- iat：Session Tokenが発行された日時
- jti：ランダムなUUID
- sid:：セッションID

「署名」にはヘッダーとペイロードに秘密鍵を使って署名した値が含まれています。JWTの仕様として、ヘッダーとペイロードはBase64でデコードすれば誰でも閲覧できますが、秘密鍵による署名があるため、内容が改ざんされていないかどうかを検知できるようになっています。秘密鍵にはShopifyアプリのAPI Secretの値が使用されています。

8-6-3 Session Tokenの検証

フロントエンドにおけるSession Tokenの取得方法やリクエストでの使用方法は［8-3　App Bridge → 8-3-2　React Components → Provider］や［9-4　CLIでサンプルアプリを作成する → 9-4-4　実装 → 埋め込みアプリのフロントエンドを実装する］をご参照ください。

フロントエンドから送られてきたSession Tokenが正しいかどうかはバックエンド側で検証する必要があります。Shopify App gem※1、Shopify Node API library)※2、Shopify PHP API library※3などのShopify公式のライブラリではSession Tokenを検証するためのミドルウェアが提供されているので、独自に実装するよりそちらを利用したほうが簡単で安全です。

※1…https://github.com/Shopify/shopify_app　※2…https://github.com/Shopify/shopify-node-api
※3…https://github.com/Shopify/shopify-php-api

もしそれらのライブラリを使用しない場合は、次の手順に沿ってトークンを検証してください。いずれかの手順で検証に失敗した場合はリクエストの処理を中断して認証エラーを返す必要があります。

1. ペイロードのexpの値が現在の時刻より未来の値になっていること。
2. ペイロードのnbfの値が現在の時刻より過去の値になっていること。
3. ペイロードのissおよびdestの値のドメイン部分が一致していること。
    - a. destの値がログイン中のマーチャントのストアを指定する値となる。
4. ペイロードのaudの値がShopifyアプリのAPI Keyの値と一致すること。
5. ペイロードのsubの値がログイン中のマーチャントのストアを指定する値となる。
6. 署名検証が成功すること。
    - a. ヘッダーとペイロードをSHA-256でハッシュ化する
    - b. ハッシュに対してAPI secretを使ってHS256アルゴリズムで署名する
    - c. 署名した結果をBase64でエンコードする
    - d. 結果がSession Tokenの「署名」と一致すること

8-7 Webhook

Webhookはアプリとストア上のデータを同期する場合や、会員登録や注文など任意のイベントが発生したタイミングでアプリに処理を実行させたい場合に便利な機能です。あらかじめ購読したいイベントをShopifyに登録しておくことで、Shopifyからアプリに対してHTTPSリクエストを送信できます。もしWebhookを利用しなかった場合、アプリからShopifyに対してポーリングを実行することになり、非効率な処理となってしまいます。対応するフォーマットはJSONまたはXMLです。

8-7-1 topic

topicはwebhookで購読するイベントの種類を表し、指定したtopicのみwebhookとして購読できます。購読するにはtopicに対応するscopeが必要な場合があります。また、topicによっては`checkouts/create`や`customers/create`のように大量発生する可能性の高いtopicもあるので、購読する際はサーバー負荷の増加にご注意ください。

主なtopicを次に示します。

topic (REST API)	topic (GraphQL)	必要な scope	条件
shop/update	SHOP_UPDATE	なし	ストア管理画面からストアの情報(ドメインなど)が更新された
app/uninstalled	APP_UNINSTALLED	なし	アプリがアンインストールされた
checkouts/create	CHECKOUTS_CREATE	read_orders	チェックアウト(カートから購入手続きへ進むこと)が作成された
orders/create	ORDERS_CREATE	read_ordersまたはread_marketplace_orders	注文が作成された
fulfillments/create	FULFILLMENTS_CREATE	read_fulfillmentsまたはread_marketplace_orders	商品が発送された
customers/create	CUSTOMERS_CREATE	read_customers	顧客が作成された
customers/delete	CUSTOMERS_DELETE	read_customers	顧客が削除された

8-7-2 HTTPSでwebhookを受信する

最も簡単にWebhookを購読する方法です。あらかじめAdmin APIを使って受信先のURLとtopicを登録しておくことで、対応するイベントが発生した際に指定したURLへwebhookのHTTPSリクエストが届くようになります。

なお、本書では取扱いませんがAmazon EventBridgeやGoogle Cloud Pub/Subでwebhookを購読することもできます。大規模なwebhookを処理する際に利用すると良いでしょう。ただし、[9-4 CLIでサンプルアプリを作成する → 9-4-4 実装 → GDPR必須のWebhookの実装]で解説するGDPR関連のWebhookはHTTPSでしか受信できないのでご注意ください。

受信するデータの内容

Webhookとして受信するデータの内容を次に示します。

ヘッダー

- X-Shopify-Topic：webhookのtopic（例：orders/create）
- X-Shopify-Hmac-Sha256：リクエストボディのhmac。後述
- X-Shopify-Shop-Domain：イベントが発生したストアのドメイン（例：shoipfy-dev-book.myshopify.com）

ボディ

リクエストボディの内容は購読しているtopicによって異なるため、詳細は公式ドキュメント※をご参照ください。ここではcustomers/create、customers/deleteでJSONを指定した場合の例を次に示します。

※https://shopify.dev/api/admin-rest/2022-01/resources/webhook

JSON
```
{
  "id": 706405506930370084,
  "email": "bob@biller.com",
  "accepts_marketing": true,
  "created_at": null,
  "updated_at": null,
  "first_name": "Bob",
  "last_name": "Biller",
  "orders_count": 0,
  "state": "disabled",
```

```
  "total_spent": "0.00",
  "last_order_id": null,
  "note": "This customer loves ice cream",
  "verified_email": true,
  "multipass_identifier": null,
  "tax_exempt": false,
  "phone": null,
  "tags": "",
  "last_order_name": null,
  "currency": "USD",
  "addresses": [],
  "accepts_marketing_updated_at": null,
  "marketing_opt_in_level": null,
  "sms_marketing_consent": null,
  "admin_graphql_api_id": "gid://shopify/Customer/706405506930370084"
}
```

8-7-3 実装の手順

アプリでWebhookを購読する際の実装手順を次に示します。

Admin APIでWebhookを購読

Admin APIを使って購読したいwebhookを登録する処理を実行します。この処理はアプリインストール後（OAuthの認可フロー完了後）に実行することが多いでしょう。登録はGraphQL、REST APIどちらでも実行できます。

なお、登録の際に`fields`を指定するとwebhookとして受信するプロパティを制限できます。サーバー負荷を抑えるため、必要最低限の`fields`を指定しておく方が良いでしょう。

REST API

REST Admin APIを使った登録は次のようになります。`address`には受信するサーバーのURLを指定します。

```
POST https://{shopify_domain}/admin/api/{api_version}/webhooks.json
```

```json
{
  "webhook": {
    "topic": "orders/create",
    "address": "https://12345.ngrok.io/",
    "format": "json",
    "fields": ["id", "note"]
  }
}
```

GraphQL

GraphQL Admin APIを使った登録は次のようになります。callbackUrlには受信するサーバーのURLを指定します。

```
POST https://{shopify_domain}/admin/api/{api_version}/graphql.json
```

コード8-7-3-1

```graphql
mutation {
  webhookSubscriptionCreate(
    topic: ORDERS_CREATE
    webhookSubscription: {
      format: JSON
      callbackUrl: "https://12345.ngrok.io/"
    }
  ) {
    userErrors {
      field
      message
    }
    webhookSubscription {
      id
    }
  }
}
```

webhookの検証

webhookを受信した際は、本当にShopifyから送られてきたwebhookなのかを検証する必要があります。「受信するデータの内容」→「ヘッダー」で紹介したX-Shopify-Hmac-SHA256というヘッダーにはbase64でエンコードされたhmacの値が格納されています。この値はリクエストボディの値をShopifyアプリのAPI secretで署名した値になっているため、同じ手順でhmacを作成し、ヘッダーのhmacと一致するかどうかを確認します。

次にRubyとSinatraを使ったサンプルコードを示します。

コード8-7-3-2

Ruby
```ruby
require 'rubygems'
require 'base64'
require 'openssl'
require 'sinatra'
require 'active_support/security_utils'

# The Shopify app's API secret key, viewable from the Partner Dashboard. In a production
environment, set the API secret key as an environment variable to prevent exposing it in code.
API_SECRET_KEY = 'my_api_secret_key'

helpers do
  # Compare the computed HMAC digest based on the API secret key and the request contents to the
reported HMAC in the headers
  def verify_webhook(data, hmac_header)
    calculated_hmac = Base64.strict_encode64(OpenSSL::HMAC.digest('sha256', API_SECRET_KEY,
data))
    ActiveSupport::SecurityUtils.secure_compare(calculated_hmac, hmac_header)
  end
end

# Respond to HTTP POST requests sent to this web service
post '/' do
  request.body.rewind
  data = request.body.read
  verified = verify_webhook(data, env["HTTP_X_SHOPIFY_HMAC_SHA256"])

  halt 401 unless verified

  # Process webhook payload
  # ...
end
```

Webhookの応答

Webhookを受信した際はshopifyに対して、5秒以内に200 OKを返す必要があります。レスポンスが5秒を超えたり、200 OKまたは200番台以外のステータスコードを返したりする場合は失敗したと判断され、Shopifyからwebhook送信のリトライが実行されます。リトライは48時間で19回実行されますが、19回連続して失敗と判定されると、登録したwebhookの購読が解除され、再登録するまで受信できなくなってしまうのでご注意ください。

アプリでWebhookを扱う際は、時間のかかる処理はジョブサーバーで非同期に実行させ、アプリサーバーがすぐにレスポンスを返せる設計にするのが良いでしょう。

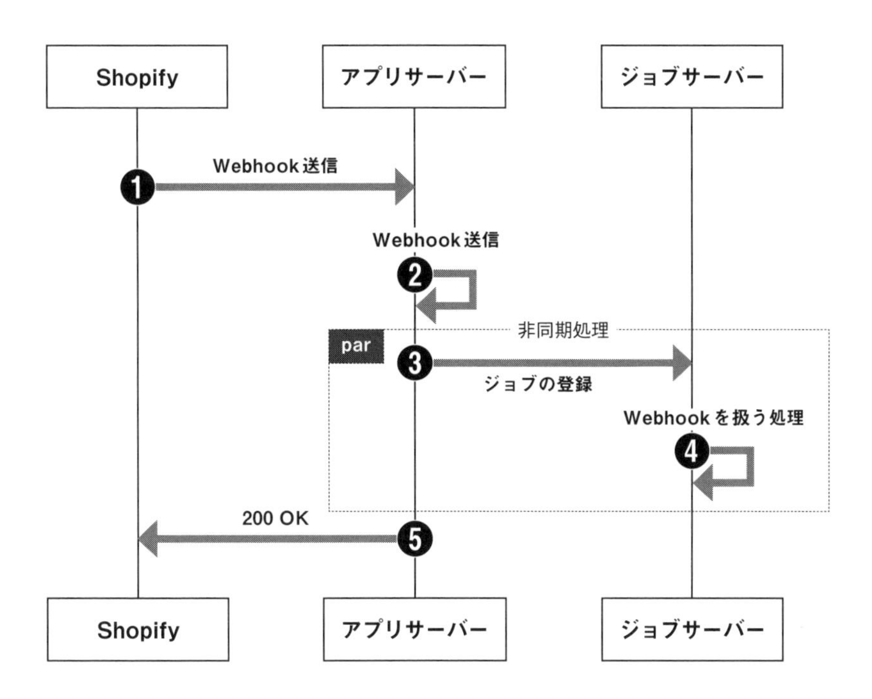

8-7-4 パートナーダッシュボードでWebhook指標を確認する

「パートナーダッシュボード」→「アプリ管理」では、アプリのWebhookレポートを確認できます。ここではWebhook応答のパフォーマンスや、実際に受信したWebhookのログなどを確認できます。アプリのWebhookが正常に動作しているかどうか、定期的に確認するようにしましょう。

8-8 App proxies

App proxiesは、オンラインストアのドメインから任意のURLにリクエストを転送させる機能です。オンラインストアとアプリサーバーのドメインは異なるため、通常はCORSの設定を意識する必要がありますが、App proxiesを使用すればその必要はなくなります。

App proxiesを使ったリクエストのシーケンス図は次のようになります。

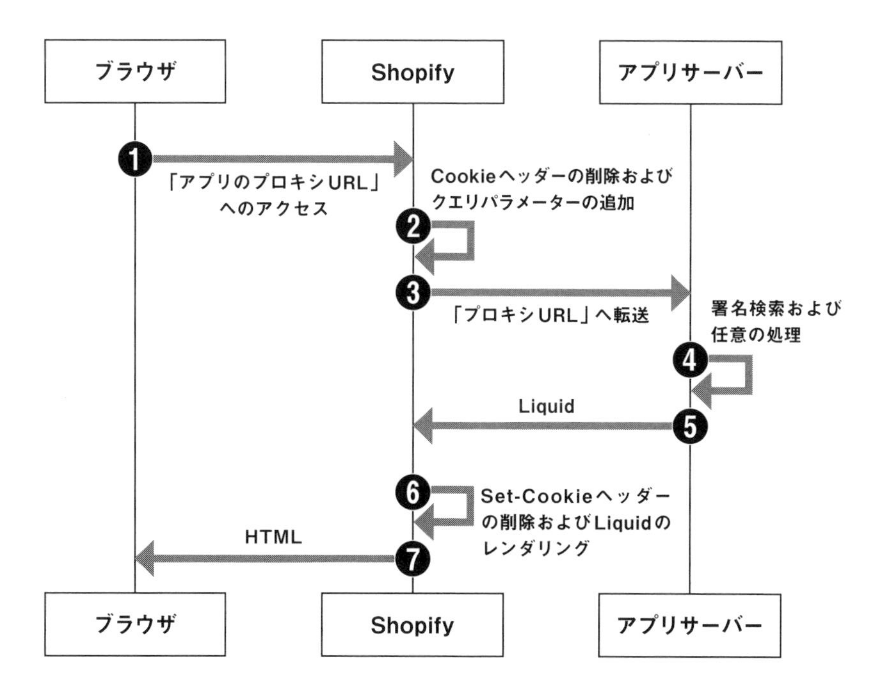

8-8-1 App proxiesを利用する

「パートナーダッシュボード」→「アプリ管理」→「アプリ設定」→「アプリのプロキシ」から設定できます。この設定はアプリをインストール済みのストアに対しても反映されるため、いつでも変更を行えます。

設定

サブパスのプリフィックス

あらかじめ予約語が設定されており、apps、a、community、toolsから選択できます。

サブパス

任意の文字列を指定します。

プロキシURL

転送先のURL。アプリサーバーのURLを指定するケースが一般的でしょう。

「アプリのプロキシURL」と転送先の「プロキシURL」の対応

次の設定を例として考えてみましょう。

- サブパスのプリフィックス：app
- サブパス：example
- プロキシURL：https://0ac9-126-194-156-225.ngrok.io/app_proxy

この場合、オンラインストア（dev-book.myshopify.com）からアクセスする「アプリのプロキシURL」は次のようになります。path/to/resourceは任意の値です。

```
https://dev-book.myshopify.com/apps/example/path/to/resource
```

上記の「アプリのプロキシURL」は次の「プロキシURL」へと転送されます。設定した「プロキシURL」にpath/to/resourceをつなげたURLになっています。

```
https://0ac9-126-194-156-225.ngrok.io/app_proxy/path/to/resource
```

マーチャント側で「サブパスのプリフィックス」、「サブパス」を編集する

アプリをインストールしたマーチャント側でも「アプリのプロキシURL」を編集できます。「ストア管理画面」→「アプリ管理」→「アプリについて」→「アプリプロキシ」から設定できます。この設定によって、例えば、ほかのアプリと「サブパス」が競合した場合、マーチャント側で修正できるようになっています。

「プロキシURL」はマーチャント側で変更できないので、アプリ側は変更されたことを意識する必要はありません。

Shopify 開発入門執...
検索
SocialPLUSAdmin
ホーム
注文管理
商品管理
顧客管理
ストア分析
マーケティング
ディスカウント
アプリ管理
アプリプロキシ
これにより、ショップがこのアプリにリクエストを送信する際に、Shopifyがプロキシとして機能することになります。画像ギャラリーやカスタムフォームなど、オンラインストアページで定期的に更新する必要のある動的なコンテンツ用に、アプリによってこの機能が使用されます。アプリのプロキシの詳細を確認する。
アプリのプロキシURL
https://dev-book.myshopify.com/apps/example
URLをカスタマイズする

8-8-2 「プロキシURL」へ転送される際の処理

「アプリのプロキシURL」へのリクエストがShopifyによって「プロキシURL」へと転送される際、リクエストヘッダーからはCookieが削除されます。また、「プロキシURL」のレスポンスがShopifyを経由してリクエスト元へと返される際、レスポンスヘッダーからはSet-Cookieが削除されます。したがって、App proxiesではcookieを扱えません。

また、Shopifyから「プロキシURL」に転送される際、次のクエリパラメータが追加されます。

- shop：リクエストがあったストアのドメイン（e.g.dev-book.myshopify.com）
- path_prefix：アクセスのあったサブパスのプリフィックス
- timestamp：UNIX timeのタイムスタンプ
- signature：Shopifyによって送信されたリクエストであることを確認するための署名。クエリパラメータに対してアプリのAPI secretを使って署名している

一方で、GETやPOSTなどのHTTPメソッドや、リクエストボディは加工されず、そのまま「プロキシURL」へと転送されます。

8-8-3 アプリサーバーで検証すること

［8-5 OAuth］のhmacや［8-7 Webhook］のX-Shopify-Hmac-SHA256ヘッダーと同様に、App proxiesでもShopifyからリクエストされたのかどうかを検証する必要があります。App proxiesの検証処理は［8-5 OAuth］のhmac検証と同じくアプリのAPI secretを使って行いますが、一度クエリパラメータをkey名でソートする必要があるなど、若干異なる部分があります。

検証に失敗した際は処理を中断し、エラーレスポンスを返す必要があります。Rubyを使ったサンプルコードを次に示します。

コード8-8-3-1

```ruby
require 'openssl'
require 'rack/utils'

# アプリの API secret
secret = 'my_api_secret_key'
```

```
# リクエストで受け付けたクエリパラメータ
query_string = "extra=1&extra=2&shop=shop-name.myshopify.com&path_prefix=%2Fapps%2Fawesome_revie
ws&timestamp=1317327555&signature=a9718877bea71c2484f91608a7eaea1532bdf71f5c56825065fa4ccabe549
ef3"

# 文字列のクエリパラメータを Hash オブジェクトに変換する
query_hash = Rack::Utils.parse_query(query_string)
# => {
#   "extra" => ["1", "2"],
#   "shop" => "shop-name.myshopify.com",
#   "path_prefix" => "/apps/awesome_reviews",
#   "timestamp" => "1317327555",
#   "signature" => "a9718877bea71c2484f91608a7eaea1532bdf71f5c56825065fa4ccabe549ef3",
# }

#  "signature" をクエリパラメータから削除し、変数に代入する
signature = query_hash.delete("signature")

# クエリパラメータを key 名でソートし、Hash オブジェクトから文字列に戻す
sorted_params = query_hash.collect{ |k, v| "#{k}=#{Array(v).join(',')}" }.sort.join
# => "extra=1,2path_prefix=/apps/awesome_reviewsshop=shop-name.myshopify.
comtimestamp=1317327555"

# ハッシュ関数 SHA256 を使ってクエリパラメータと secret で署名を作成する
digest = OpenSSL::HMAC.hexdigest(OpenSSL::Digest.new('sha256'), secret, sorted_params)

# クエリパラメータに含まれていた署名と一致することを確認する
ActiveSupport::SecurityUtils.secure_compare(digest, signature)
```


8-8-4 レスポンス

Liquidを返す

レスポンスヘッダーにContent-Type: application/liquidを指定することでLiquidを使ったレスポンスを返すことができます。LiquidはShopifyを経由してレンダリングが実行されるので、リクエスト元のブラウザでは{{ customer.name }}のような出力構文が展開されて表示されます。また、ストアのテーマ内にレンダリングされるので、ストアのデザインの中に違和感のない形で結果を表示できます。

Ruby on Railsを使った場合は次のような記述になります。

```ruby
# app_proxy_controller.rb
def index
  # Do something
  render layout: false, content_type: 'application/liquid'
end
```

```liquid
<p>Hello {{ customer.name }}!</p>
```

なお、Liquid内に`{% layout none %}`を指定すると、テーマのレンダリングが省略されるので、Liquidを使ってJSONを返したい場合に便利です。ただし、レスポンスのコンテンツタイプは`Content-Type: application/json`ではなく`Content-Type: html/text`となる点にご注意ください。

```liquid
{% layout none %}
{
  "id": "{{customer.id}}",
  "name": "{{ customer.name }}",
  "email": "{{ customer.email }}"
}
```

Liquid以外を返す

レスポンスヘッダーで`Content-Type: application/liquid`以外のコンテンツタイプを指定した場合は結果がそのまま返されます。これによってJSONやHTML、テキストなどの任意のコンテンツを返すことができます。また、リダイレクトにも対応しているので、外部のサイトへ遷移させることもできます。

8-8-5 App proxiesではリクエスト元の顧客が特定できない

App proxiesを経由して届いたリクエストのクエリパラメータにはストアは含まれていますが、ログイン中の顧客の情報は含まれていません。また、前述のとおり、Cookieを使用することもできません。レスポンスでLiquidを返す場合、出力構文を通じて顧客の情報を含められますが、通常はアプリサーバー内の処理で顧客を特定するようなことは実現できません。

しかし、実装を工夫することでこれを解決できます。[A-1　App proxyでカスタマーのリクエストを判別する] でこの方法を解説していますので、是非ご一読ください。

Chapter 9

アプリを作成する

この章では実際にアプリを作成する手順を解説します。具体的なサンプルアプリの実装をハンズオン形式で解説するので、公開アプリやカスタムアプリを開発する際にご参考ください。

9-1 カスタムアプリの作成手順

本節ではカスタムアプリの作成手順を解説します。[8-1 Shopifyのアプリ開発について] で解説したとおり、カスタムアプリには「パートナーダッシュボードから作成」と「ストア管理画面から作成」の2種類が存在します。両者の特性などについては[8-1 Shopifyのアプリ開発について]をご参照ください。

9-1-1 ストア管理画面から作成するカスタムアプリ

「ストア管理画面」→「アプリ管理」から「ストア用のアプリを開発する」を選択します。

初回は許可を求められます。[Shopify APIライセンスと利用規約](https://www.shopify.com/legal/api-terms)を確認し、「カスタムアプリ開発を許可」を選択します。

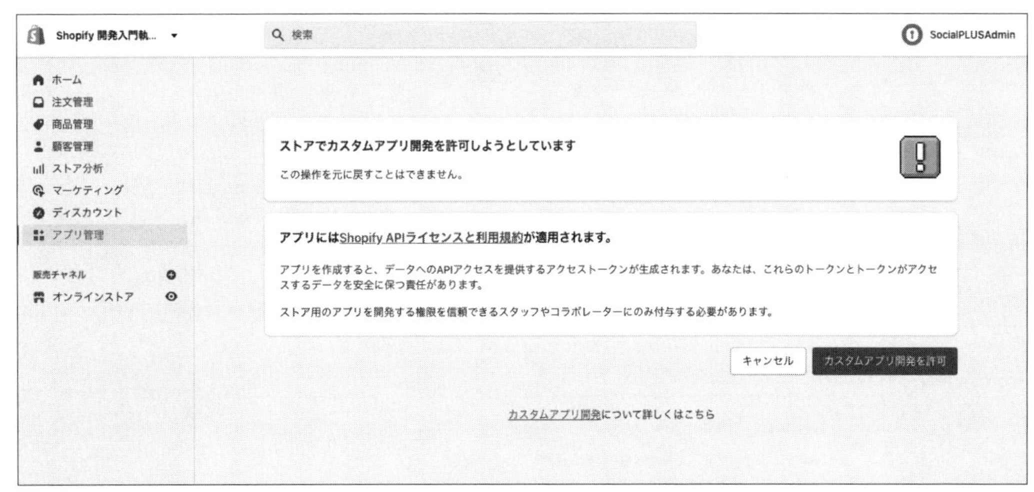

「アプリを作成」を選択し、「アプリ名」を入力します。

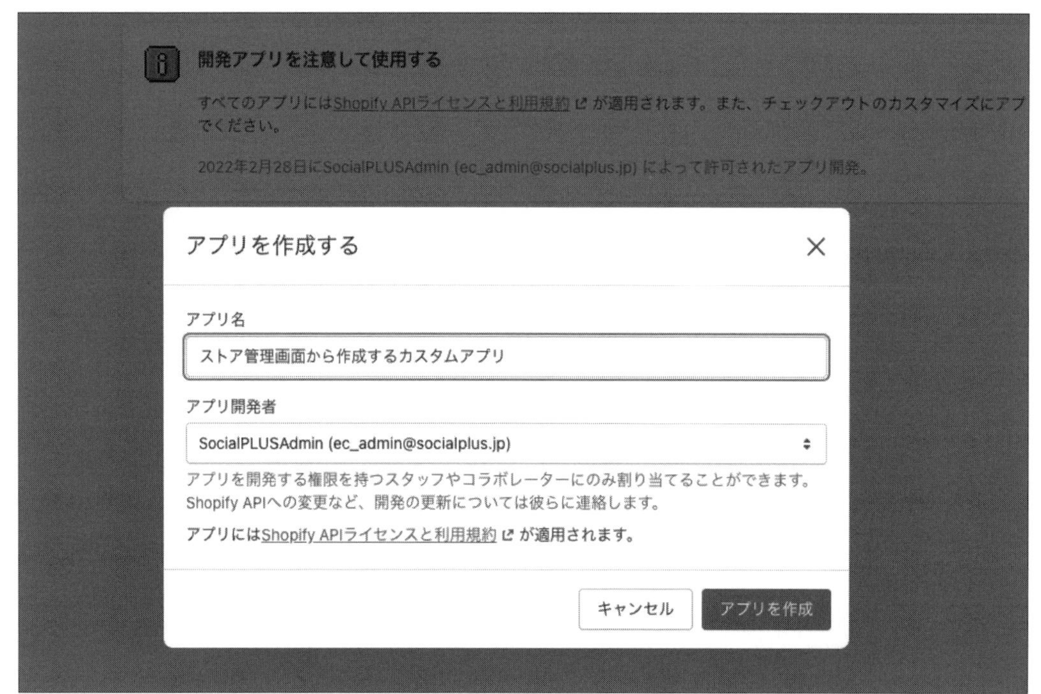

新しいカスタムアプリが作成できました。しかし、この時点ではアプリはストアにインストールされておらず、アクセストークンが存在しないのでAdmin APIやStorefront APIを実行することができません。まずはAdmin APIのアクセストークンを発行するため、アクセススコープを設定します。「Admin APIスコープを設定する」をクリックします。

Admin APIのアクセススコープの一覧が表示されるので、必要なスコープにチェックを入れていきます。万が一アクセストークンが漏洩した場合のリスクを最小限に抑えるため、不要なスコープにはチェックを入れないようにします。この設定は後からでも変更できるので、開発を進めながら必要なスコープを選択していくのも良いでしょう。

スコープの一覧と対応する権限は［公式ドキュメント］(https://shopify.dev/api/usage/access-scopes#authenticated-access-scopes) をご参照ください。

なお、write_custmersといった書き込み権限のスコープを選択するとread_custmersという読み込み権限のスコープも自動的に付与されます。

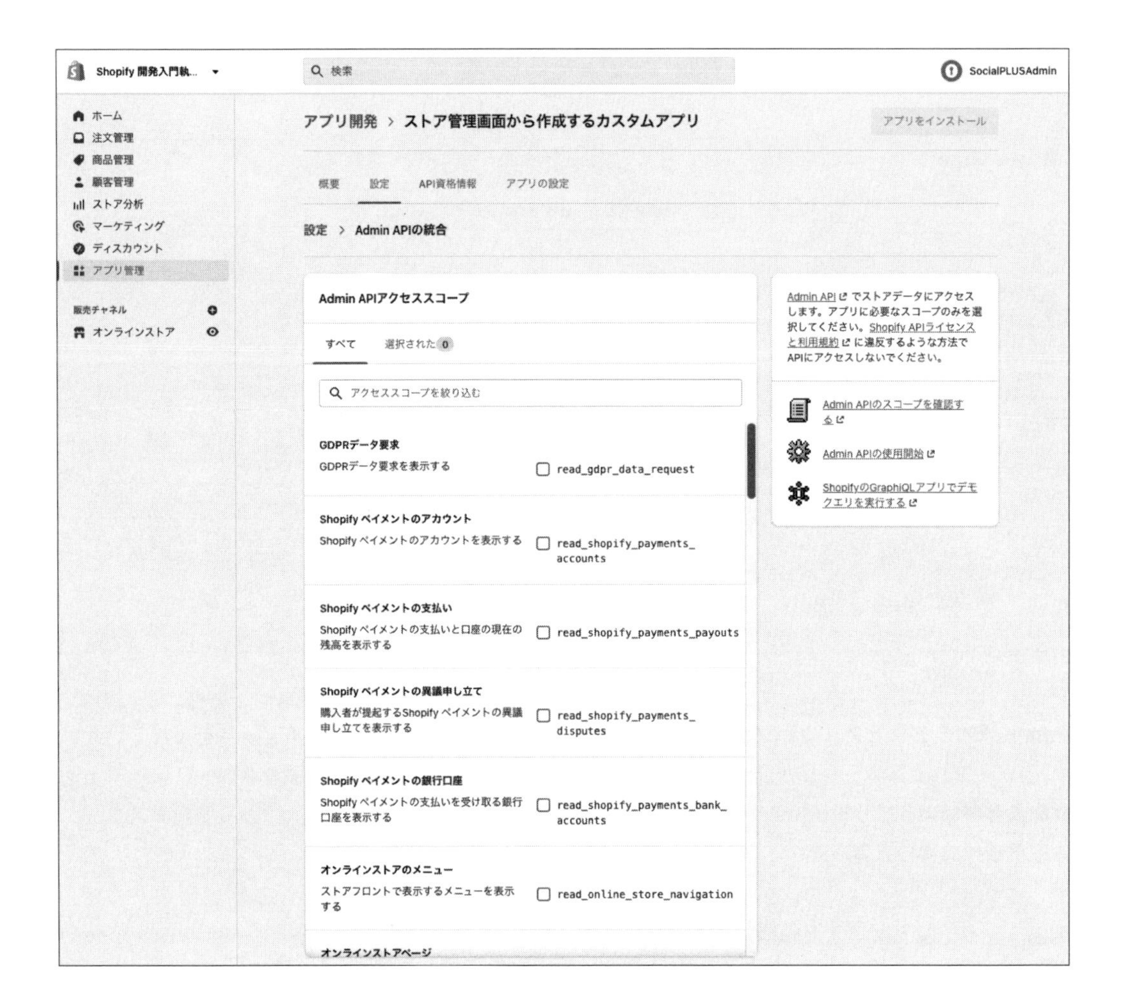

選択したスコープを確認し、「保存」をクリックします。

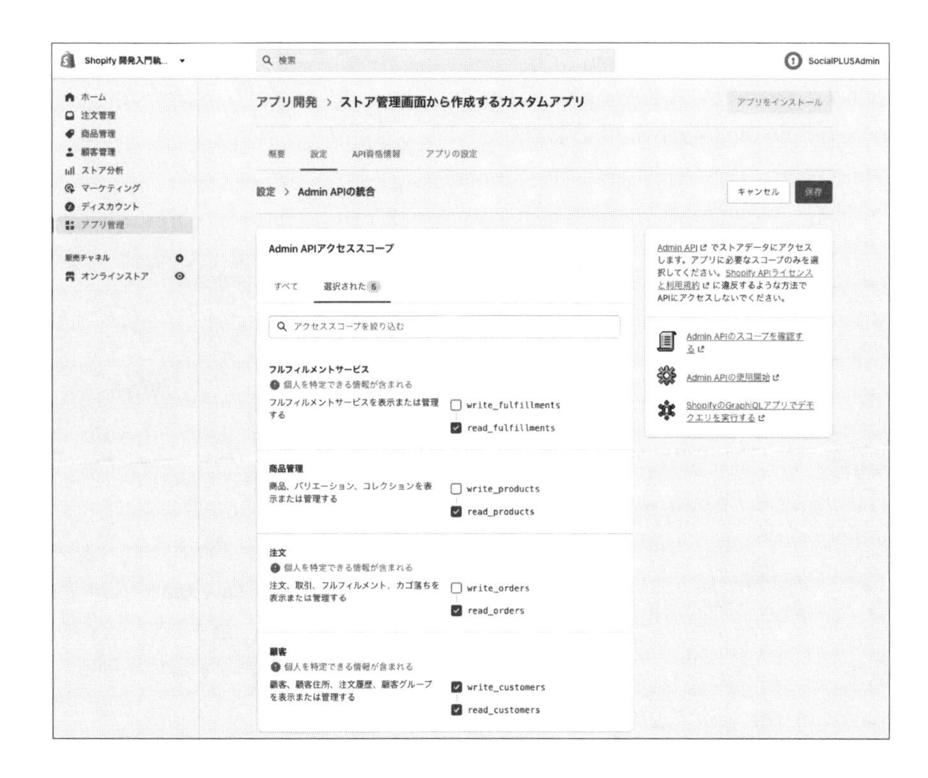

Admin APIのスコープ設定が完了しました。なお、「アプリをインストール」を実行するまでアクセストークンは発行されません。インストールする前に、Storefront APIのスコープを設定しておきます。「ストアフロントAPIの統合」→「設定」をクリックします。

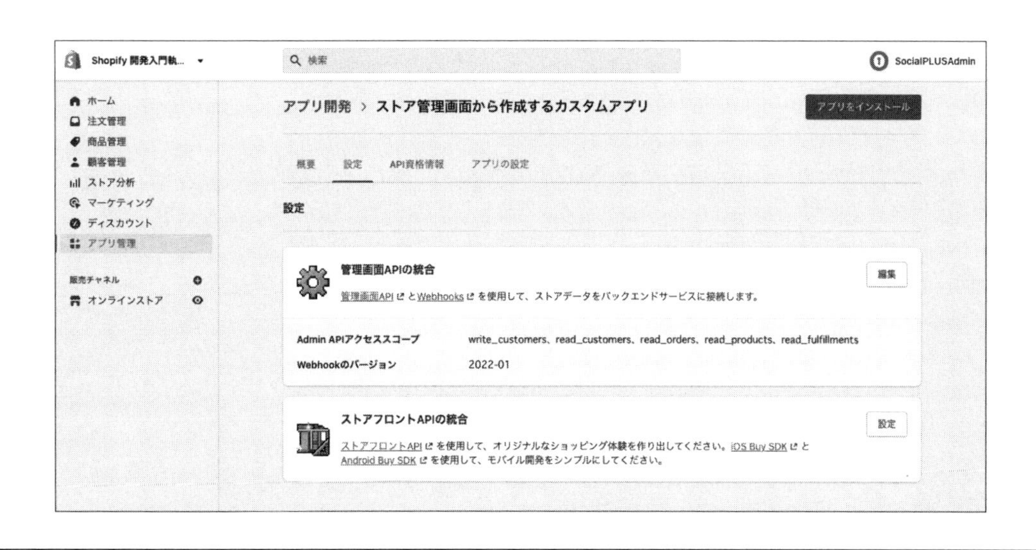

Chapter 9

Storefront APIのアクセススコープの一覧が表示されるので、Admin API同様に、必要なスコープにチェックを入れ、「保存」をクリックします。

スコープの一覧と対応する権限は [公式ドキュメント] (https://shopify.dev/api/usage/access-scopes#unauthenticated-access-scopes) をご参照ください。

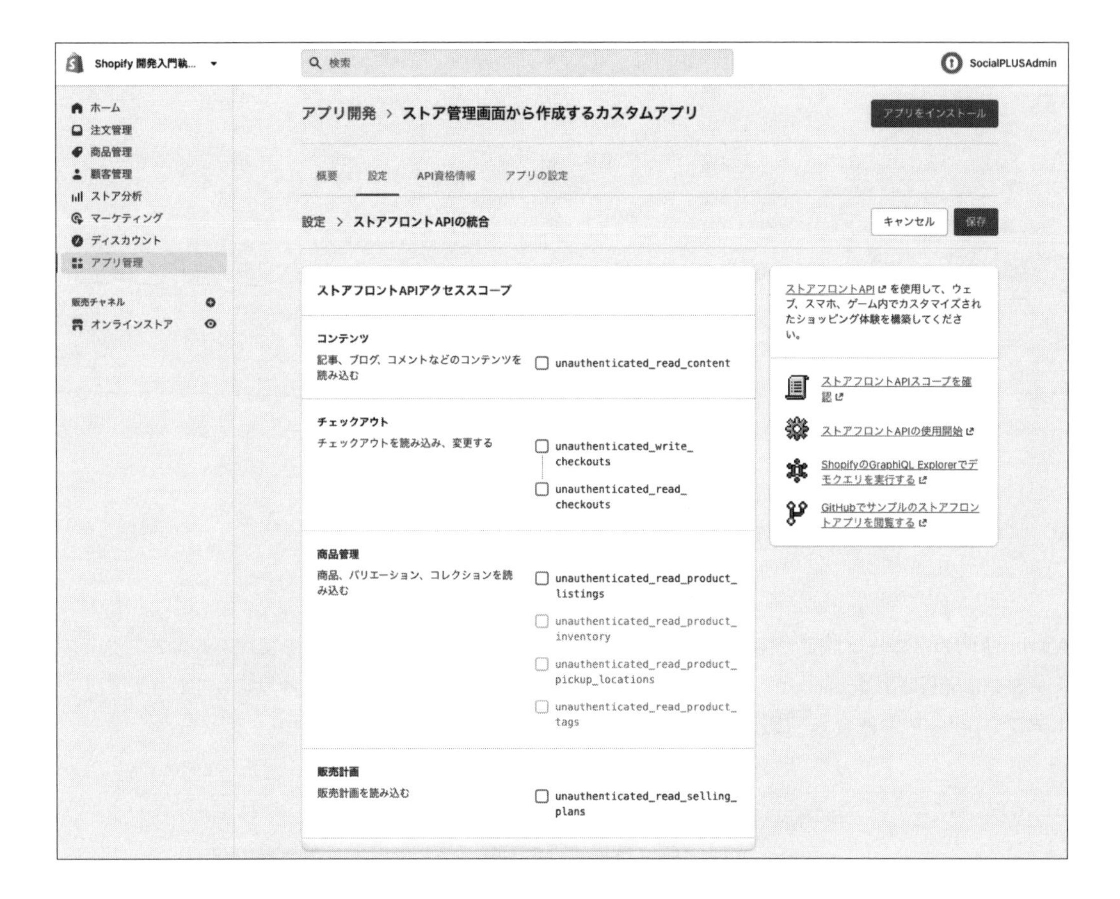

Admin APIとStorefront APIのスコープ設定が完了しました。一通りの設定が終わったので、アクセストークンを発行するため「アプリをインストール」をクリックします。

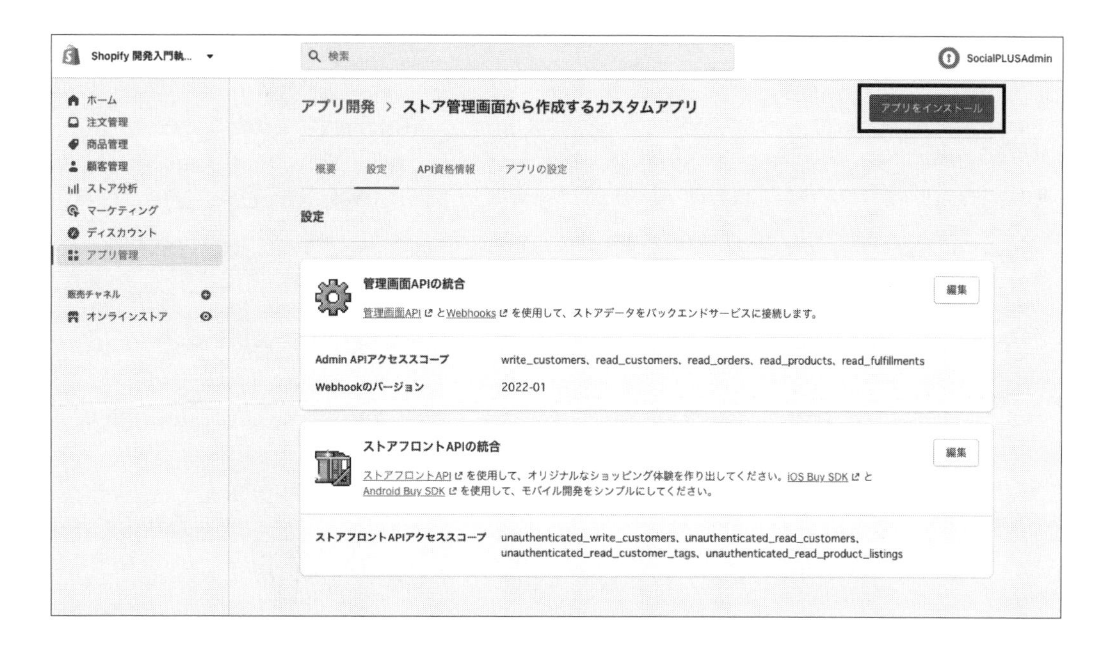

モーダルが表示されるので、内容を確認して「インストール」をクリックします。

アプリのインストールが完了し、Admin APIとStorefront APIのアクセストークンが発行されました。

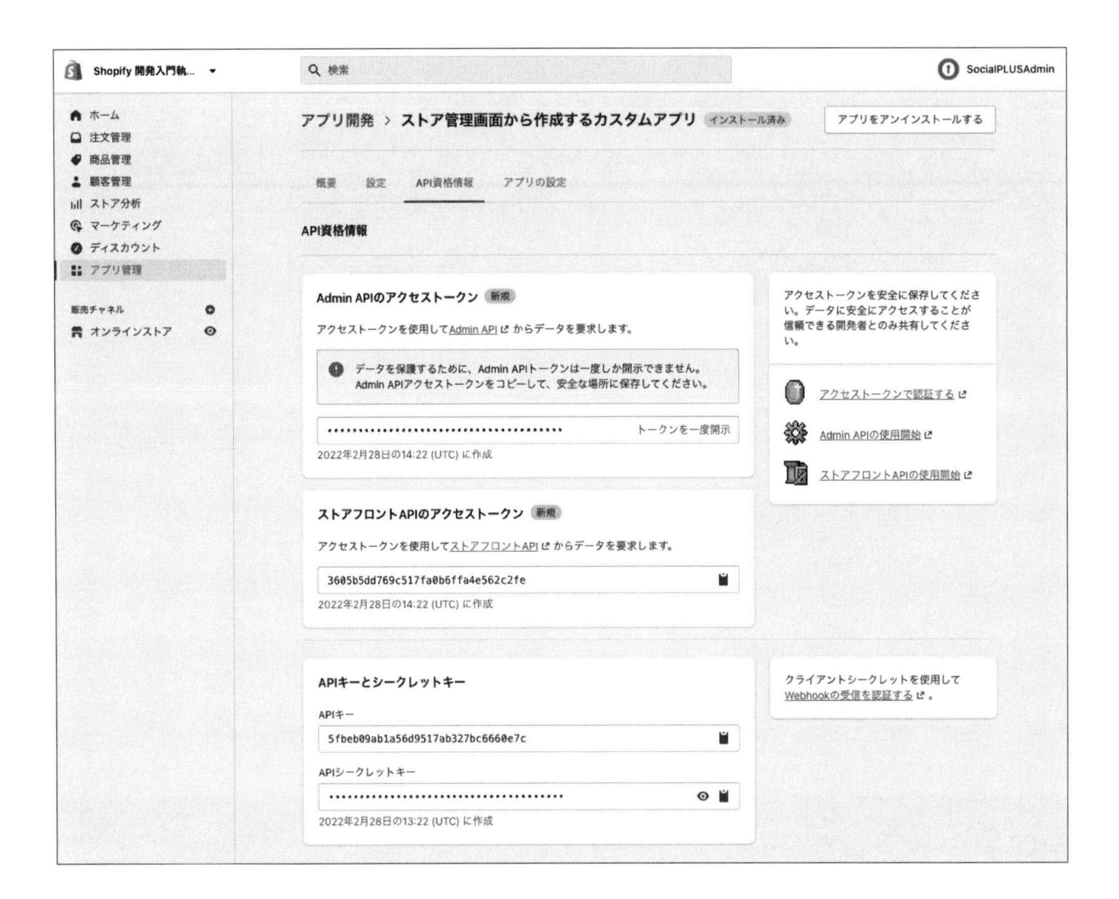

Chapter 6で解説したとおり、Storefront APIのアクセストークンはブラウザから直接参照されるため、秘匿すべき情報には該当しません。一方で、Admin APIのアクセストークンは非常に強力な権限をもっているため、安全に管理する必要があります。画面に警告されているように、アクセストークンは一度しか開示されません。紛失や漏洩してしまった場合は、一度アプリをアンインストールして、再度インストールすることでアクセストークンを再発行できます。

APIキーとシークレットキーもこの画面から取得できます。シークレットキーは［8-7　Webhook］で解説したとおり、Shopifyから受信したwebhookの検証に使用します。

一方でAPIキーは現状利用する用途はないようです。なぜ用途のないAPIキーが存在しているのか気になったので［コミュニティで確認］(https://bit.ly/3Ly4Mjx) してみました。どうやら「ストア管理画面から作成するカスタムアプリ」も内部ではOAuthのフローを実行してアクセストークンを発行しており、その工程でAPIキーが必要になるため、という理由のようです。

9-1-2 パートナーダッシュボードから作成するカスタムアプリ

「パートナーダッシュボード」→「アプリ管理」から「アプリを作成する」を選択します。

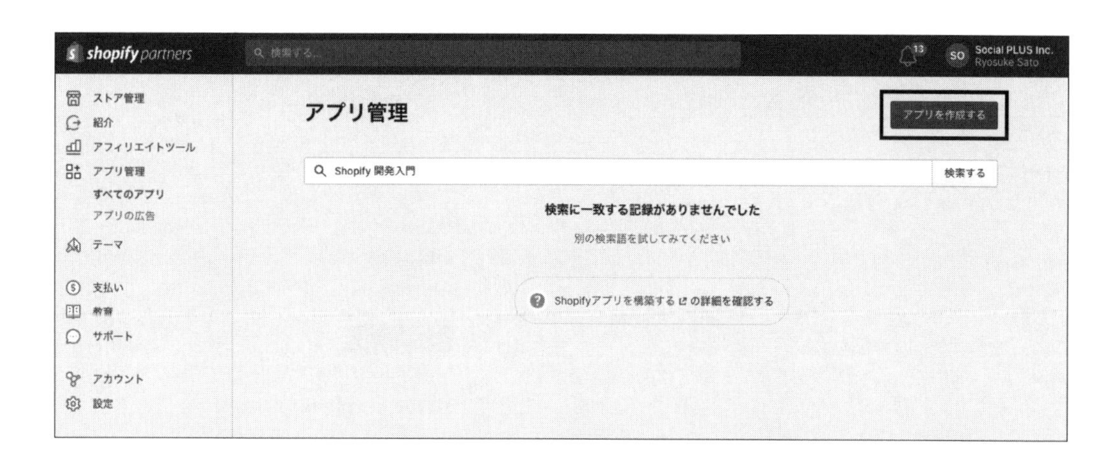

「カスタムアプリ」を選択します。「アプリURL」「リダイレクトURLの許可」の入力を求められますが、先にアプリを作成しておく必要があるので、仮置で`https://localhost/`を設定しておき、「アプリを作成する」をクリックします。

パートナーダッシュボードから作成するカスタムアプリが作成されました。

9-2

公開アプリの作成と公開手順

本節では公開アプリの作成手順とShopifyアプリストアで公開するまでの手順を解説します。公開アプリの概要は［8-1　Shopifyのアプリ開発とは］をご参照ください。

9-2-1 公開アプリの作成手順

「ストア管理画面」→「アプリ管理」から「ストア用のアプリを開発する」を選択します。

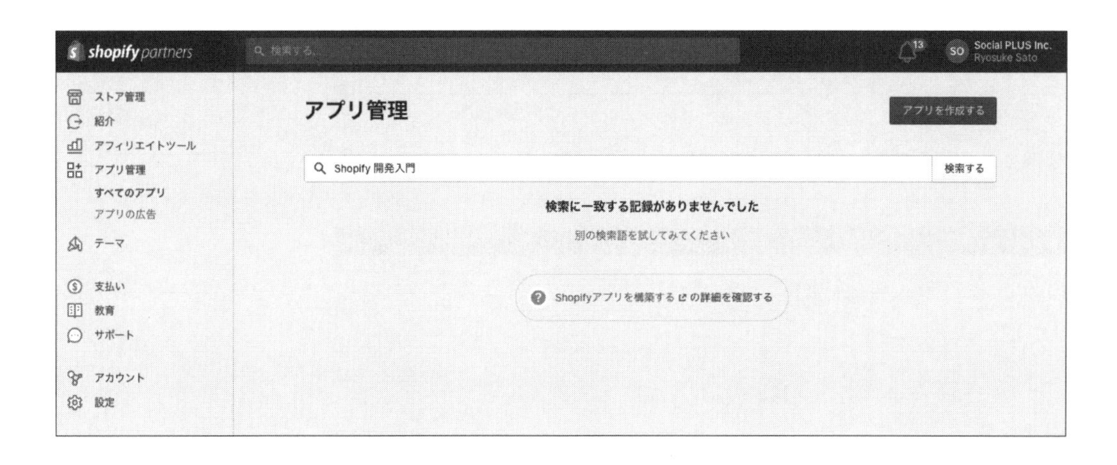

「公開アプリ」を選択します。「アプリURL」「リダイレクトURLの許可」の入力を求められますが、先にアプリを作成しておく必要があるので、仮置で`https://localhost/`を設定しておき、「アプリを作成する」をクリックします。

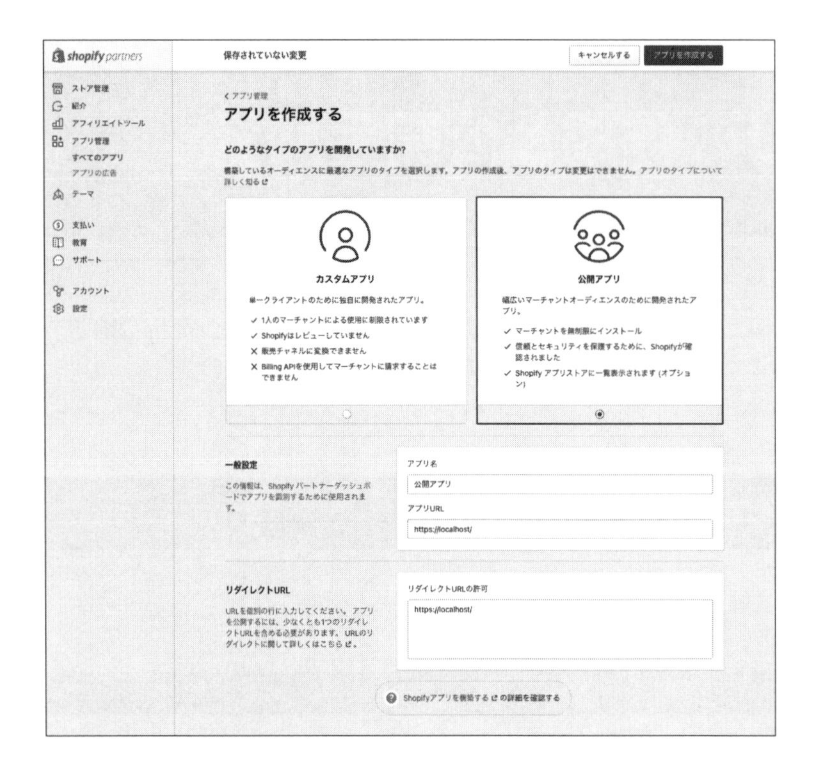

公開アプリが作成されました。

実際にアプリとして動作させるには「アプリ設定」やOAuthの実装などの工程が必要ですが、それらについては［9-3　開発ツール］［9-4　CLIでサンプルアプリを作成する］で詳しく解説しますので、そちらをご参照ください。

9-2-2 Shopifyアプリストアで公開するまでの手順

アプリが完成したら、アプリ公開申請に向けての手続きを開始します。アプリ公開までの工程は次のとおりです。

1.「アプリのリスト」を作成する
2. アプリ審査用の説明を記述する（英語）
3. アプリの公開申請をする
4. アプリの審査チームとメールで応対する（英語）

1.「アプリのリスト」を作成する

「アプリのリスト」とはShopifyアプリストアのアプリ詳細ページを作成するためのCMSです。ここで記述した内容がストアに掲載されます。任意の項目もたくさんありますが、アプリの訴求効果を期待するのであれば可能な限り設定しておいた方が良いでしょう。

なお、リストの内容も後述のアプリ審査の対象となりますので、ガイドラインに違反しないように記述する必要があります。なお、リストの内容はアプリ公開後も変更することが可能ですが、その際、ガイドラインに違反するとアプリ公開停止などのペナルティを受ける可能性があります。

リストの作成を開始するには、作成した公開アプリの設定ページで「アプリのリスト」をクリックします。

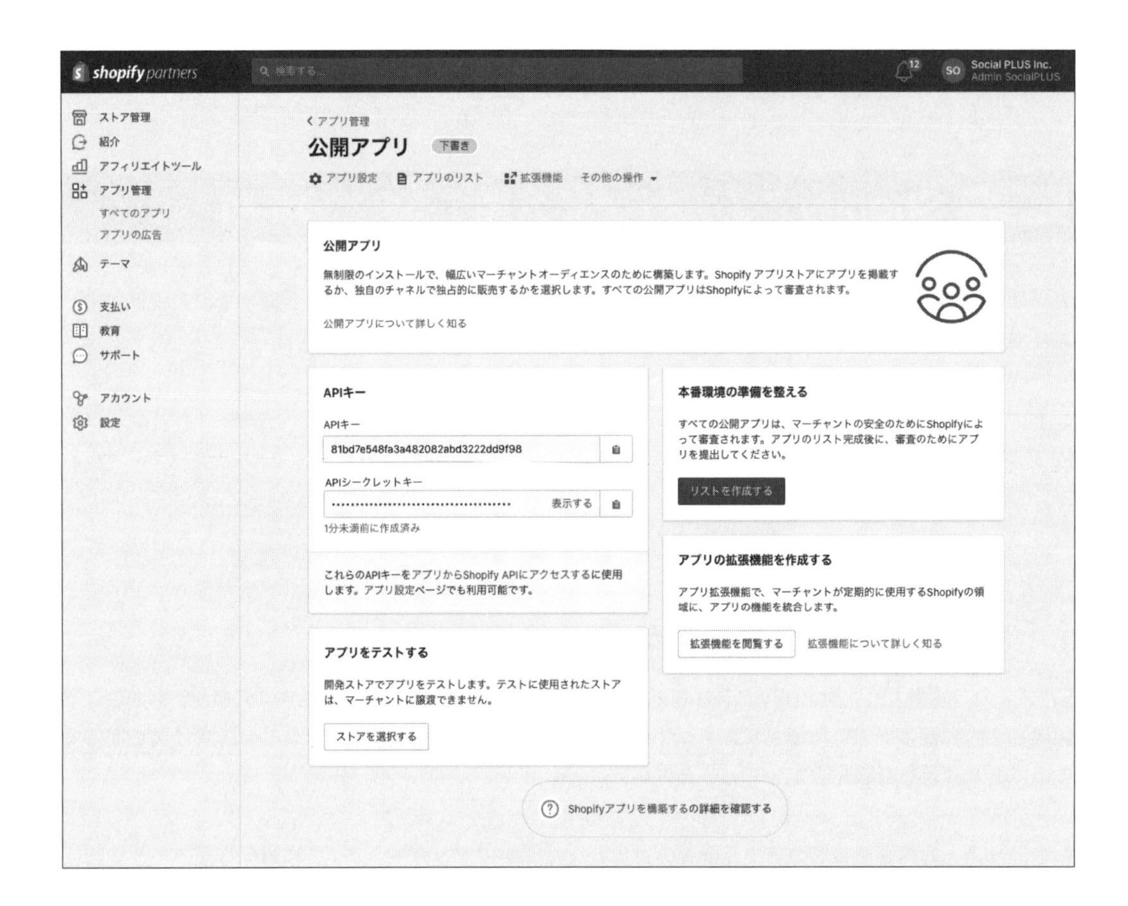

言語別のリスト一覧が表示されます。リストは言語ごとに管理されており、アプリストア訪問者の選択する言語に対応するリストが存在しない場合は「プライマリー」に設定したリストが表示されます。なお、「日本語」のリストに英語の説明を混在させたり、英語の検索ワードを設定したりすることは推奨されません。

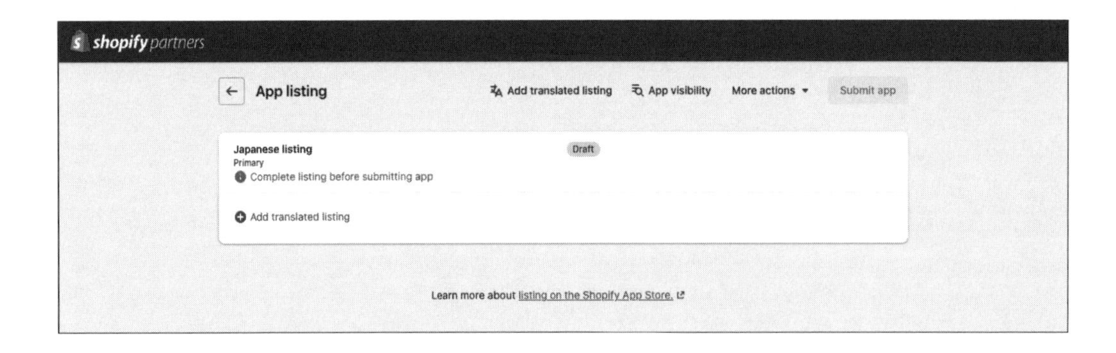

一覧からリストを選択すると入力フォームが表示されます。フォームはA～Fまでの6カテゴリに分類されており、最後のGの項目でアプリ審査の説明を入力します。なお、アプリのリスト作成には時間がかかりますし、保存に失敗して入力内容が消失してしまった、という話もよく耳にします。こまめに保存を実行しておくことをおすすめします。

A. Listing information

アプリの概要を記載します。ここで入力した内容は主にアプリストアのヘッダー部に表示されます。

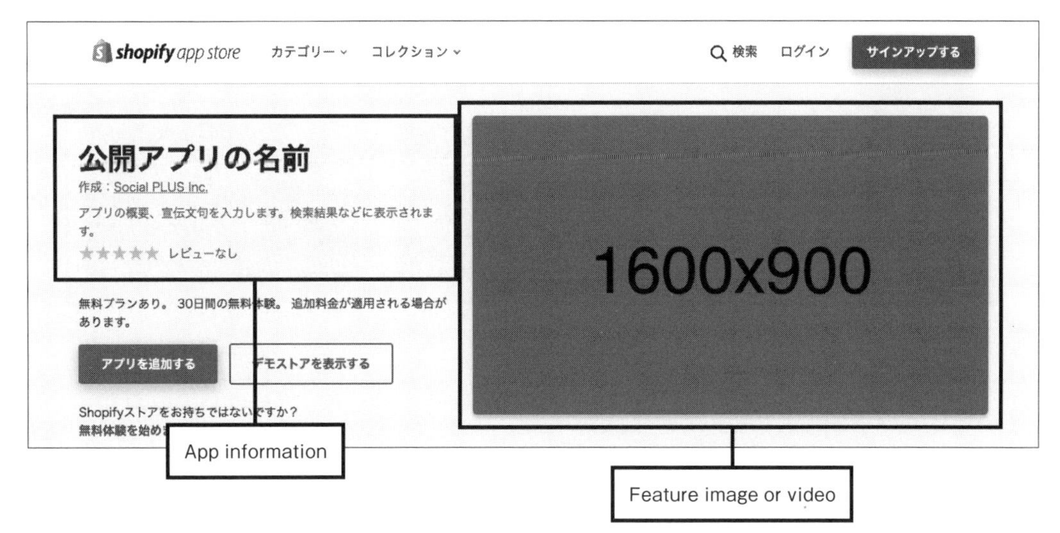

1. App information

「アプリの名前」と「タグライン」を入力します。タグラインはアプリの概要であり、宣伝文句でもあります。この内容はアプリストアでの検索結果の表示にも使われます。アプリの名前やタグラインには「Shopify」という単語を含められないなど、いくつかの制約があります。アプリのリスト全体にかなり細かい制約が定義されているので、詳しくは公式ドキュメントをご参照ください。
[公式ドキュメント](https://shopify.dev/apps/store/requirements)

2. App icon

アプリのアイコンをアップロードして設定します。アイコンは1200px × 1200pxで作成する必要があります。同ページからアイコンのテンプレートがダウンロードできるので、アイコン作成の際はご参考にしてください。

3. Search terms(任意)

マーチャントがアプリストアで検索を実行する際に使用される検索ワードを定義します。最大5つまで定義できます。

B. App details

アプリの詳細情報を記載します。ここに入力した内容は主にアプリストア中央部に表示されます。

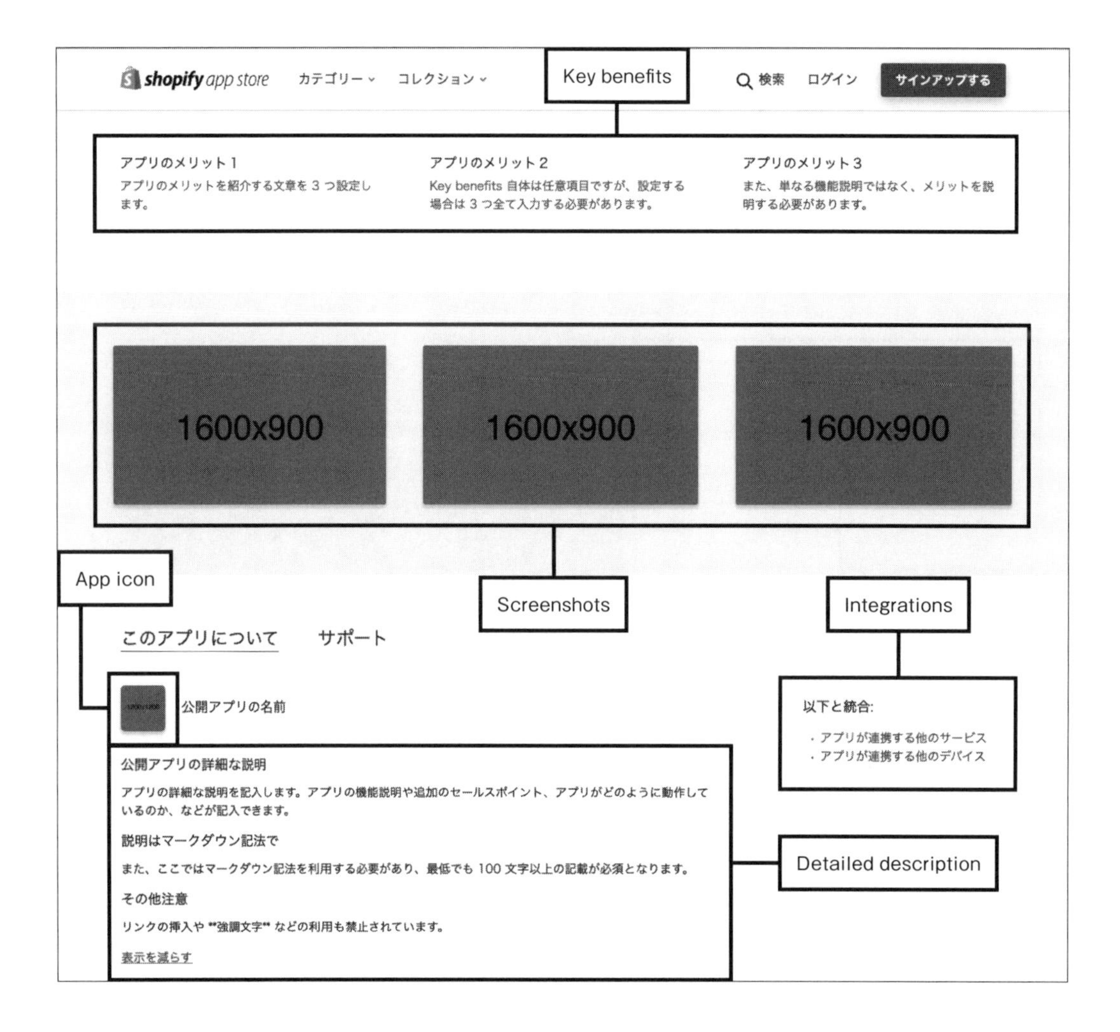

1. Feature image or video（任意）

アプリの掲載ページのヘッダー部分に表示される画像またはビデオを設定します。画像は1600px x 900pxで作成する必要があります。ビデオはYouTubeのURLを設定します。

2. Key benefits（任意）

アプリのメリットを紹介する文章を3つ設定します。Key benefits自体は任意項目ですが、設定する場合は3つすべて入力する必要があります。また、単なる機能説明ではなく、メリットを説明する必要があります。

3. Featured app banner（任意）

アプリストアやメディアチャネルでは定期的に優れたアプリが紹介されます。この項目にアップロードした画像が掲載時に使用されます。この項目が入力されていない場合は選出対象とはなりません。

4. Screenshots

アプリのスクリーンショットを設定します。最低でもデスクトップPC向けのスクリーンショットが3枚必要となります。こちらに設定した画像や説明文はSEOにも利用されます。

5. Detailed description

アプリの詳細な説明を記入します。アプリの機能説明や追加のセールスポイント、アプリがどのように動作しているのか、などが記入できます。また、ここではマークダウン記法を利用する必要があり、最低でも100文字以上の記載が必須となります。リンクの挿入や強調文字などの利用も禁止されています。

6. Demo URL（任意）

アプリをインストールしたストアをデモサイトとして設定できます。実際のストアである必要はなく、無料で作成できる開発用ストアを設定することもできます。また、通常の場合、開発用ストアにはパスワードによる保護がかけられていますが、アプリストアから遷移させた場合はパスワードなしでストアに入ることができるようになっています。

7. Integrations（任意）

アプリがほかのサービスやデバイスと連携可能である場合はこちらに6つまで設定することが可能です。

C. Pricing

アプリの料金体系を設定します。ここでは3通りの料金体系を指定できます。なお、実際の請求処理はアプリ内でBilling APIを使った実装が別途必要になります。

Free to install

アプリを無料で提供する場合は「Free to install」を指定します。追加料金を定義することもできるので、インストールは無料ですが、アプリの機能を利用するごとに料金が発生する、という指定も可能です。

料金

無料インストール

メール 100 通に付き $1 の追加料金が発生します

Recurring charge

月額（30日サイクル）または年額で利用料金が発生するサブスクリプション型の料金体系を指定する場合は「Recurring charge」を指定します。無料のトライアル期間を指定することも可能です。料金体系は4つまで定義することが可能で、それぞれのプランでどのような機能が提供されるのかを記述します。

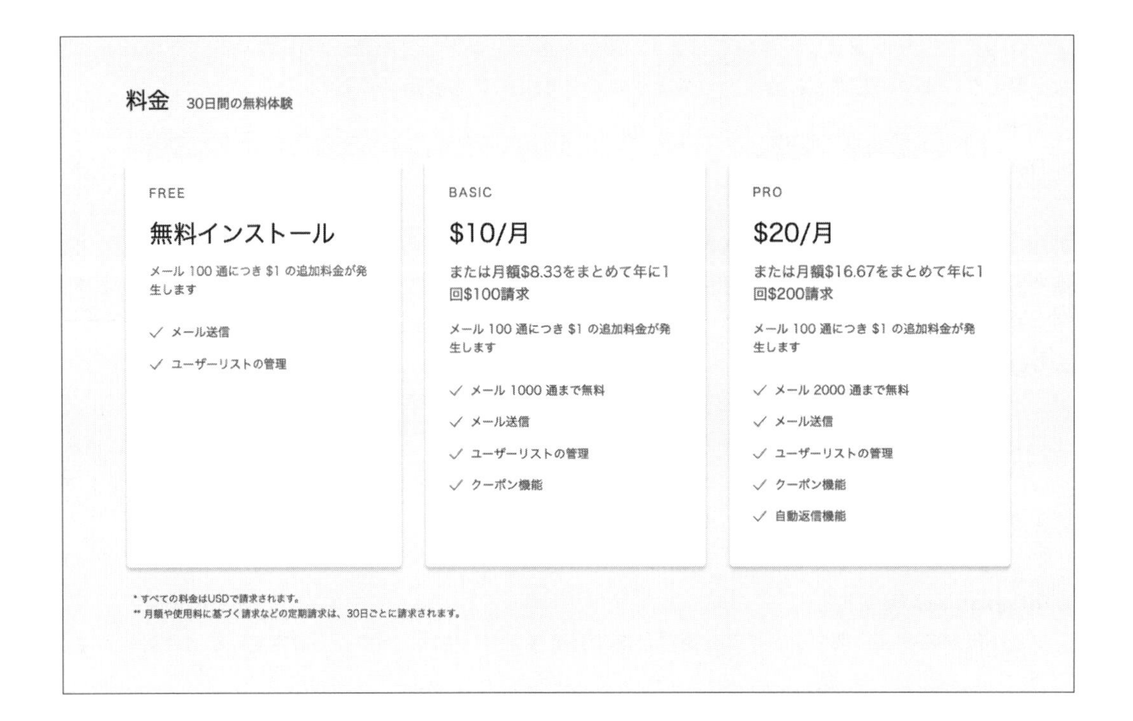

One-time charge

アプリインストール時に1度だけ料金を発生させる場合は「One-time charge」を指定します。こちらもほかの料金体系と同様に追加料金を指定できます。

すべての価格オプションを見る(任意)
料金について追加の説明が必要な場合は外部のURLを指定することもできます。「Recurring charge」に5つ以上の料金体系を定義したい場合などはこちらを利用すると良いでしょう。

Billing API以外からの請求(任意)
原則として、アプリの料金はBilling APIを通じて請求する必要がありますが、Shopifyから承認を受けた場合に限りBilling API以外からの請求を行うことも可能です。その際は「I have approval to charge merchants outside of the Shopify Billing API」にチェックを入れ、外部の請求についての説明ページのURLを指定します。

D. Contact information

アプリについての連絡先情報を入力します。

1. Review notification email
アプリをインストールしたマーチャントからレビューが届いた際の通知先メールアドレスを指定します。レビュー内容が更新されたり、削除されたりする場合も通知されます。

2. App submission contact email
アプリの審査チームとメールで応対する際に使うメールアドレスを指定します。

3. Sales and support
アプリについてサポートの連絡先やサイトURLを指定します。また、プライバシーポリシーについて記載のあるURLの指定が必須となります。

E. Tracking

アプリストアの訪問情報をトラッキングするための設定を行います。

1. Google analytics code(任意)
Googleアナリティクスを利用する場合はTracking IDを指定します。

2. Google remarketing code(任意)
Googleのリターゲティング広告を利用する場合はGoogle conversion IDをこちらに指定します。

3. Facebook Pixel(任意)
Facebookピクセルを利用してトラッキングを行う場合はPixel IDをこちらに指定します。

F. Install requirements

アプリをインストールするために必要な要件を設定します。

1. Sales channel requirements(任意)
アプリの機能を提供するにあたって、マーチャントがオンラインストアまたはShopify POSのいずれかを所持していることを条件に加えます。

2. Geographic requirements(任意)
アプリが対象としているマーチャントのビジネスを展開する国・地域を指定します。対象を指定できる項目は「マーチャントの職場住所」「配送対応地域」「対応通貨」です。

2. アプリ審査用の説明を記述する(英語)

G. App review instructions

こちらにアプリが提供する機能や価値、そして審査用の手順を記述します。アプリの審査チームはこちらに記載した内容に沿ってアプリを操作し、動作確認またはガイドラインに違反していないかどうかのチェックを行います。例えば、アプリを操作する工程でAmazonやeBayなど外部サービスへログインする必要がある場合、そのサービス内容や動作確認に必要なテストアカウント(ID/Password)なども含める必要があります。

文章だけでの説明が難しい場合はGoogle Driveにアプリのスクリーンショットや操作説明動画をアップロードし、共有リンクをこちらに記載する、という方法もあります。審査の工程を短くするために、可能な限り丁寧に記載することをおすすめします。

3. アプリの公開申請をする

ここまで入力が完了したら、保存を実行して一覧に戻りましょう。「Submit app」をクリックするとアプリの審査チームにレビューの申請が送信されます。

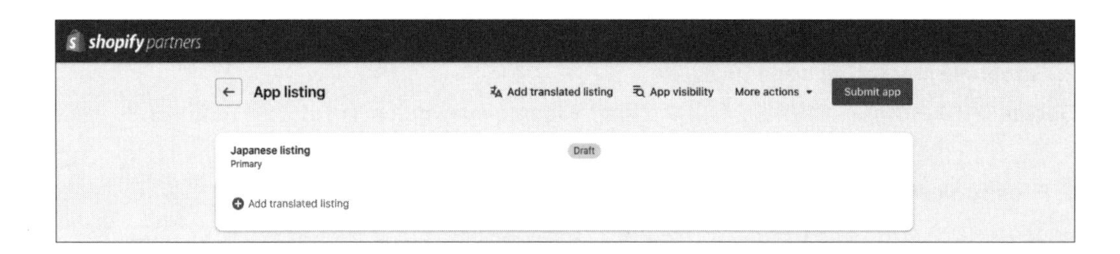

4. アプリの審査チームとメールで応対する(英語)

審査が開始されると「App submission contact email」で設定したメールアドレス宛に次のようなメールが送られてきます。

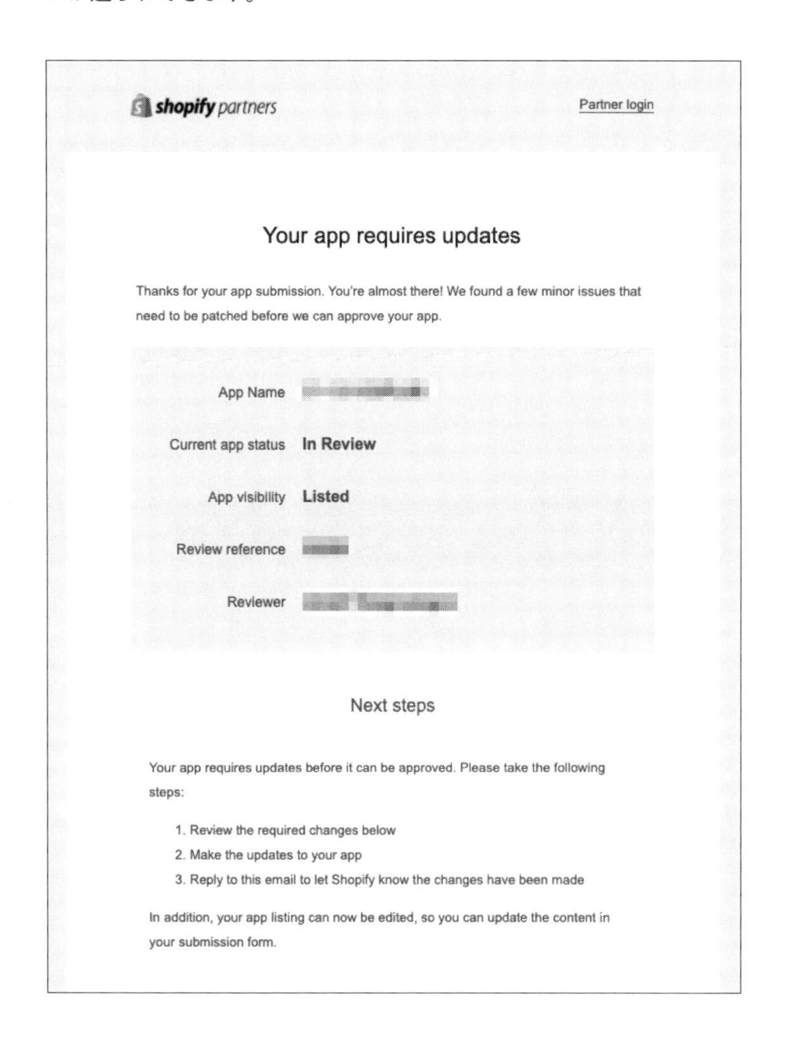

また、しばらくするとアプリの審査チームからレビューの結果が送られてきます。一度でレビューをパスすることは稀なので、結果に記載されている変更依頼内容に沿ってアプリを修正し、修正が完了したら都度メールでレビューワーにその旨を伝えます。

英語でのやり取りに加え、こちらの意図が上手く伝わらないなど、審査をパスするのは中々に大変です。事例として[A-3　アプリの審査について]に私の体験談を記載しましたので、参考になると幸いです。

9-3 開発ツール - Shopify CLI

Shopify CLIはShopifyアプリの開発を支援するCLIです。CLIを使わなくともアプリ開発は可能ですが、CLIを使ってテンプレートを用意した方が簡単ですし、全体の構成を把握する上でも一度は試してみる価値があるでしょう。

また、[8-4 App extension]で紹介した「テーマアプリの拡張機能」はShopify CLIを使わずに実装することが難しいので、こちらを開発する際は是非ご活用ください。なお、執筆時点のCLIのバージョンは`2.13.0`です。

9-3-1 インストール

Chapter 2でもShopify CLIのインストール方法を紹介しましたが、こちらでも再掲します。Shopify CLIの利用には次の環境が必要となります。

- Ruby（v2.7以上）
- Git
- Shopifyパートナーアカウント
- Shopify開発用ストア

また、Shopify CLIを使って作成するアプリはRuby on Rails、Node.js、PHPのいずれかのフレームワークを指定できますが、フレームワークごとに必要な環境が異なります。

- Ruby on Rails
    - Node.js
    - Yarn
- Node.js
    - Node.js
    - npm
- PHP

- PHP
- Composer
- npm

次のコマンドでShopify CLIをインストールします。Shopify CLIはWindows、MacOS、Linuxそれぞれのに対応していますが、ここではMacOSのコマンドのみ紹介します。

MacOSではgem（Rubyのライブラリ）としてインストールする方法とHomebrew（MacOS向けパッケージマネージャ）を使ってインストールする方法があります。

gem（Ruby のライブラリ）としてインストールする場合

```
$ gem install shopify-cli
```

Homebrew（MacOS 向けパッケージマネージャ）を使ってインストールする場合

```
$ brew tap shopify/shopify
$ brew install shopify-cli
```

次のコマンドを実行して、インストールしたShopify CLIのバージョンが表示されたら成功です。

```
$ shopify version
```

9-3-2 Coreコマンド

Coreコマンドには、Shopify CLIの汎用的なコマンドがまとめられています。

help

ヘルプコマンドを実行するとShopify CLIで利用可能なコマンド一覧とそれぞれの説明が表示されます。

```
$ shopify help
$ shopify -h
$ shopify --help
```

実行結果(一部抜粋)

```
$ shopify help
Use shopify help <command> to display detailed information about a specific command.

app: Suite of commands for developing apps. See shopify app <command> --help for usage of each command.
  Usage: shopify app [ connect | create | deploy | open | serve | tunnel ]

extension: Suite of commands for developing app extensions. See shopify extension <command> --help for
usage of each command.
  Usage: shopify extension [ check | connect | create | push | register | serve | tunnel ]
```

また、オプションとしてコマンド名を追加すると、指定したコマンドの詳細が表示されます。

```
$ shopify help [command]
$ shopify [command] -h
$ shopify [command] --help
```

login

Shopifyパートナーダッシュボードへログインするためのコマンドです。Shopify CLIからアプリを開発するためにはパートナーダッシュボードへログインしている必要があり、一部のコマンドでは実行前にこのコマンドの実行を求められます。

```
$ shopify login
```

このコマンドを実行するとブラウザが立ち上がり、Shopifyパートナーダッシュボードのログインページが表示されます。また、`--store`オプションを利用すると、ストア管理画面にログインすることもできます。

```
$ shopify login --store <ストア管理画面のドメイン>
```

logout

Shopifyパートナーダッシュボードまたはストア管理画面からログアウトします。

```
$ shopify logout
```

populate

ログイン先のストアにテスト用データを投入するためのコマンドです。アプリ開発やテーマ開発の動作確認で使用すると便利です。作成可能なデータは「商品」「顧客」「下書き注文」で、作成するデータの数を指定することも可能です。

なお、このコマンドは実行前にログインコマンドで対象となるストア管理画面にログインしておく必要があります。

```
$ shopify populate [ products | customers | draftorders ] [ --count <NUMBER> ]
```

実行結果

```
$ shopify populate customers

? You are currently logged into dev-book.myshopify.com. Do you want to proceed using this
store? (You chose: yes)
Proceeding using dev-book.myshopify.com
✓ roughdawn added to dev-book.myshopify.com at https://dev-book.myshopify.com/admin/
customers/6114704949479
✓ springsunset added to dev-book.myshopify.com at https://dev-book.myshopify.com/admin/
customers/6114705015015
✓ shygrass added to dev-book.myshopify.com at https://dev-book.myshopify.com/admin/
customers/6114705047783
✓ longdew added to dev-book.myshopify.com at https://dev-book.myshopify.com/admin/
customers/6114705113319
✓ throbbingflower added to dev-book.myshopify.com at https://dev-book.myshopify.com/admin/
customers/6114705178855
Successfully added 5 Customers to dev-book.myshopify.com
・ View all Customers at https://dev-book.myshopify.com/admin/customers
```

store

Shopify CLIで現在ログイン中のストア名が表示されます。

```
$ shopify store
```

実行結果

```
$ shopify store
You're currently logged into dev-book.myshopify.com
```

switch

Shopify CLIでログイン先のストアを変更します。

```
$ shopify switch [--store <ストア管理画面のドメイン>]
```

version

現在利用しているShopify CLIのバージョンが表示されます。

```
$ shopify version
```

config

Shopify CLIの設定を変更または確認します。

analytics

Shopify CLIの利用状況レポートを匿名で送信するかどうか、現在の設定を変更または確認します。デフォルトでは有効状態になっています。

```
$ shopify config analytics [ --status | --enable | --disable ]
```

feature

Shopify CLIツール自体の開発に利用する機能を有効化・無効化します。通常の用途であれば、この設定は変更しないほうが良いでしょう。

```
$ shopify config feature [ feature_name ] [ --status | --enable | --disable ]
```

whoami

Shopify CLIで現在ログイン中のストア名およびパートナーアカウントが表示されます。

```
$ shopify whoami
```

実行結果

```
$ shopify whoami
Logged into store dev-book.myshopify.com in partner organization Social PLUS Inc.
```

9-3-3 Appコマンド

Appコマンドにはアプリ開発に利用するコマンドがまとめられています。

create

新しいShopifyアプリのプロジェクトを作成するコマンドです。使用するフレームワークは`rails`、`node`、`php`のいずれかから指定します。コマンドを実行すると対話形式でプロジェクトの作成が進行します。詳細は［9-4　CLIでサンプルアプリを作成する］で解説します。

```
$ shopify app create rails
```

connect

Shopify CLIで作成した既存のアプリのプロジェクトとパートナーアカウント、または開発用ストアをつなぐためのコマンドです。このコマンドを実行すると、プロジェクト内の`.env`および`.shopify-cli.yml`を作成または更新します。このコマンドは1つのプロジェクトを複数のコンピュータで開発する際や、Gitなどを介してほかの開発者と共同開発する際に便利です。

※`.env`ファイルにはAppキーやシークレットなどの機密情報が含まれます。そのため、このファイルはgitなどのバージョン管理システムに保存すべきではありません。`.shopify-cli.ym`にはプロジェクトのタイプなど、プロジェクトの実行には必要ですが機密性の低い情報が含まれています。

```
$ shopify app connect
```

deploy

現在のアプリをサーバーにデプロイするコマンドです。現在対応しているのはHerokuのみです。

```
$ shopify app deploy heroku
```

open

ローカル環境で開発中のアプリをデフォルトのブラウザで開くためのコマンドです。

```
$ shopify app open
```

serve

ローカル環境で開発中のアプリを起動し、[ngrok](https://ngrok.com/)を介してlocalhostをパブリックなURLとつなげます。このコマンドを実行する前に`shopify app tunnel auth`コマンドを実行してngrokの認証を実行しておく必要があります。

```
$ shopify app serve
```

tunnel

ngrokを介したlocalhostとパブリックなURLとの接続を管理するためのコマンドです。ngrokの認証や、接続の開始と終了を行うことができます。認証を行うためにはngrokのアカウントを作成し、ngrokのダッシュボードから認証トークンを発行する必要があります。認証を行うには発行したトークンを使って次のコマンドを実行します。

```
$ shopify app tunnel auth <token>
```

なお、上記のコマンドは内部でngrokコマンドを呼び出しているだけなので、次のコマンドと等価です。

```
$ ngrok authtoken <token>
```

詳細は[ngrokのドキュメント](https://ngrok.com/docs#config)をご参照ください。

start

ngrokを介したlocalhostとパブリックなURLとの接続を開始するためのコマンドです。事前にshopify app tunnel authコマンドを実行しておく必要があります。

```
$ shopify app tunnel start
```

なお、shopify app serveコマンドはアプリの起動と接続の開始を自動実行するため、そちらを利用する方が便利です。

stop

ngrokを介したlocalhostとパブリックなURLとの接続を終了するためのコマンドです。

```
$ shopify app tunnel stop
```

9-3-4 Extensionコマンド

Extensionコマンドにはアプリの拡張機能開発に利用するコマンドがまとめられています。対応している拡張機能は次の3種類です。

- 購入後チェックアウト拡張機能（Post-purchase checkout extensions）
- 定期購入拡張機能（Product Subscription）
- テーマアプリ拡張機能（Theme App Extension）

create

サブディレクトリにアプリの拡張機能のテンプレートファイルを作成します。

```
$ shopify extension create [ options ]
```

optionsには次のパラメータが使用できますが、省略した場合もCLIとの対話形式で設定が可能です。

- --type <TYPE>
  - 作成したいアプリ拡張の種類。テーマアプリ拡張を作成する場合は--type=THEME_APP_EXTENSIONを指定します。
- --name <NAME>
  - アプリ拡張の名前。ここで指定した名前はアプリ拡張を管理するディレクトリの名前に使用されます。
- --getting-started
  - アプリ拡張の種類に応じたサンプルコードが出力されます。それぞれのアプリ拡張がどのように機能するのかを確認しながら理解が深められるので便利です。

serve

ローカル環境で開発中のアプリの拡張機能のサーバーを起動し、[ngrok](https://ngrok.com/)を介してlocalhostをパブリックなURLとつなげます。このコマンドを実行する前にshopify app tunnel authコマンドを実行してngrokの認証を実行しておく必要があります。なお、テーマアプリ拡張機能の開発ではこのコマンドは使用しません。

```
$ shopify extension serve

🔭 > Starting dev server...
🔭 > Open https://xxxxx.ngrok.io to continue
Compiled successfully.
```

register

アプリ拡張機能をパートナーダッシュボードのアプリ設定に登録します。登録は拡張機能の種類ごとに実行する必要があります。一度登録すると取り消せないので注意しましょう。

```
$ shopify extension register [ options ]
```

Chapter 9

connect

Shopify CLIで作成した既存のアプリ拡張プロジェクトとパートナーダッシュボードに登録されているアプリ設定をつなぐためのコマンドです。このコマンドを実行すると、プロジェクト内の.envが作成または更新されます。このコマンドは1つのプロジェクトを複数のコンピュータで開発する際や、Gitなどを介してほかの開発者と共同開発する際に便利です。

※.envファイルにはAppキーやシークレットなどの機密情報が含まれます。そのため、このファイルはgitなどのバージョン管理システムに保存すべきではありません。

```
$ shopify extension connect

Loading your extensions…
? Which extension would you like to connect to? (Choose with ↑ ↓ ⏎, filter with 'f')
> 1. My first app by My Name: theme-app-extension

✓ .env saved to project root
✓ Project now connected to My first app: theme-app-extension
```

push

ローカルのアプリ拡張プロジェクトのコードをShopifyにアップロードします。事前にshopify extension registerでアプリ拡張機能を登録しておく必要があります。

```
$ shopify extension push [ options ]
```

アップロードに成功すると、CLIはパートナーダッシュボードのURLを出力します。このページからアプリ拡張のバージョンを作成したり、公開したりすることができます。

```
$ shopify extension push

✓ Pushed to a draft on May 9, 2020 14:23:56 UTC
★ Visit https://partners.shopify.com/xxxx/apps/xxxxx/extensions/xxxx
  to version and publish your extension
```

optionsには次のパラメータが使用できます。ローカルで使用する場合は省略しても問題ありません。CI/CDから自動デプロイの設定を行いたい場合に使用することを目的としているようです。

- `--extension-id`
    - アプリ拡張のID
- `--api-key`
    - アプリ拡張を登録しているアプリのAPI Key
- `--api-secret`
    - アプリ拡張を登録しているアプリのAPI Secret

check

テーマアプリ拡張機能専用のコマンドです。このコマンドは[Theme Check](https://shopify.dev/themes/tools/theme-check)というShopify App開発ツールを起動し、アプリ拡張に含まれるLiquidに不備がないかどうかを解析し、構文エラーやパフォーマンスの問題などを出力してくれます。

```
$ shopify extension check [ options ] [ /path/to/your/extension ]
```

optionsには以下のパラメータが使用できます。

パラメータ	ショートカット	説明
--config <PATH>	-C <PATH>	任意のTheme Check設定ファイルを指定したい場合にファイルパスを指定する
--category <CATEGORY>	-c <CATEGORY>	指定したカテゴリのみチェックする。このオプションは複数指定可能で、複数のカテゴリを指定することもできる
--exclude-category <CATEGORY>	-x <CATEGORY>	指定したカテゴリ以外をチェックする。このオプションは複数指定可能で、複数のカテゴリを除外することもできる
--fail-level <LEVEL>		チェックする際の重要度を指定する。この値に応じてコマンドの終了コードがエラー(1)となるかどうかが変化する。指定可能なオプションはerror, suggestion, styleの3つ
--auto-correct	-a	このオプションを指定すると自動修正可能な場合に修正が適用される
--init		Theme Checkの設定ファイルを作成する
--output <FORMAT>	-o <FORMAT>	実行結果のフォーマットにjsonまたはtextのどちらを使用するかを指定する
--print		現在のTheme Checkの設定を表示する
--list	-l	現在のTheme Checkのルール一覧を表示する
--version	-v	Theme Checkのバージョンを表示する

9-4

CLIでサンプルアプリを作成する

本節では［9-3　開発ツール］で紹介したShopify CLIを使用して実際にアプリを開発する手順を紹介します。アプリの開発に使用する環境を次に示します。

```
$ shopify version
2.13.0
$ ruby -v
ruby 3.1.1p18 (2022-02-18 revision 53f5fc4236) [x86_64-darwin20]
$ node -v
v16.14.0
$ yarn -v
1.22.17
```

なお、Shopify CLI および内包する shopify_app や shopify_api といったライブラリはバージョンごとに大きく仕様変更される場合があります。

本誌で掲載しているサンプルコードもバージョンによって正しく動作しない可能性がありますので、あらかじめご了承ください。

9-4-1 開発用ストアの作成

まず、これから作成するサンプルアプリの動作確認に使用するための開発用ストアをあらかじめ作成しておきます。このストアはShopify CLIを介して開発中のアプリをインストールしたり、動作確認用にテストデータを作成したりすることに利用します。

開発用ストアの作成方法は［2-2　開発ストアの作成］をご参照ください。

9-4-2 Shopify CLIを使って新しいプロジェクトを作成する

ログインコマンドを使って開発対象のパートナーアカウントにログインします。

```
$ shopify login

Logged into partner organization Social PLUS Inc.
```

アプリの作成コマンドを実行し、対話形式でアプリの環境設定を行います。今回はアプリ名をsample-public-appとしました。

```
$ shopify app create rails

? App name
$ sample-public-app
```

作成するアプリの種類を選択します。「公開アプリ」もしくは「パートナーダッシュボードから作成するカスタムアプリ」が選択可能です。なお、この選択はパートナーダッシュボード上に作成されるアプリの種類が変化するだけで、このあとに生成されるRailsのソースコードには変化がありません。

```
? What type of app are you building? (Choose with ↑ ↓ ⏎, filter with 'f')
> 1. Public: An app built for a wide merchant audience.
  2. Custom: An app custom built for a single client.
```

開発に用いるストアを選択します。[9-4-1　開発用ストアの作成] で作成したストアを選択します。

```
? Select a development store (Choose with ↑ ↓ ⏎, filter with 'f', enter option with 'e')
> 1.  dev-book.myshopify.com
  2.  xxx.myshopify.com
  3.  yyy.myshopify.com
```

アプリで利用するデータベースの種類を選択します。デフォルトではSQLiteが適用されます。

```
? Would you like to select what database type to use now? (SQLite is the default)
If you want to change this in the future, run rails db:system:change --to=[new_db_type]. For
more info:
```

```
https://gorails.com/episodes/rails-6-db-system-change-command
 (Choose with ↑ ↓ ⏎)
  1. no
> 2. yes

? What database type would you like to use? Please ensure the database is installed. (Choose
with ↑ ↓ ⏎, filter with 'f', enter option with 'e')
> 1.  SQLite (default)
  2.  MySQL
  3.  PostgreSQL
  4.  Oracle
  5.  FrontBase
  6.  IBM_DB
  7.  SQL Server
  8.  JDBC MySQL
  9.  JDBC SQlite
  10. JDBC PostgreSQL
  11. JDBC
```

アプリの環境設定が完了すると、アプリ作成コマンドで指定したフレームワークを用いた初期化処理が実行されます。今回はRuby on Railsを指定しているので`rails new`が実行されます。

アプリ作成コマンドの実行結果を確認します。まず、パートナーダッシュボードのアプリ管理画面に`sample-public-app`が作成されました。

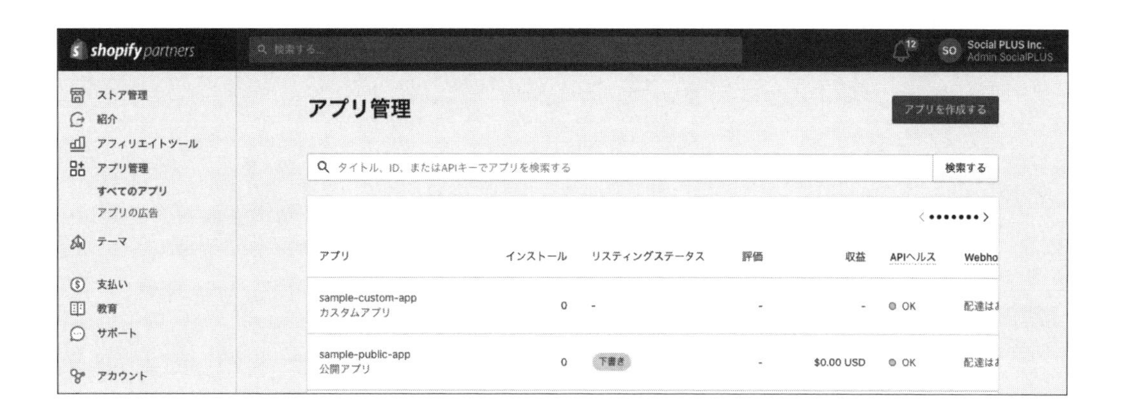

ローカルのディレクトリには`sample-pubic-app`というディレクトリが作成され、`rails new`によって作成されたファイルが格納されています。

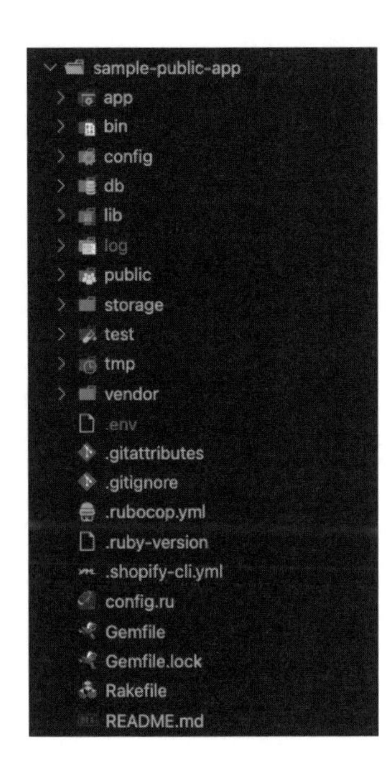

.envというファイルにはアプリの秘匿情報が格納されています。APIキーやシークレットの値は先程アプリ管理画面に作成されていたsample-public-appと対応しています。

.env

```
SHOPIFY_API_KEY=0fec223ef5dc6a5b5298f96834df6573
SHOPIFY_API_SECRET=shpss_xxxxxxxxxxxxxxxxxxxxxxxxxxxxxx
SHOP=dev-book.myshopify.myshopify.com
SCOPES=write_products,write_customers,write_draft_orders
```

.shopify-cli.ymlには機密性の低いアプリのメタ情報が格納されています。

.shopify-cli.yml

```yaml
project_type: rails
organization_id: 1234567
```

config/initializers/shopify_app.rbにはshopify_appというgemの設定が記載されています。この章でもshopify_appの機能を使った実装をいくつか取り扱いますが、詳しい機能は公式サイトのドキュメントをご参照ください。

公式サイト　https://github.com/Shopify/shopify_app

9-4-3 ローカルで開発中のアプリを起動する

通常の場合、ローカルのPCからサーバーを起動してもインターネットからアクセスすることはできません。Shopifyアプリの場合、アプリインストール後の認可フローでShopifyからのリダイレクトを受け付ける必要があるため、インターネットからアクセスできる状態のサーバーを起動する必要があります。

[ngrok](https://ngrok.com/)というサービスを用いればlocalhostとパブリックなURLをつなげられます。ngrokを利用するために次のURLからアカウントを作成します。

```
https://ngrok.com/
```

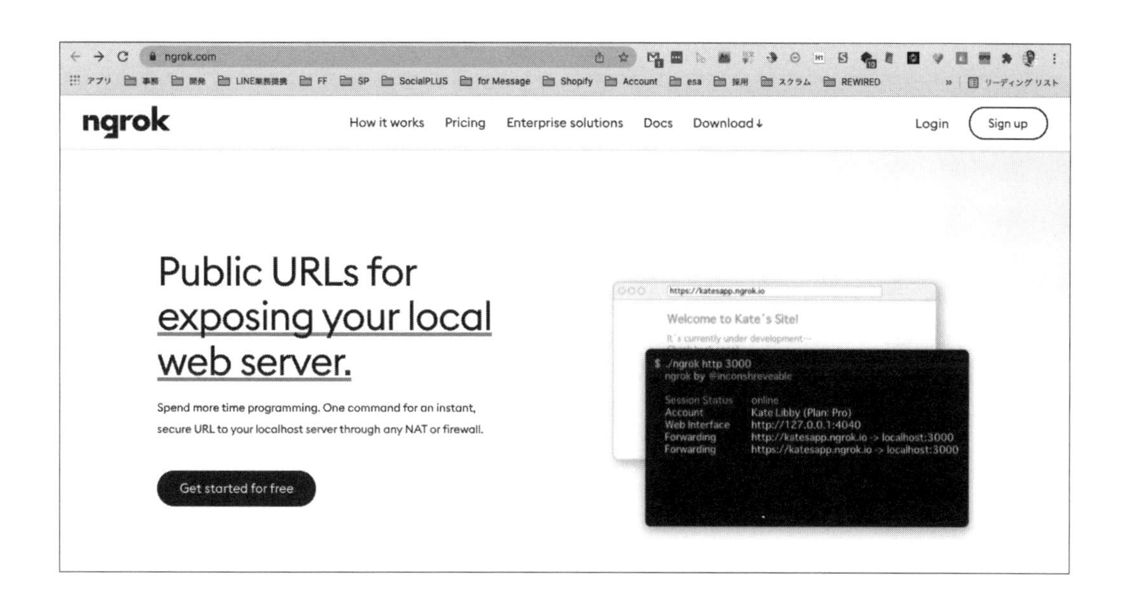

ユーザー名、メールアドレス、パスワードを入力してSign Upをクリックします。

Sign Upの際に使用したメールアドレス宛に確認メールが届いているのでURLをクリックして、アカウントをアクティベートします。アクティベートに成功するとngrokのダッシュボードが表示されます。

ngrokのダッシュボード

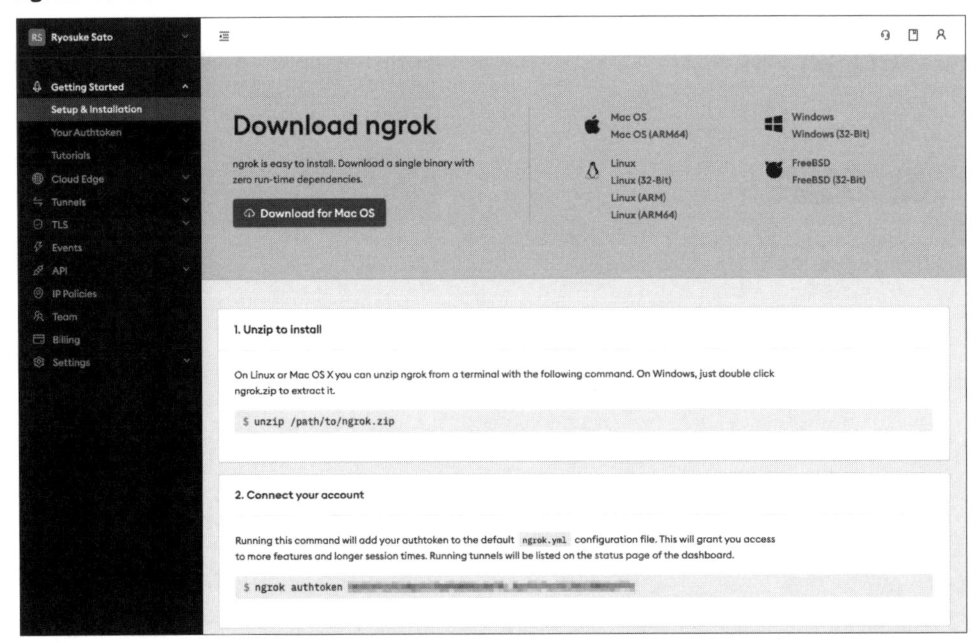

ダッシュボードに記載されているようにngrokのバイナリファイルをダウンロードしてインストールすることもできますが、MacのHomebrewを利用することもできます。筆者はHomebrewでインストールするほうが好みなので、今回はこちらを使ってインストールします。

```
$ brew install ngrok
$ ngrok -v

ngrok version 2.3.40
```

ダッシュボードに記載されているauthtokenをコピーして、次のコマンドを実行します。

```
$ shopify app tunnel auth <token>
```

次のコマンドを実行して、ローカル環境で開発中のアプリを起動します。

```
$ shopify app serve
✓ ngrok tunnel running at https://26d1-126-194-156-225.ngrok.io, with account Ryosuke Sato
✓ .env saved to project root
```

パートナーダッシュボードのアプリ設定のURLを更新するかどうか確認されるので、yesを選択します。

```
? Do you want to update your application url? (Choose with ↑ ↓ ⏎)
> 1. yes
  2. no
```

起動するとngrokを介してlocalhostに対してパブリックなURLが割り当てられ、パートナーダッシュボードのアプリ設定のURLが自動的に更新されます。ngrokは起動ごとにURLが変化するので、自動的にアプリ設定のURLが更新されるのは大変便利です。

サーバーの起動が完了すると、ngrokを介して割り当てられたURLを用いたアプリのインストールURLが表示されるので、ブラウザからアクセスします。

```
・ To install and start using your app, open this URL in your browser:
https://26d1-126-194-156-225.ngrok.io/login?shop=dev-book.myshopify.myshopify.com
```

インストールの確認画面が表示されたら「未掲載のアプリをインストールする」をクリックします。

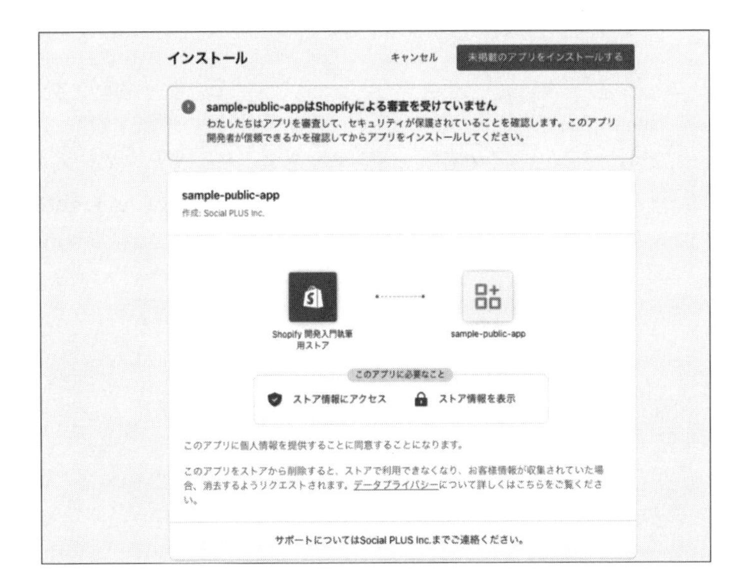

次の画面が表示されれば成功です。

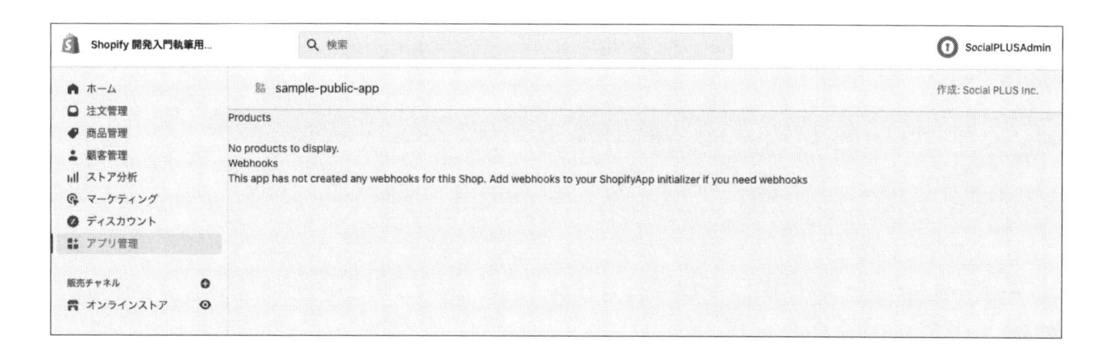

これらの認可フローは［omniauth-shopify-oauth2］(https://github.com/Shopify/omniauth-shopify-oauth2)と[shopify_app](https://github.com/Shopify/shopify_app)によって実現されています。一から認可フローを実装するのは大変ですが、Shopify CLIを利用すればすぐに開発を始めることができるので、アプリの価値を高めることに集中できます。

9-4-4 実装

準備が整ったので、ここからはアプリの実装について解説します。今回作成するサンプルアプリの仕様を次に示します。

サンプルアプリの仕様

今回は「Happy anniversary」という名前で、会員登録からNカ月経過した顧客に自動的にクーポンをプレゼントする、というアプリを作成します。主な仕様は次のとおりです。

- アプリ名「Happy anniversary」
- 会員登録からNカ月経過した顧客にクーポンをプレゼントする
  - 期間とクーポンの金額を指定できる
  - 配信処理は月に一度、バッチ処理で実行される
  - クーポンコードはメールで送信される
- 料金
  - プランを変更できる
  - メール配信数に応じて従量課金が発生する
- その他

- インストール / アンインストール時にログを記録する
- ShopifyのGDPR webhookに対応する

料金体系

プラン	Free	Standard
月額料金	$0	$10
従量課金	なし	メール100通ごとに+$1（最大$1000）
制限	10通／月 まで	――――

準備

今回のサンプルアプリではShopify Admin APIを利用した機能も実装します。Admin APIはREST APIとGraphQLそれぞれで提供されていますが、GraphQLの場合は事前にschemaファイルを作成しておく必要があります。

なおAdmin APIのリクエストに使用するクライアント機能は［shopify_api］（https://github.com/Shopify/shopify_api）というライブラリで提供されており、生成されたRailsのGemfileには最初から含まれています。

GraphQL schemaファイルの作成はRailsコマンドから実行できます。コマンドの実行には{SHOP_DOMAIN}、{ACCESS_TOKEN}、{API_VERSION}の値が必要となります。これらの値は次のコマンドに対応しています。

- {SHOP_DOMAIN}
  - .envファイルのSHOPの値（e.g.xxx.myshopify.com）
- {ACCESS_TOKEN}
  - shop.shopify_tokenの値
- {API_VERSION}
  - config/initializers/shopify_app.rbのapi_versionの値（e.g.2022-01）

{ACCESS_TOKEN}はアプリインストール時の認可フローを通してDBに保存されています。bin/rails consoleコマンドから起動するコンソールを使って次のように取得します。

```ruby
# bin/rails console
shop = Shop.first
shop.shopify_token # => "shpat_xxx"
```

実行に必要な値が揃ったら次のコマンドを実行し、GraphQL schemaファイルを作成します。

```
$ bin/rails shopify_api:graphql:dump SHOP_DOMAIN=xxx.myshopify.com ACCESS_TOKEN=shpat_xxx API_
VERSION=2022-01

Fetching schema for 2022-01 API version...
Wrote file sample-public-app/db/shopify_graphql_schemas/2022-01.json
```

アプリの設定

config/initializers/shopify_app.rbというファイルにはshopify_appライブラリの設定が記載されています。アプリの実装において「顧客情報の読み込み」と「クーポンの発行」の権限が必要なので、認可の際に要求するスコープを変更する必要があります。ファイルを次のように編集します。

config/initializers/shopify_app.rb

```ruby
ShopifyApp.configure do |config|
  config.application_name = 'Happy anniversary' # アプリ名を設定
  config.scope = 'read_customers,write_discounts' # scope を変更
  # 以下略
```

スコープを変更したので、もう一度認可フローを実行してスコープを更新します。

起動中のサーバーを終了し、shopify app serveコマンドを使ってサーバーを再起動します。最新のshopify_appライブラリを使用している場合は、埋め込みアプリのURLを開くと自動的にスコープの差異を検知して認可フローが実行されます。

認可フローが実行されない場合は一度開発ストアにインストールしたアプリをアンインストールし、再度インストールします。

テーブル設計

次に今回のサンプルアプリに必要なDBテーブルを設計します。今回はシンプルなアプリなので必要なテーブルは3つだけです。

anniversary_coupon_settings
クーポン送信機能を設定するためのテーブル。amountで指定した金額にはストア標準の通貨コードが適用されるため、通貨コードはテーブルで管理しません。

カラム	型	説明
id	bigint	――
shop_id	bigint	shops.id
months	integer	記念日とする月数
amount	float	クーポンの金額

app_subscriptions

アプリのプランや従量課金の設定を管理するテーブル。`app_subscription_id`はサブスクリプションのキャンセル、`usage_pricing_id`は従量課金の処理で必要になります。

カラム	型	説明
id	bigint	――
shop_id	bigint	shops.id
plan	string	free / standard
app_subscription_id	string	e.g. gid://shopify/AppSubscription/xxx
recurring_pricing_id	string	e.g. gid://shopify/AppSubscriptionLineItem/yyy?v=1&index=0
usage_pricing_id	string	e.g. gid://shopify/AppSubscriptionLineItem/yyy?v=1&index=1

app_usage_records

従量課金の履歴を管理するテーブル。

カラム	型	説明
id	bigint	――
shop_id	bigint	shops.id
app_usage_record_id	string	e.g. gid://shopify/AppUsageRecord/xxx

モデルの実装

設計したテーブルを元にモデルを作成します。次のコマンドを実行してモデルの雛形を生成します。

```
$ bin/rails g model anniversary_coupon_settings shop:references months:integer amount:float
$ bin/rails g model app_subscriptions shop:references plan:string app_subscription_id:string
recurring_pricing_id:string usage_pricing_id:string
$ bin/rails g model app_usage_records shop:references app_usage_record_id:string
```

生成されたファイルを次のように編集します。

db/migrate/20220310070608_create_anniversary_coupon_settings.rb

```ruby
class CreateAnniversaryCouponSettings < ActiveRecord::Migration[7.0]
  def change
    create_table :anniversary_coupon_settings do |t|
      t.references :shop, null: false, foreign_key: true
      t.integer :months, null: false, default: 0 # NULL 制限、デフォルト値の設定
      t.float :amount, null: false, default: 0.0 # NULL 制限、デフォルト値の設定

      t.timestamps
    end
  end
end
```

db/migrate/20220310074309_create_app_subscriptions.rb

```ruby
class CreateAppSubscriptions < ActiveRecord::Migration[7.0]
  def change
    create_table :app_subscriptions do |t|
      t.references :shop, null: false, foreign_key: true
      t.string :plan, null: false, default: 'free' # NULL 制限、デフォルト値の設定
      t.string :app_subscription_id
      t.string :recurring_pricing_id
      t.string :usage_pricing_id

      t.timestamps
    end
  end
end
```

db/migrate/20220322160802_create_app_usage_records.rb

```ruby
class CreateAppUsageRecords < ActiveRecord::Migration[7.0]
  def change
    create_table :app_usage_records do |t|
      t.references :shop, null: false, foreign_key: true
      t.string :app_usage_record_id, null: false # NULL 制限

      t.timestamps
    end
  end
end
```

app/models/anniversary_coupon_setting.rb

```ruby
class AnniversaryCouponSetting < ApplicationRecord
  belongs_to :shop

  validates :months, :amount, presence: true # バリデーションの設定
end
```

app/models/app_subscription.rb

```ruby
class AppSubscription < ApplicationRecord
  belongs_to :shop

  # バリデーションの設定
  validates :plan, presence: true
  validates :recurring_pricing_id, :usage_pricing_id, presence: true, unless: :free_plan?

  # enum の定義
  enum :plan, { free: 'free', standard: 'standard' }, suffix: true, default: :free
end
```

app/models/app_usage_record.rb

```ruby
class AppUsageRecord < ApplicationRecord
  belongs_to :shop

  # バリデーションの設定
  validates :app_usage_record_id, presence: true
end
```

編集が完了したら、次のコマンドを実行してDBにテーブルを作成します。

```
$ bin/rails db:migrate
```

インストール処理

アプリがインストールされた直後に実行する処理を実装します。ここでレコードの初期化やインストールの通知などを行います。注意しなければならないのは、この処理は認可フローの度に呼び出されるため、何度も実行される可能性があるという点です。そのため、冪等性を保証するように実装する必要があります。

shopify_appライブラリではAfterAuthenticateJobという機能が提供されており、認可フローの後に実行する処理を定義できます。この機能を有効化させるためのジェネレータも用意されています。次のコマンドを実行します。

```
$ bin/rails g shopify_app:add_after_authenticate_job
```

まずはconfig/initializers/shopify_app.rbを編集します。次の1行を追加します。

config/initializers/shopify_app.rb

```ruby
ShopifyApp.configure do |config|
  # 前略
  config.after_authenticate_job = { job: 'Shopify::AfterAuthenticateJob', inline: false }
  # 後略
end
```

ジェネレータで作成されたapp/jobs/shopify/after_authenticate_job.rbを次のように編集します。

app/jobs/shopify/after_authenticate_job.rb

```ruby
module Shopify
  class AfterAuthenticateJob < ApplicationJob
    def perform(shop_domain:)
      initialize_attributes(shop_domain)
      create_app_subscription
      create_anniversary_coupon_setting
      notify_app_installation
    end

    private

    attr_reader :shop

    def initialize_attributes(shop_domain)
      @shop = Shop.find_by(shopify_domain: shop_domain)
    end

    # app_subscriptions レコードの初期化。既にレコードが存在する場合は実行しない
    def create_app_subscription
      return if shop.app_subscription.present?

      shop.create_app_subscription
    end

    # anniversary_coupon_setting レコードの初期化。既にレコードが存在する場合は実行しない
    def create_anniversary_coupon_setting
      return if shop.anniversary_coupon_setting.present?

      shop.create_anniversary_coupon_setting(months: 3, amount: 1000.0)
    end

    # アプリのインストールをログに記録する
    # 実際には Slack や email で開発者に通知することを想定
    # 何度も通知されないよう、Shop レコードの作成から 5 分以内の場合のみ処理を実行する
    def notify_app_installation
```

```
      return if shop.created_at.before? 5.minutes.ago

      logger.info('The app has been installed!')
    end
  end
end
```

アンインストール処理

アプリがストアからアンインストールされた後に実行する処理を実装します。ここでレコードの削除やアンインストールの通知などを行います。Shopify AppではShopifyからwebhookを受信することができ、さまざまなイベントを起点に処理を開始できます。ここではapp/uninstalledというイベントを受け付けられるようにします。

Webhookを作成するためのジェネレータも用意されています。次のコマンドを実行します。

```
$ bin/rails g shopify_app:add_webhook --topic=app/uninstalled --address=/webhooks/app_uninstalled
```

再び、config/initializers/shopify_app.rbを編集します。addressにはShopifyがwebhookを送信する先のURLを指定します。起動中のngrokのホストを取得する方法がなかったので、ここでは直接ngrokが作成したドメインを記載しています。ちなみに.envのHOSTにはngrokのホスト名が記載されていますが、Shopify CLIの仕様でRailsサーバーにはこの値を送らないようになっているようです。

config/initializers/shopify_app.rb

```ruby
ShopifyApp.configure do |config|
  # 前略
  config.webhook_jobs_namespace = 'shopify/webhooks'
  config.webhooks = [
    { topic: 'app/uninstalled', address: 'https://2caa-126-194-156-225.ngrok.io/webhooks/app_uninstalled' }
  ]
  # 後略
end
```

shopify_appライブラリには受信したwebhookに応じて自動的にJobを起動する処理が実装されています。先程config/initializers/shopify_app.rbのaddressにはwebhooks/app_uninstalledを指定したので、Shopify::Webhooks::AppUninstalledJobという名前のJob

が起動されます。app/jobs/shopify/webhooks/app_uninstalled_job.rbを作成して次のように編集します。

app/jobs/shopify/webhooks/app_uninstalled_job.rb

```ruby
module Shopify
  module Webhooks
    class AppUninstalledJob < ApplicationJob
      def perform(shop_domain:, webhook:)
        shop = Shop.find_by(shopify_domain: shop_domain)

        # shops レコードと関連するレコードを DB から削除
        shop.destroy

        # アプリのアンインストールをログに記録
        # 実際には Slack や email で開発者に通知することを想定
        logger.info('The app has been uninstalled!')
      end
    end
  end
end
```

shop.destroyを実行した際に関連するレコードも一緒に削除されるよう、app/models/shop.rbも次のように編集します。

app/models/shop.rb

```ruby
class Shop < ApplicationRecord
  # 前略

  # dependent: :destroy を指定すると削除の際に関連するレコードもすべて削除される
  with_options dependent: :destroy do
    has_one :anniversary_coupon_setting
    has_one :app_subscription
    has_many :app_usage_records
  end

  # 後略
end
```

「会員登録からNカ月経過した顧客」を取得する処理を実装

クーポンの送付対象となる顧客をAdmin APIから取得する処理を実装します。まずはアプリの動作確認用にテストデータを作成します。[9-3　開発ツール] で紹介したpopulateコマンドを利用して顧客データを作成します。

```
$ shopify populate customers
```

作成された顧客データにはメールアドレスが設定されていないので、ストア管理画面の顧客管理ページから手動でメールアドレスを設定しておきましょう。ただし、誤送信を防ぐため、自分自身のメールアドレス、またはtest@example.comのように実在しないメールを設定するようにしてください。

次にAdmin API GraphQLを実行するクライアントを作成します。今回のサンプルアプリではDBモデルと同じくapp/modelsディレクトリにAdmin APIのクライアントを作成しています。管理しづらいと感じた場合はクライアントを別のディレクトリに作成するようにしても良いでしょう。

app/models/customer.rb

```ruby
class Customer
  include GraphqlIterator

  Queries = ShopifyAPI::GraphQL.client(ShopifyApp.configuration.api_version).parse <<~GRAPHQL
    query FindBy($query: String!, $cursor: String) {
      customers(first: 10, query: $query, after: $cursor) {
        edges {
          node {
            id
            email
            createdAt
          }
          cursor
        }
        pageInfo {
          hasNextPage
        }
      }
    }
  GRAPHQL

  class << self
    def search_by_anniversary(shop)
      variables = { query: generate_query(shop) }
      iterate_query(shop:, query: Queries::FindBy, path: 'customers', variables:)
    end
```

```
    private

    def generate_query(shop)
      target_date = shop.anniversary_coupon_setting.months.months.ago
      from = target_date.beginning_of_month
      to = target_date.end_of_month

      "customer_date:>=\"#{from.iso8601}\" customer_date:<=\"#{to.iso8601}\""
    end
  end
end
```

顧客を「作成日時」で検索するため、"customer_date:>=\"#{from.iso8601}\" customer_date:<=\"#{to.iso8601}\""という検索条件をqueryで指定しています。日時を使った検索は\"#{from.iso8601}\"のように日時をダブルクオートで囲まないと正しく解釈されないので注意しましょう。

first: 10を指定しているので、結果が10件以上の場合は前回のcursorを指定して続きを取得する必要があります。Shopify Admin APIにはRate Limitが設けられているため、大量のデータを一度に取得するとAPIがしばらく実行できなくなります。Rate Limitを超過したリクエストを続けるとアプリの掲載に対してペナルティを受ける可能性もあるので、正しく制御する必要があります。

なお、GraphQLの実行を簡単にするためにGraphqlExecutorとGraphqlIteratorというmoduleを別途作成し、使用しています。GraphqlExecutorはGraphQLの実行やエラーハンドリングを行うmoduleです。GraphqlIteratorは複数ページのレスポンスをEnumerableに扱うためのmoduleです。これらのコードは長くなるので[A-4　GraphQLクライアントの実装例]に記載しました。実装の際は合わせてご参照ください。

iterate_queryには内部でRate Limitの消費に応じてリクエストを一時中断したり、自動的に次のページのリクエストを実行したりする機能が実装されています。実装の際はご参考ください。動作確認としてbin/rails cを起動してコンソールから以下のコマンドを実行します。作成したテストデータが取得できていれば成功です。

```
Ruby
# bin/rails c
shop = Shop.first
shop.anniversary_coupon_setting.months = 0 # 動作確認用。0 にすると今月登録した顧客一覧が取得できます
customer_ids = Customer.search_by_anniversary(shop).map(&:id).force
# => ["gid://shopify/Customer/6114704949479", "gid://shopify/Customer/6114705015015", ...]
```

クーポンを発行する処理を実装

対象となる顧客を取得する処理が完成したので、次はクーポンを発行する処理を実装します。ここではGraphQLの[discountCodeBasicCreate](https://shopify.dev/api/admin-graphql/2022-01/mutations/discountcodebasiccreate)というmutationを使用しています。詳しい仕様は公式ドキュメントをご参照ください。

app/models/discount_code.rb

```ruby
class DiscountCode
  include GraphqlExecutor

  Queries = ShopifyAPI::GraphQL.client(ShopifyApp.configuration.api_version).parse <<~GRAPHQL
    mutation Create($input: DiscountCodeBasicInput!) {
      discountCodeBasicCreate(basicCodeDiscount: $input) {
        codeDiscountNode {
          id
          codeDiscount {
            ... on DiscountCodeBasic {
              customerSelection {
                ... on DiscountCustomers { # クーポンを発行した顧客一覧
                  customers {
                    id
                    displayName
                    email
                  }
                }
              }
            }
          }
        }
        userErrors {
          field
          message
        }
      }
    }
  GRAPHQL

  class << self
    # 顧客 ID を指定してクーポンコードを発行する
    def create_discount_code(shop, customer_ids, code)
      variables = { input: generate_variables(shop, customer_ids, code) }
      execute_query(shop:, query: Queries::Create, variables:)
    end

    private

    def generate_variables(shop, customer_ids, code)
```

```
      {
        title: 'Happy anniversary!', # クーポンのタイトル
        startsAt: Time.current.iso8601,
        endsAt: 1.month.since.iso8601, # クーポンの有効期限は 1カ月
        appliesOncePerCustomer: true, # クーポンは顧客ごとに 1 回だけ使用可能
        customerSelection: {
          customers: {
            add: customer_ids # クーポンの対象顧客を指定
          }
        },
        code:, # クーポンコード(重複はエラーになります)
        customerGets: {
          items: {
            all: true # クーポンはすべての商品に利用可能
          },
          value: {
            discountAmount: {
              amount: shop.anniversary_coupon_setting.amount, # クーポンの割引金額
              appliesOnEachItem: false # 商品個別ではなく、注文の合計金額からクーポンの金額を割引する
            }
          }
        }
      }
    end
  end
end
```

動作確認としてbin/rails cを起動してコンソールから次のコマンドを実行します。

```
Ruby
# bin/rails c
shop = Shop.first
shop.anniversary_coupon_setting.months = 0 # 動作確認用。0 にすると今月登録した顧客一覧が取得できます
customer_ids = Customer.search_by_anniversary(shop).map(&:id).force
code = 'COUPON_CODE'
result = DiscountCode.create_discount_code(shop, customer_ids, code)
result.to_h
# =>
# {"discountCodeBasicCreate"=>
#   {"codeDiscountNode"=>
#     {"id"=>"gid://shopify/DiscountCodeNode/1166217117927",
#      "codeDiscount"=>
#       {"__typename"=>"DiscountCodeBasic",
#        "customerSelection"=>
#         {"__typename"=>"DiscountCustomers",
#          "customers"=>
#           [{"id"=>"gid://shopify/Customer/6114704949479", "displayName"=>"dawn rough", "email"=>nil},
#            {"id"=>"gid://shopify/Customer/6114705015015", "displayName"=>"sunset spring", "email"=>nil},
#            {"id"=>"gid://shopify/Customer/6114705047783", "displayName"=>"grass shy", "email"=>nil},
```

```
#             {"id"=>"gid://shopify/Customer/6114705113319", "displayName"=>"dew long", "email"=>nil},
#             {"id"=>"gid://shopify/Customer/6114705178855", "displayName"=>"flower throbbing", "email"=>nil}]}}},
#     "userErrors"=>[]}}
```

ストア管理画面のディスカウントページにクーポンコードが表示されていれば成功です。

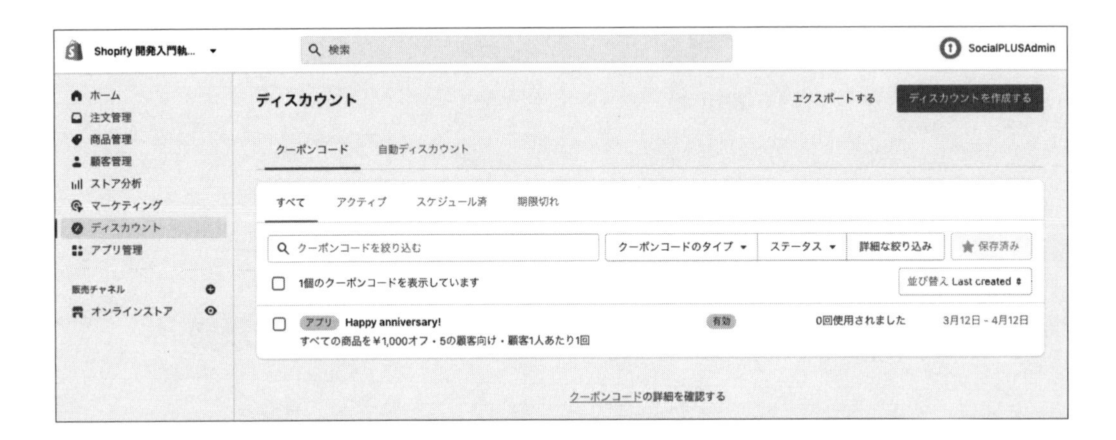

メール送信処理の実装

発行したクーポンコードをメールで送信する機能を実装します。メールの作成と送信はRuby on RailsのActionMailerを利用します。なお、このサンプルアプリではSMTPなどを利用したメール送信の実装方法は取り扱いませんので、別途［Railsガイド］(https://railsguides.jp/action_mailer_basics.html) などをご参照ください。

まず、メール送信処理の動作確認用に配信設定を変更します。以下のようにconfig/environments/development.rbでdelivery_method = :fileを指定すると、sample-public-app/tmp/mailsディレクトリに配信結果がテキストファイルで保存されるようになります。

config/environments/development.rb

```ruby
config.action_mailer.delivery_method = :file # 追加
```

続いて、クーポンコードを送信するためのメイラーを作成します。次のコマンドを実行します。

```
$ bin/rails g mailer customer anniversary_coupon
```

ジェネレータで作成されたapp/mailers/customer_mailer.rbを次のように編集します。

app/mailers/customer_mailer.rb

```ruby
class CustomerMailer < ApplicationMailer
  # クーポンコード付きアニバーサリーメールを送信する
  def anniversary_coupon
    @customer = params[:customer]
    @code = params[:code]
    @months = params[:shop].anniversary_coupon_setting.months

    mail to: @customer.email, subject: 'Happy anniversary!'
  end
end
```

同じくジェネレータで作成されたapp/views/customer_mailer/anniversary_coupon.html.erb、app/views/customer_mailer/anniversary_coupon.text.erbを次のように編集します。HTMLメールが閲覧できない環境でも表示できるよう、テキストメールの本文も設定しています。

app/views/customer_mailer/anniversary_coupon.html.erb

```erb
<h1>Happy anniversary!</h1>

<p>Dear <%= @customer.display_name %>.</p>

<p>
  It has been <%= @months %> months since you became our member. To celebrate,
  we have issued a coupon for you.
</p>

<p><%= @code %></p>

<p>We look forward to your continued patronage.</p>
```

app/views/customer_mailer/anniversary_coupon.text.erb

```erb
Dear <%= @customer.display_name %>.

It has been <%= @months %> months since you became our member.
To celebrate, we have issued a coupon for you.

<%= @code %>

We look forward to your continued patronage.
```

動作確認として、bin/rails cを起動してコンソールから次のコマンドを実行します。

```ruby
shop = Shop.first
# 前述のクーポンコードの発行後に得られた結果を使用します
customer = result.discount_code_basic_create.code_discount_node.code_discount.customer_selection.customers.first
code = 'COUPON_CODE'
CustomerMailer.with(shop:, customer:, code:).anniversary_coupon.deliver_now
```

sample-public-app/tmp/mailsに次のような配信結果が記録されていれば成功です。

```
Date: Sat, 12 Mar 2022 17:39:32 +0900
From: from@example.com
To: roughdawn@example.com
Message-ID: <622c5c449ebad_76981040517b1>
Subject: Happy anniversary!
Mime-Version: 1.0
Content-Type: multipart/alternative;
 boundary="--==_mimepart_622c5c449d8ab_7698104051674";
 charset=UTF-8
Content-Transfer-Encoding: 7bit

----==_mimepart_622c5c449d8ab_7698104051674
Content-Type: text/plain;
 charset=UTF-8
Content-Transfer-Encoding: 7bit

Dear dawn rough.

It has been 3 months since you became our member.
To celebrate, we have issued a coupon for you.

COUPON_CODE

We look forward to your continued patronage.

----==_mimepart_622c5c449d8ab_7698104051674
Content-Type: text/html;
 charset=UTF-8
Content-Transfer-Encoding: 7bit

<!DOCTYPE html>
<html>
  <head>
    <meta http-equiv="Content-Type" content="text/html; charset=utf-8" />
    <style></style>
  </head>
  <body>
```

```
    <h1>Happy anniversary!</h1>
    <p>Dear dawn rough.</p>
    <p>
    It has been 3 months since you became our member.
    To celebrate, we have issued a coupon for you.
    </p>
    <p>COUPON_CODE</p>
    <p>We look forward to your continued patronage.</p>
  </body>
</html>

----==_mimepart_622c5c449d8ab_7698104051674--
```

配信ジョブの実装

ここまで実装した内容を組み合わせて対象顧客にクーポンコード付きメールを配信する処理を実装します。この処理はバッチ処理として月に一度実行されることを想定しています。次のコマンドを実行してジョブの雛形を生成します。

```
$ bin/rails g job anniversary_coupon_delivery_job
```

ジェネレータで作成されたanniversary_coupon_delivery_job.rbを次のように編集します。

app/jobs/anniversary_coupon_delivery_job.rb

```
Ruby
class AnniversaryCouponDeliveryJob < ApplicationJob
  queue_as :default

  def perform(shop)
    initialize_attributes(shop)
    customer_ids = search_customers_by_anniversary
    issue_discount_coupons(customer_ids).each do |customer|
      next if customer.email.blank?

      send_an_anniversary_mail(customer)
    end
  end

  private

  attr_reader :shop, :code

  # ジョブで使用する変数の初期化
```

Chapter 9

```
  def initialize_attributes(shop)
    @shop = shop
    @code = "ANNIVERSARY_#{Time.zone.today.strftime('%Y%m')}"
  end

  # クーポン配信対象となる顧客の検索
  def search_customers_by_anniversary
    Customer.search_by_anniversary(shop).map(&:id).force
  end

  # クーポンコードを発行する
  def issue_discount_coupons(customer_ids)
    DiscountCode
      .create_discount_code(shop, customer_ids, code)
      .discount_code_basic_create
      .code_discount_node
      .code_discount
      .customer_selection
      .customers
  end

  # クーポンコード付きアニバーサリーメールを配信する
  def send_an_anniversary_mail(customer)
    CustomerMailer
      .with(shop:, customer:, code:)
      .anniversary_coupon
      .deliver_now
  end
end
```

動作確認に次のコマンドをコンソールから実行します。

```ruby
shop = Shop.first
shop.anniversary_coupon_setting.update!(months: 0) # 動作確認用。0 にすると今月登録した顧客一覧が取得できます
AnniversaryCouponDeliveryJob.perform_now(shop)
```

sample-public-app/tmp/mailsに配信したメール内容が記録され、ストア管理画面のディスカウントページから発行したクーポンコードが確認できれば成功です。さて、作成したバッチ処理ジョブの運用方法についてですが、これには次のような方法があります。

1. サーバーにcrontabを設定して定期的に実行させる
2. ジョブ起動用のPrivate APIを作成して、定期的にHTTPリクエストを行う

1 の方法は [whenever] (https://github.com/javan/whenever) というライブラリを使用すると簡単に実現できます。実現方法はライブラリの公式サイトをご参照ください。ただし、アプリケーションサーバーをスケールアウトする際に「crontabが設定されたバッチ処理実行用のサーバー」と「それ以外のサーバー」を区別する必要があるので、長い目で見ると運用コストが高い方法になるでしょう。

2 の方法は次に示すようなControllerを作成し、[Amazon EventBridge - API destinations] (https://docs.aws.amazon.com/ja_jp/eventbridge/latest/userguide/eb-api-destinations.html) から定期的にHTTPリクエストを実行させることで実現できます。エンドポイントをインターネットに公開することになるので、プライベートなAPI Keyを定義して他人に実行されないようにしてください。

この方法であれば、アプリケーションサーバーをスケールアウトしてもバッチ処理実行用のサーバーを区別する必要がなくなりますし、動作確認のために手動でバッチ処理を起動することも簡単に実現できるのでおすすめです。

コード9-4-4-1

```ruby
module Private
  class BatchesController < ApplicationController
    skip_forgery_protection
    before_action :verify_api_key

    # POST /private/batches
    def create
      Shop.find_each do |shop|
        AnniversaryCouponDeliveryJob.perform_later(shop)
      end

      render status: :accepted, json: {}
    end

    private

    # リクエストには API Key が必要
    def verify_api_key
      api_key = request.headers['x-api-key']
      return if api_key == private_api_key

      render status: :unauthorized, json: { message: 'Not able to access resource.' }
    end

    # API Key は秘匿情報として管理してください
    def private_api_key
      Rails.application.credentials.private_api_key
    end
  end
end
```

料金プランモデルの実装

アプリの主要機能が実装できたので、次は課金処理を実装します。[サンプルアプリの仕様] で述べたとおり、このアプリには「Free」と「Standard」のプランが存在し、金額固定の月額料金とメールの配信数に応じた従量課金が発生します。

プラン	Free	Standard
月額料金	$0	$10
従量課金	なし	メール100通毎に+$1（最大$1000）
制限	10通／月 まで	――

実装に利用するGraphQLオブジェクトについては、月額料金は［3-3-3　アプリの支払いに関するオブジェクト］の［2. 30日サブスクリプション］、従量課金は［4. 従量課金］で解説していますので、そちらをご参照ください。

30日サブスクリプションと従量課金は別々に有効化することもできますが、今回は同時に開始するように実装してみます。[モデルの実装] で作成したapp/models/app_subscription.rbを次のように編集します。

app/models/app_subscription.rb

```ruby
class AppSubscription < ApplicationRecord
  include GraphqlExecutor # ← この行を追加

  belongs_to :shop

  validates :plan, presence: true
  validates :recurring_pricing_id, :usage_pricing_id, presence: true, unless: :free_plan?

  enum :plan, { free: 'free', standard: 'standard' }, suffix: true, default: :free

  # 以下を追加 ↓
  Queries = ShopifyAPI::GraphQL.client(ShopifyApp.configuration.api_version).parse <<~GRAPHQL
    query Find {
      appInstallation {
        activeSubscriptions {
          id
          lineItems {
            id
            plan {
              pricingDetails {
                __typename
              }
```

```
          }
        }
      }
    }
  }

  mutation Subscribe($name: String!, $lineItems: [AppSubscriptionLineItemInput!]!, $returnUrl:
URL!, $test: Boolean) {
    appSubscriptionCreate(name: $name, lineItems: $lineItems, returnUrl: $returnUrl, test:
$test) {
      confirmationUrl
      userErrors {
        field
        message
      }
    }
  }

  mutation Cancel($id: ID!) {
    appSubscriptionCancel(id: $id) {
      userErrors {
        field
        message
      }
    }
  }
GRAPHQL

# Standard プランの課金を開始
#
# @params return_url [String] マーチャントが課金を承認後にリダイレクトする先の URL
# @return [String] 課金承認画面の URL
def subscribe(return_url)
  variables = {
    name: 'Standard Plan',
    lineItems: line_items,
    returnUrl: return_url,
    test: !Rails.env.production? # 本番環境以外はテスト課金とする
  }
  execute_query(shop:, query: Queries::Subscribe, variables:)
    .app_subscription_create
    .confirmation_url
end

# Standard プランの有効化
#
# @note Shopify Admin API から課金情報を同期して DB の情報を更新する
def activate
  return if active_subscription.blank?
```

Chapter 9

```
    update!(
      plan: 'standard',
      app_subscription_id: active_subscription.id,
      recurring_pricing_id: recurring_pricing.id,
      usage_pricing_id: usage_pricing.id
    )
  end

  # Standard プランをキャンセルして Free プランに戻す
  def cancel
    return if app_subscription_id.blank?

    variables = { id: app_subscription_id }
    execute_query(shop:, query: Queries::Cancel, variables:)
    update!(
      plan: 'free',
      app_subscription_id: nil,
      recurring_pricing_id: nil,
      usage_pricing_id: nil
    )
  end

  private

  # Standard プランの課金情報
  def line_items
    [item_of_recurring_pricing, item_of_usage_pricing]
  end

  # Standard プランの30日サブスクリプション情報
  def item_of_recurring_pricing
    {
      plan: {
        appRecurringPricingDetails: {
          price: { amount: 10.00, currencyCode: 'USD' },
          interval: 'EVERY_30_DAYS'
        }
      }
    }
  end

  # Standard プランの従量課金情報
  def item_of_usage_pricing
    {
      plan: {
        appUsagePricingDetails: {
          terms: '$1 for 100 emails',
          cappedAmount: { amount: 1000.00, currencyCode: 'USD' }
        }
      }
```

```
    }
  end

  # Admin API からストアの現在有効な課金情報を取得する
  def active_subscription
    @active_subscription ||=
      execute_query(shop:, query: Queries::Find)
        .app_installation
        &.active_subscriptions
        &.last
  end

  # ストアの現在有効な30日サブスクリプションの情報を取得する
  def recurring_pricing
    active_subscription.line_items.find do |line_item|
      line_item.plan.pricing_details.__typename == 'AppRecurringPricing'
    end
  end

  # ストアの現在有効な従量課金の情報を取得する
  def usage_pricing
    active_subscription.line_items.find do |line_item|
      line_item.plan.pricing_details.__typename == 'AppUsagePricing'
    end
  end
end
```

サブスクリプションの開始

それでは実際に動かしながら確認してみましょう。まずはStandardプランの課金開始フローを確認します。bin/rails cを起動してコンソールから次のコマンドを実行してください。

```
Ruby
return_url = 'https://26d1-126-194-156-225.ngrok.io' # 現在起動中の ngrok の URL
shop = Shop.first
result = shop.app_subscription.subscribe(return_url)
# => "https://dev-book.myshopify.com/admin/charges/123456/1234567890/RecurringApplicationCharge/
confirm_recurring_application_charge?signature=xxx
```

Chapter 9

コンソールに表示されたconfirmation_url（確認ページURL）をブラウザからアクセスすると次のページが表示されます。「テスト請求」であることを確認して「承認」をクリックします。

ストア管理画面から「設定」→「請求情報」→「サブスクリプション」を確認し、開発中のアプリの請求情報が記載されていることを確認します。

再びコンソールから次のコマンドを実行し、plan、app_subscription_id、recurring_pricing_id、usage_pricing_idが更新されていれば成功です。

```ruby
shop.app_subscription.activate
shop.app_subscription
# =>
# #<AppSubscription:0x0000000114060350
#  id: 1,
#  shop_id: 1,
#  plan: "standard",
#  app_subscription_id: "gid://shopify/AppSubscription/25538756839",
#  recurring_pricing_id: "gid://shopify/AppSubscriptionLineItem/25538756839?v=1&index=0",
#  usage_pricing_id: "gid://shopify/AppSubscriptionLineItem/25538756839?v=1&index=1",
#  created_at: Sat, 12 Mar 2022 16:02:43.269088000 UTC +00:00,
#  updated_at: Sat, 12 Mar 2022 16:33:15.121842000 UTC +00:00>
```

サブスクリプションのキャンセル

続いてStandardプランからFreeプランに変更するフローの確認を行います。コンソールから次のコマンドを実行し、plan、app_subscription_id、recurring_pricing_id、usage_pricing_idがそれぞれ"free"とnilに更新されていることを確認します。

```ruby
shop.app_subscription.cancel
shop.app_subscription
# =>
# #<AppSubscription:0x000000011a6cf618
#  id: 1,
#  shop_id: 1,
#  plan: "free",
#  app_subscription_id: nil,
#  recurring_pricing_id: nil,
#  usage_pricing_id: nil,
#  created_at: Sat, 12 Mar 2022 16:02:43.269088000 UTC +00:00,
#  updated_at: Sat, 12 Mar 2022 16:44:29.322150000 UTC +00:00>
```

ストア管理画面から「設定」→「請求情報」→「サブスクリプション」を確認し、開発中のアプリの請求情報が削除されていれば成功です。

従量課金モデルの実装

[料金プランモデルの実装] では従量課金を有効化する処理を実装しました。次はアプリの使用量に応じて従量課金を請求する処理を実装します。「モデルの実装」で作成したapp/models/app_usage_record.rbを次のように編集します。

app/models/app_usage_record.rb

```ruby
class AppUsageRecord < ApplicationRecord
  include GraphqlExecutor

  belongs_to :shop

  validates :app_usage_record_id, presence: true

  # ↓↓↓↓ 以下を追加 ↓↓↓↓
  Queries = ShopifyAPI::GraphQL.client(ShopifyApp.configuration.api_version).parse <<~GRAPHQL
    mutation Create($id: ID!, $description: String!, $price: MoneyInput!) {
      appUsageRecordCreate(
        subscriptionLineItemId: $id
```

```
        description: $description
        price: $price
      ) {
        appUsageRecord {
          id
        }
        userErrors {
          field
          message
        }
      }
    }
  GRAPHQL

  class << self
    # 従量課金を請求する
    #
    # @param shop [Shop]
    def charge(shop)
      variables = {
        id: shop.app_subscription.usage_pricing_id,
        description: '$1 for 100 emails',
        price: { amount: 1.00, currencyCode: 'USD' }
      }

      result = execute_query(shop:, query: Queries::Create, variables:)
      shop.app_usage_records.create!(
        app_usage_record_id: result.app_usage_record_create.app_usage_record.id
      )
    end
  end
end
```

実際に動かして確認してみます。bin/rails cを起動してコンソールから次のコマンドを実行してください。

```
Ruby
shop = Shop.first
AppUsageRecord.charge(shop)
# =>
# #<AppUsageRecord:0x00000001133dc110
#  id: 1,
#  shop_id: 2,
#  app_usage_record_id: "gid://shopify/AppUsageRecord/159907851",
#  created_at: Tue, 22 Mar 2022 16:59:13.279991000 UTC +00:00,
#  updated_at: Tue, 22 Mar 2022 16:59:13.279991000 UTC +00:00>
```

AppUsageRecordにapp_usage_record_idが保存されていれば成功です。残念ながらストア管理画面から従量課金の請求情報を確認することはできないようです。次のGraphQLを実行すると従量課金の請求履歴を確認できます。

コード9-4-4-2

```
GraphQL
query {
  appInstallation {
    activeSubscriptions {
      id
      currentPeriodEnd
      lineItems {
        id
        plan {
          pricingDetails {
            ... on AppRecurringPricing {
              __typename
            }
            ... on AppUsagePricing {
              __typename
            }
          }
        }
        usageRecords(first: 10) {
          edges {
            node {
              id
              description
              createdAt
              price {
                amount
                currencyCode
              }
            }
          }
        }
      }
    }
  }
}
```

実行結果は次のようになります。

```
JSON
{
  "appInstallation": {
```

```
    "activeSubscriptions": [
      {
        "id": "gid://shopify/AppSubscription/25589514471",
        "currentPeriodEnd": "2022-03-22T16:46:46Z",
        "lineItems": [
          {
            "id": "gid://shopify/AppSubscriptionLineItem/25589514471?v=1\u0026index=0",
            "plan": {
              "pricingDetails": { "__typename": "AppRecurringPricing" }
            },
            "usageRecords": { "edges": [] }
          },
          {
            "id": "gid://shopify/AppSubscriptionLineItem/25589514471?v=1\u0026index=1",
            "plan": { "pricingDetails": { "__typename": "AppUsagePricing" } },
            "usageRecords": {
              "edges": [
                {
                  "node": {
                    "id": "gid://shopify/AppUsageRecord/159907709",
                    "description": "$1 for 100 emails",
                    "createdAt": "2022-03-22T16:58:56Z",
                    "price": { "amount": "1.0", "currencyCode": "USD" }
                  }
                },
                {
                  "node": {
                    "id": "gid://shopify/AppUsageRecord/159907851",
                    "description": "$1 for 100 emails",
                    "createdAt": "2022-03-22T16:59:13Z",
                    "price": { "amount": "1.0", "currencyCode": "USD" }
                  }
                }
              ]
            }
          }
        ]
      }
    ]
  }
}
```

配信ジョブに従量課金処理を組み込む

配信ジョブにメール配信数に応じた従量課金処理を追加します。コードを次のように編集します。

app/jobs/anniversary_coupon_delivery_job.rb

```ruby
class AnniversaryCouponDeliveryJob < ApplicationJob
  queue_as :default

  def perform(shop)
    initialize_attributes(shop)
    customer_ids = search_customers_by_anniversary
    issue_discount_coupons(customer_ids).each do |customer|
      next if customer.email.blank?

      send_an_anniversary_mail(customer)
      charge_usage_pricing # ← 追加
    end
  end

  private

  attr_reader :shop, :code

  # ジョブで使用する変数の初期化
  def initialize_attributes(shop)
    @shop = shop
    @code = SecureRandom.alphanumeric(6)
    @count = 0 # ← 追加
  end

  # (中略)

  # クーポンコード付きアニバーサリーメールを配信する
  def send_an_anniversary_mail(customer)
    CustomerMailer
      .with(shop:, customer:, code:)
      .anniversary_coupon
      .deliver_now
    @count += 1 # ← 追加
  end

  # ↓↓↓↓追加↓↓↓↓
  # 配信数に応じて従量課金の請求を行う
  def charge_usage_pricing
    return if @count < 100

    AppUsageRecord.charge(shop)
    @count = 0
  end
end
```

この配信ジョブは毎月1回実行されるという想定なので、配信履歴をDBに保存せずインスタンス変数@countの数値で従量課金の判定を行っています。もし毎日配信ジョブを実行するなど仕様を変えたい場合は配信履歴をDBに保存し、同月の総配信数に応じて従量課金を実行するように設定すると良いでしょう。

プラン変更APIを実装する

課金モデルが完成したので、今度は埋め込みアプリからプランを変更するAPIを作成します。プラン変更のフローは少し複雑なので、シーケンス図を示しながら解説します。

アプリのプランをFreeからStandardに変更する

アプリのプランをFreeからStandardに変更する処理のシーケンス図を次に示します。埋め込みアプリはSPAで実装するため、マーチャントのブラウザからJSで動作する「フロントエンド」とRuby on Railsで実装されたサーバーサイドの「バックエンド」が登場します。また、フロントエンドからバックエンドへのリクエストにはセッショントークンが用いられます。セッショントークンについての詳細は[8-6 Session Token]をご参照ください。

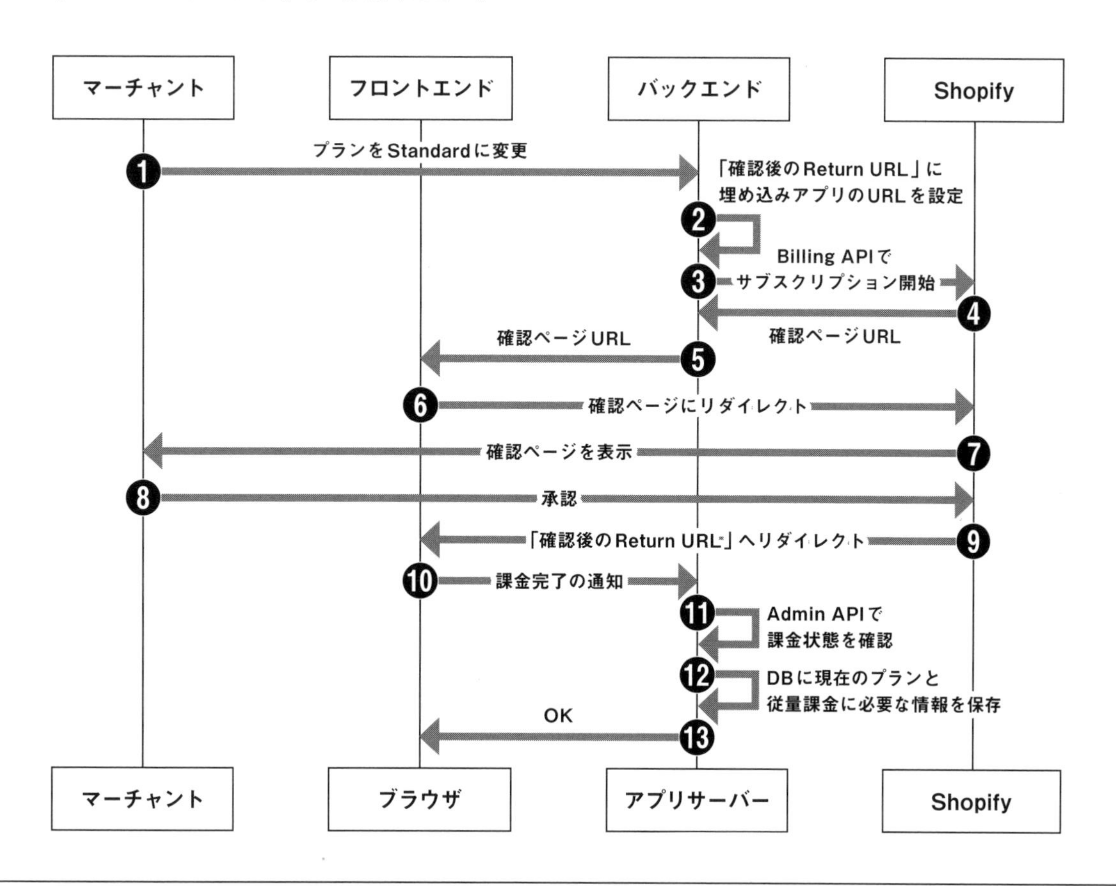

ポイントは②⑨で登場する「確認後のReturn URL」に「埋め込みアプリのURL」を指定していることです。前述の「課金モデルの実装」で確認したとおり、サブスクリプションの開始を実行すると「確認ページURL」が返却され、「承認」を実行すると開始時に設定した「確認後のReturn URL」にリダイレクトされます。

しかしながら、「確認後のReturn URL」には[8-5 OAuth]で解説したようなhmacやshopのパラメータが付与されていないため、バックエンドはどのストアがサブスクリプションを承認したのかを判断できません。そのため、「確認後のReturn URL」に「埋め込みアプリのURL」を指定しておき、フロントエンドからバックエンドにサブスクリプションが承認されたことを通知する必要があります。

参考 How to verify that request to AppSubscription\.returnUrl is from Shopify? \- Shopify Community (https://bit.ly/3qZ5fDz)

アプリのプランをStandardからFreeに変更する

次に、アプリのプランをStandardからFreeに変更する処理のシーケンス図を次に示します。こちらは「確認ページURL」が登場しないのでシンプルなシーケンス図になっています。

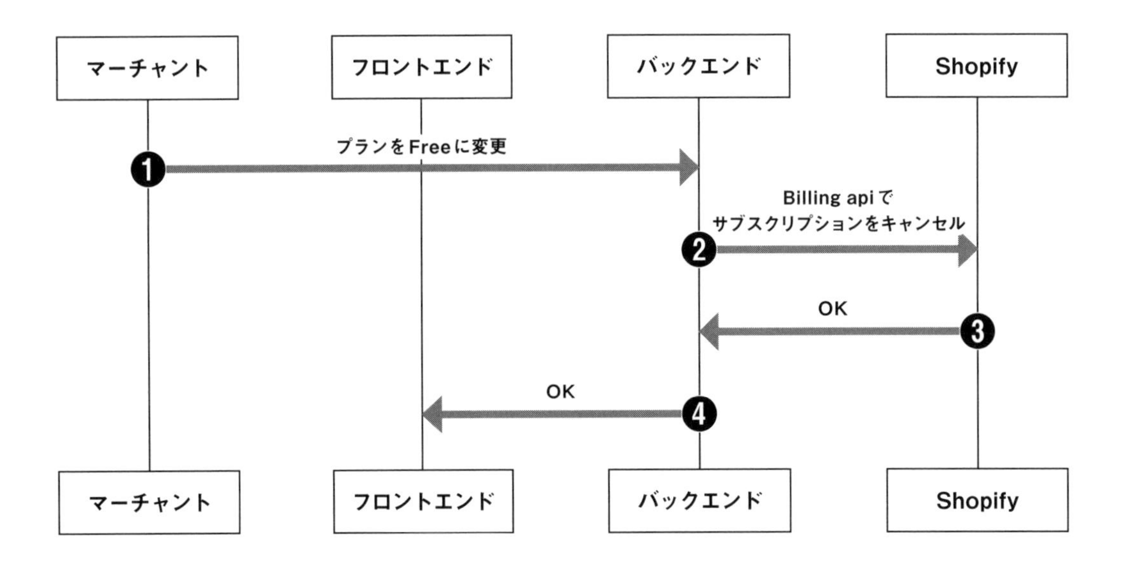

AppHandleの実装

「プラン変更APIのシーケンス図」で解説したとおり、「確認後のReturn URL」には「埋め込みアプリのURL」を設定する必要があります。埋め込みアプリのURLは次のような構造になっています。

```
https://{shop}.myshopify.com/admin/apps/{app_handle}
```

{shop}.myshopify.comはShop#shopify_domainやjwt_shopify_domainから取得できますが、{app_handle}はAdmin APIを使用して取得する必要があります。この値はShopify側で管理されているため、ブラウザに表示されているURLからコピーして使用する事は推奨されません。ここでは{app_handle}を取得するためのモデルを実装します。

app/models/app_handle.rb

```ruby
class AppHandle
  include GraphqlExecutor

  Queries = ShopifyAPI::GraphQL.client(ShopifyApp.configuration.api_version).parse <<~GRAPHQL
    query Find {
      app {
        handle
      }
    }
  GRAPHQL

  class << self
    def find_by(shop)
      execute_query(shop:, query: Queries::Find).app.handle
    end
  end
end
```

コンソールから次のコマンドを実行し、ブラウザのURLに表示されている{app_handle}と同じ値が取得できていることを確認します。

```ruby
shop = Shop.first
app_handle = AppHandle.find_by(shop)
# => "sample-public-app-17"
```

routingの設定

埋め込みアプリからプラン変更を行うAPIのルーティングを定義します。config/routes.rbを次のように編集します。

config/routes.rb

```ruby
resource :app_subscription, only: :show do
```

```
  post 'free'     # プランを Free に変更する
  post 'standard' # プランを Standard に変更する
  post 'activate' # 課金完了の通知
end
```

ターミナルで次のコマンドを実行し、期待どおりのルーティングが表示されることを確認します。

```
$ bin/rails routes | grep app_subscription
      free_app_subscription POST /app_subscription/free(.:format)     app_subscriptions#free
  standard_app_subscription POST /app_subscription/standard(.:format) app_subscriptions#standard
  activate_app_subscription POST /app_subscription/activate(.:format) app_subscriptions#activate
           app_subscription GET  /app_subscription(.:format)          app_subscriptions#show
```

AuthenticatedControllerの実装

前述のとおり、フロントエンドからバックエンドにリクエストする際はセッショントークンを使用します。このセッショントークンを解析して認証を実行する処理はShopifyApp::Authenticatedというmoduleに実装されており、認証済みでなければ実行できない処理はmoduleをincludeしたAuthenticatedControllerを継承したコントローラーで実行する必要があります。

AuthenticatedControllerには認証が必要なAPIの共通処理をまとめておくと便利です。ここでは現在ログイン中のストアのShopモデルを取得するcurrent_shopメソッドを実装します。jwt_shopify_domainからはセッショントークンから取得したログイン中のストアのドメイン(e.g.dev-book.myshopify.com)が取得できるので、この値を条件としてShopモデルをDBから検索します。

app/controllers/authenticated_controller.rb

```ruby
class AuthenticatedController < ApplicationController
  include ShopifyApp::Authenticated

  private

  # 現在ログイン中のストアモデルを取得する
  #
  # @return [Shop]
  def current_shop
    @current_shop ||= Shop.find_by!(shopify_domain: jwt_shopify_domain)
  end
end
```

SubscriptionsControllerの実装

プラン変更APIを提供するSubscriptionsControllerを実装します。先程編集したAuthenticatedControllerを忘れずに継承してください。

app/controllers/app_subscriptions_controller.rb

```ruby
class AppSubscriptionsController < AuthenticatedController
  # GET  /app_subscription
  def show
    render json: { app_subscription: }
  end

  # POST /app_subscription/free
  def free
    current_shop.app_subscription.cancel

    render json: { app_subscription: }
  end

  # POST /app_subscription/standard
  def standard
    app_handle = AppHandle.find_by(current_shop)
    return_url = "https://#{current_shop.shopify_domain}/admin/apps/#{app_handle}?activate=true"
    confirmation_url = current_shop.app_subscription.subscribe(return_url)

    render json: { app_subscription: { confirmation_url: } }
  end

  # POST /app_subscription/activate
  def activate
    current_shop.app_subscription.activate

    render json: { app_subscription: }
  end

  private

  def app_subscription
    { plan: current_shop.app_subscription.plan }
  end
end
```

POST /app_subscription/standardの実装でreturn_urlに?activate=trueというクエリパラメータを付与していますが、これは埋め込みアプリのフロントエンドがサブスクリプションの「確認ページURL」から「確認後のReturn URL」へリダイレクトしてきたことを認識するための目印です。今回のサンプルアプリではフロントエンドのルーティングは使用しませんが、React Routerなどを利用して実装する場合はactivate専用のpathを指定すると良いでしょう。

埋め込みアプリのフロントエンドを実装する

埋め込みアプリのバックエンドのAPIが一通り揃ったので、フロントエンドの開発に着手します。[8-2 Polaris] と [8-3 App Bridge] と解説したように、Shopifyから提供されているフロントエンドのライブラリはReactをベースに開発されています。しかしながら、Shopify CLIを使って作成されたRuby on Railsの開発環境ではすぐにReactを利用することができません。いくつかのライブラリをインストールして開発環境を構築する必要があります。

既存のフロントエンド環境を削除する

Ruby on Railsのバージョン7ではimport mapやHotwireが採用されていますが、Reactをベースとしたフロントエンド開発とは手法が異なりますし、現時点ではReactベースのPolarisやApp Bridgeと共存させるベストプラクティスも確立されていないように思います。Railsの産みの親であるDHHには大変申し訳ないのですが、一度これらの環境を削除してフロントエンド開発の環境を構築し直します。

まず、Gemfileから`turbo-rails`と`stimulus-rails`を削除して`$ bundle install`を実行します。

Gemfile

```ruby
# Hotwire's SPA-like page accelerator [https://turbo.hotwired.dev]
gem 'turbo-rails' # ← 削除

# Hotwire's modest JavaScript framework [https://stimulus.hotwired.dev]
gem 'stimulus-rails' # ← 削除
```

次のファイルを削除します。

- app/javascript/application.js
- app/javascript/controllers/application.js
- app/javascript/controllers/hello_controller.js
- app/javascript/controllers/index.js
- app/javascript/lib/flash_messages.js
- app/javascript/lib/shopify_app.js
- config/importmap.rb

次のerbファイルを編集します。

app/views/home/index.html.erb

ERB(HTML)

```
<!DOCTYPE html>
<html lang="en">
  <head>
    <meta charset="utf-8" />
    <meta name="viewport" content="width=device-width, initial-scale=1" />
    <link
      rel="stylesheet"
      href="https://unpkg.com/@shopify/polaris@4.25.0/styles.min.css"
    />
    <%# <script> タグおよび内容を削除 %>
  </head>
  <body>
    <%# <body> 内のコンテンツを削除 %>
  </body>
</html>
```

app/views/layouts/embedded_app.html.erb

ERB(HTML)

```
<!DOCTYPE html>
<html lang="en">
  <head>
    <meta charset="utf-8" />
    <% application_name = ShopifyApp.configuration.application_name %>
    <title><%= application_name %></title>
    <%= stylesheet_link_tag 'application' %>

    <%# ↓↓↓ここから削除↓↓↓↓ %>
    <% if ShopifyApp.use_webpacker? %>
      <%= javascript_pack_tag 'application', 'data-turbolinks-track': 'reload' %>
    <% elsif ShopifyApp.use_importmap? %>
      <%= javascript_importmap_tags %>
    <% else %>
      <%= javascript_include_tag 'application', "data-turbolinks-track" => true %>
    <% end %>
    <%# ↑↑↑↑ここまで削除↑↑↑↑ %>

    <%= javascript_pack_tag 'application' # ← 追加 %>

    <%= csrf_meta_tags %>
  </head>

  <body>
    <div class="app-wrapper">
      <div class="app-content">
        <main role="main">
          <%= yield %>
```

```
        </main>
      </div>
    </div>

    <%# ↓↓↓ここから削除↓↓↓↓ %>
    <%= render 'layouts/flash_messages' %>

    <script src="https://unpkg.com/@shopify/app-bridge@2"></script>

    <%= content_tag(:div, nil, id: 'shopify-app-init', data: {
      api_key: ShopifyApp.configuration.api_key,
      shop_origin: @shop_origin || (@current_shopify_session.domain if @current_shopify_session),
      host: @host,
      debug: Rails.env.development?
    } ) %>
    <% if content_for?(:javascript) %>
      <div id="ContentForJavascript" data-turbolinks-temporary>
        <%= yield :javascript %>
      </div>
    <% end %>
    <%# ↑↑↑↑ここまで削除↑↑↑↑ %>
  </body>
</html>
```

これで既存のフロントエンド環境はすべて削除できました。当然ながらこの状態では埋め込みアプリにアクセスしても全く動作しません。続いて、Reactを使ったフロントエンド開発の環境を整えていきます。

ReactとTypeScriptを使った開発環境を構築する

Gemfileに次のgemを追加して`$ bundle install`を実行します。

Gemfile

```ruby
gem 'react-rails' # ← 追加
gem 'webpacker' # ← 追加
```

続いて、ターミナルから次のコマンドを実行します。

```
$ bin/rails webpacker:install
$ bin/rails webpacker:install:react
$ bin/rails webpacker:install:typescript
$ bin/rails g react:install
```

app-bridgeとpolarisをインストールします。ちなみにyarn addは1行でも書けますが、可読性のために改行しています。

```
$ yarn add @shopify/app-bridge
$ yarn add @shopify/app-bridge-react
$ yarn add @shopify/app-bridge-utils
$ yarn add @shopify/polaris
```

tsconfig.jsonを次のように編集します。

tsconfig.json

```
JSON
{
  "compilerOptions": {
    "declaration": false,
    "emitDecoratorMetadata": true,
    "experimentalDecorators": true,
    "lib": ["es6", "dom"],
    "module": "es6",
    "moduleResolution": "node",
    "sourceMap": true,
    "target": "es5",
    "jsx": "react",
    "noEmit": true,
    "resolveJsonModule": true, // ←追加
    "allowSyntheticDefaultImports": true // ←追加
  },
  "exclude": ["**/*.spec.ts", "node_modules", "vendor", "public"],
  "compileOnSave": false
}
```

app/views/home/index.html.erbを次のように編集します。

app/views/home/index.html.erb

```
ERB(HTML)
<!DOCTYPE html>
<html lang="en">
  <head>
    <meta charset="utf-8" />
    <meta name="viewport" content="width=device-width, initial-scale=1" />
    <%# ↓↓↓↓インストールした polaris の CSS を参照する↓↓↓↓ %>
    <link
      rel="stylesheet"
      href="https://unpkg.com/@shopify/polaris@9.2.2/build/esm/styles.css"
```

```
    />
    <%# ↑↑↑↑ここまで↑↑↑↑ %>
  </head>
  <body>
    <%# ↓↓↓↓以下を追加↓↓↓↓ %>
    <%= react_component("App",
      apiKey: ShopifyApp.configuration.api_key,
      shopOrigin: @shop_origin || (@current_shopify_session.domain if @current_shopify_session),
      host: @host,
      debug: Rails.env.development?
    ) %>
    <%# ↑↑↑↑ここまで↑↑↑↑ %>
  </body>
</html>
```

polarisのCSSのパスはバージョンによって異なるので、公式ドキュメントの内容に従ってください。react_componentはapp/javascript/componentsディレクトリ以下のtsxファイルをrenderするためのヘルパーメソッドです。app/javascript/packs/application.jsの設定を変更すればapp/javascript/components以外のフォルダも対象とすることができます。今回はapp/javascript/components/App.tsxをエントリーポイントとする想定で、初期化に必要なapiKeyなどの情報をRailsからReactに渡しています。

続いて、app/javascript/components/App.tsxを作成し、次のように記述します。

app/javascript/components/App.tsx

TSX

```tsx
import React from "react";
import jaTranslations from "@shopify/polaris/locales/ja.json";
import {
  AppProvider as PolarisProvider,
  Page,
  Card,
  Button,
} from "@shopify/polaris";
import { Provider as AppBridgeProvider } from "@shopify/app-bridge-react";

type Props = {
  apiKey: string;
  shopOrigin: string;
  host: string;
  debug: boolean;
};

const App: React.FC<Props> = ({ apiKey, shopOrigin, host, debug }) => {
  return (
```

```
    <PolarisProvider i18n={jaTranslations}>
      <AppBridgeProvider config={{ apiKey, host, forceRedirect: true }}>
        <Page title="Example app">
          <Card sectioned>
            <Button onClick={() => alert("Button clicked!")}>
              Example button
            </Button>
          </Card>
        </Page>
      </AppBridgeProvider>
    </PolarisProvider>
  );
};

export default App;
```

埋め込みアプリで次のように表示されれば成功です。

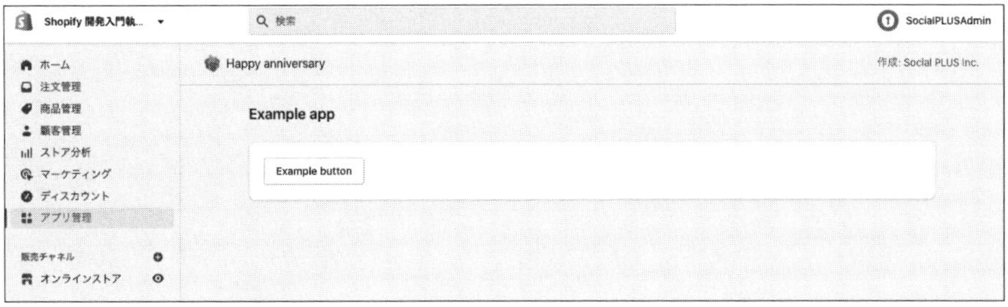

アプリの料金プランの選択ページを作成する

［プラン変更APIを実装する］で作成したAPIとつなぎ込むためのページを作成します。app/javascript/components/PricingPlanPage.tsxとapp/javascript/components/PricingPlanCard.tsxを追加し、次のように編集します。

app/javascript/components/App.tsx

TSX

```tsx
import React from "react";
import jaTranslations from "@shopify/polaris/locales/ja.json";
import { AppProvider as PolarisProvider } from "@shopify/polaris";
import { Provider as AppBridgeProvider } from "@shopify/app-bridge-react";
import PricingPlanPage from "./PricingPlanPage"; // ← 追加

type Props = {
  apiKey: string;
  shopOrigin: string;
```

```
  host: string;
  debug: boolean;
};

const App: React.FC<Props> = ({ apiKey, shopOrigin, host, debug }) => (
  <PolarisProvider i18n={jaTranslations}>
    <AppBridgeProvider config={{ apiKey, host, forceRedirect: true }}>
      {/* ↓↓↓↓以下を変更↓↓↓↓ */}
      <PricingPlanPage />
      {/* ↑↑↑↑ここまで↑↑↑↑ */}
    </AppBridgeProvider>
  </PolarisProvider>
);

export default App;
```

app/javascript/components/PricingPlanPage.tsx

TSX

```
import React from "react";
import { Layout, Page } from "@shopify/polaris";
import PricingPlanCard from "./PricingPlanCard";

const PricingPlanPage: React.FC<{}> = () => (
  <Page title="Pricing plan">
    <Layout>
      <Layout.Section oneHalf>
        <PricingPlanCard
          plan="free"
          price={0}
          listItems={[
            "Send 10 email notifications",
            "Feature description 1",
            "Feature description 2",
          ]}
        />
      </Layout.Section>
      <Layout.Section oneHalf>
        <PricingPlanCard
          plan="standard"
          price={10}
          listItems={[
            "Send unlimited email notifications",
            "$1 for 100 emails",
            "Feature description",
          ]}
        />
      </Layout.Section>
    </Layout>
```

```
  </Page>
);

export default PricingPlanPage;
```

app/javascript/components/PricingPlanCard.tsx

```tsx
import React from "react";
import { Card, DisplayText, List, TextContainer } from "@shopify/polaris";

type Props = {
  plan: string;
  price: number;
  listItems: Array<string>;
};

const PricingPlanCard: React.FC<Props> = ({ plan, price, listItems }) => (
  <Card sectioned title={plan} primaryFooterAction={{ content: "Subscribe" }}>
    <TextContainer>
      <DisplayText size="large">${price}/month</DisplayText>
      <List>
        {listItems.map((listItem, index) => (
          <List.Item key={index}>{listItem}</List.Item>
        ))}
      </List>
    </TextContainer>
  </Card>
);

export default PricingPlanCard;
```

埋め込みアプリで次のように表示されれば成功です。

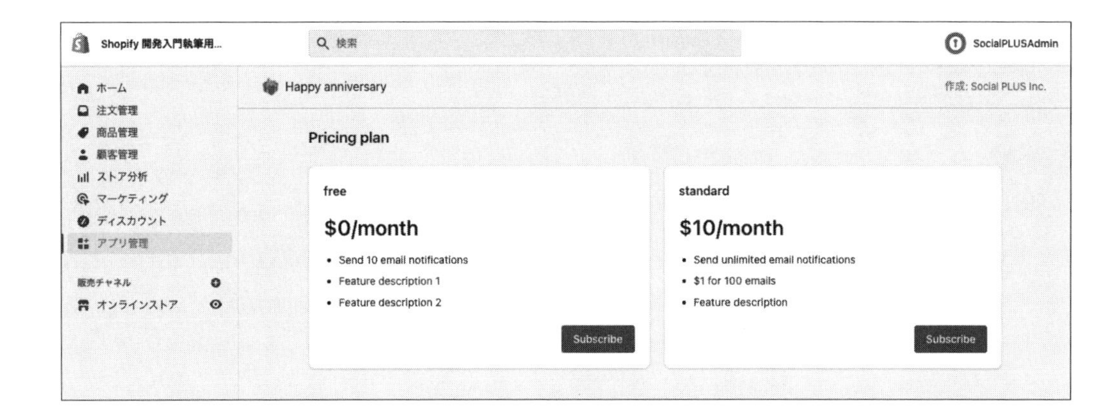

プラン変更APIと繋ぎこむ

[8-6　Session Token] で解説したとおり、埋め込みアプリのフロントエンドからバックエンドへリクエストする際はセッショントークンが必要となります。`<Provider>`コンポーネントの内側であれば、どこでも`useAppBridge`というhookを介してAppBridge clientを取得できます。とはいえリクエストごとに手続きするのは手間なので、次のようなリクエスト専用のmoduleを作成します。

app/javascript/modules/useRequest.ts

TypeScript
```typescript
import { useCallback } from "react";
import { useAppBridge } from "@shopify/app-bridge-react";
import { getSessionToken } from "@shopify/app-bridge-utils";

export const useRequest = (): (<T = any>(
  path: string,
  requestInit?: RequestInit
) => Promise<T>) => {
  const app = useAppBridge();
  return useCallback(
    async <T extends {}>(path: string, requestInit?: RequestInit) => {
      const sessionToken = await getSessionToken(app);
      return fetchWithSessionToken<T>(path, sessionToken, requestInit);
    },
    [app]
  );
};

const fetchWithSessionToken = async <T extends {}>(
  path: string,
  sessionToken: string,
  requestInit?: RequestInit
): Promise<T> => {
  const response = await fetch(path, {
    ...requestInit,
    headers: {
      "Content-Type": "application/json",
      "X-Requested-With": "XMLHttpRequest",
      Authorization: `Bearer ${sessionToken}`,
      ...requestInit?.headers,
    },
    body: JSON.stringify(requestInit?.body),
  });
  return response.json();
};
```

次のように利用します。

```
TypeScript
import { useRequest } from "../modules/useRequest";
const request = useRequest();
const response = await request("path/to/resource", { method: "POST" });
```

これを先程作成したPricingPlanPage.tsxとPricingPlanCard.tsxに組み込んでいきます。フローが複雑なので［プラン変更APIのシーケンス図］の内容と照らし合わせながらご確認ください。

app/javascript/components/PricingPlanPage.tsx

```
TSX
import { parse } from "querystring";
import React, { useEffect, useState } from "react";
import { Layout, Page } from "@shopify/polaris";
import PricingPlanCard, { Plan } from "./PricingPlanCard";
import { useRequest } from "../modules/useRequest";
import { Redirect } from "@shopify/app-bridge/actions";
import { useAppBridge } from "@shopify/app-bridge-react";

type Response = {
  app_subscription: { plan: Plan };
};

const PricingPlanPage: React.FC<{}> = () => {
  const app = useAppBridge();
  const redirect = Redirect.create(app);
  const request = useRequest();
  const [currentPlan, setCurrentPlan] = useState<Plan>(undefined);
  const query = parse(window.location.search.slice(1));

  // プラン変更 API へのリクエスト後、画面に表示されている「現在のプラン」を更新する
  const requestSubscription = (method: "GET" | "POST", path: string) => {
    request(path, { method: method }).then((response: Response) => {
      setCurrentPlan(response.app_subscription.plan);
    });
  };

  // free プランを選択した際に POST app_subscription/free にリクエストする
  const freePlanAction = () => {
    requestSubscription("POST", "app_subscription/free");
  };

  // standard プランを選択した際に POST app_subscription/standard にリクエストして
  // レスポンスに含まれる「確認ページ URL」へリダイレクトする
  const standardPlanAction = () => {
    request("app_subscription/standard", { method: "POST" }).then(
```

```
      (response) => {
        redirect.dispatch(
          Redirect.Action.REMOTE,
          response.app_subscription.confirmation_url
        );
      }
    );
  };

  useEffect(() => {
    if (query.activate) {
      // 現在の URL に `?activate=true` が含まれる場合は「確認後の Return URL」として現在のページが表示され
ているので
      // POST app_subscription/activate にリクエストして、バックエンドに「課金完了の通知」を行う
      requestSubscription("POST", "app_subscription/activate");
    } else {
      // それ以外の場合は GET app_subscription で「現在のプラン」を取得して画面の情報を更新する
      requestSubscription("GET", "app_subscription");
    }
  });

  return (
    <Page title="Pricing plan">
      <Layout>
        <Layout.Section oneHalf>
          <PricingPlanCard
            plan="free"
            // 現在 free プランが選択されているかどうか。初期化前の場合は undefined を指定する
            isCurrentPlan={currentPlan && currentPlan === "free"}
            price={0}
            listItems={[
              "Send 10 email notifications",
              "Feature description 1",
              "Feature description 2",
            ]}
            onAction={freePlanAction}
          />
        </Layout.Section>
        <Layout.Section oneHalf>
          <PricingPlanCard
            plan="standard"
            // 現在 standard プランが選択されているかどうか。初期化前の場合は undefined を指定する
            isCurrentPlan={currentPlan && currentPlan === "standard"}
            price={10}
            listItems={[
              "Send unlimited email notifications",
              "$1 for 100 emails",
              "Feature description",
            ]}
            onAction={standardPlanAction}
```

```
        />
      </Layout.Section>
    </Layout>
  </Page>
  );
};

export default PricingPlanPage;
```

app/javascript/components/PricingPlanCard.tsx

```tsx
import React from "react";
import {
  Card,
  Action,
  DisplayText,
  List,
  TextContainer,
} from "@shopify/polaris";
import PricingPlanSkeletonCard from "./PricingPlanSkeletonCard";

export type Plan = "free" | "standard" | undefined;

type Props = {
  plan: Plan;
  isCurrentPlan: boolean | undefined;
  price: number;
  listItems: Array<string>;
  onAction: Action["onAction"];
};

const PricingPlanCard: React.FC<Props> = ({
  plan,
  isCurrentPlan,
  price,
  listItems,
  onAction,
}) => {
  if (isCurrentPlan === undefined) {
    // API から「現在のプラン」を取得する前はスケルトンを表示する(後述)
    return <PricingPlanSkeletonCard />;
  }

  return (
    <Card
      sectioned
      title={plan}
```

Chapter 9

```
      primaryFooterAction={{
        content: "Subscribe",
        disabled: isCurrentPlan, // 現在選択されているプランの場合はボタンを無効化する
        onAction,
      }}
    >
      <TextContainer>
        <DisplayText size="large">${price}/month</DisplayText>
        <List>
          {listItems.map((listItem, index) => (
            <List.Item key={index}>{listItem}</List.Item>
          ))}
        </List>
      </TextContainer>
    </Card>
  );
};

export default PricingPlanCard;
```

app/javascript/components/PricingPlanSkeletonCard.tsx

```
TSX
import React from "react";
import {
  Card,
  List,
  SkeletonBodyText,
  SkeletonDisplayText,
  TextContainer,
} from "@shopify/polaris";

// 料金プランカードのスケルトン
const PricingPlanSkeletonCard: React.FC<{}> = () => (
  <Card sectioned title={<SkeletonBodyText lines={1} />}>
    <TextContainer>
      <SkeletonDisplayText size="large" />
      <List>
        <List.Item>
          <SkeletonBodyText lines={1} />
        </List.Item>
        <List.Item>
          <SkeletonBodyText lines={1} />
        </List.Item>
        <List.Item>
          <SkeletonBodyText lines={1} />
        </List.Item>
      </List>
      <SkeletonBodyText lines={1} />
```

```
    </TextContainer>
  </Card>
);
export default PricingPlanSkeletonCard;
```

バックエンドのAPIとの通信が完了するまでの間は次のようなスケルトンを表示しています。

長い道のりでしたが、ようやく埋め込みアプリのフロントエンドとバックエンドをつなぎ込むことができました。freeプラン、standardプランを選択して、課金フローが正しく動作することをご確認ください。料金プランの変更後、選択中のプランのSubscribeボタンが無効化されていれば成功です。

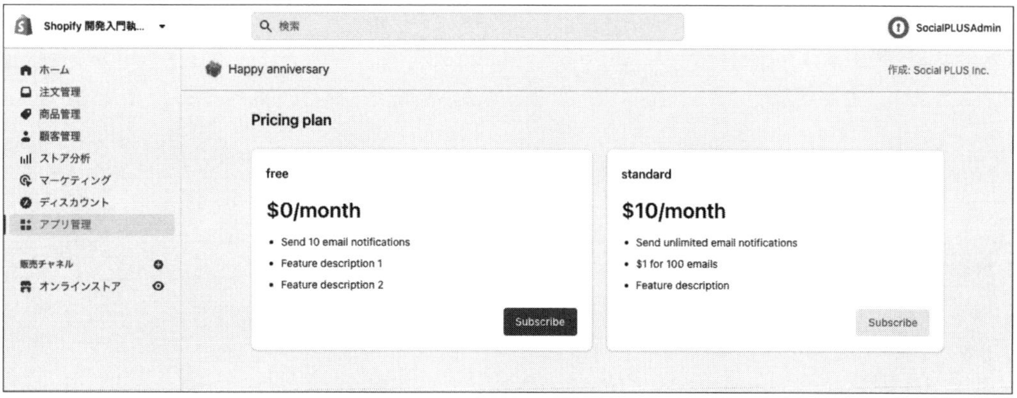

GDPR必須のWebhookの実装

前項まででサンプルアプリの主要な機能の実装は完了しましたが、公開アプリではGDPR必須のWebhookの実装が必要となります。これは日本国内向けのアプリでも必要で、アプリの公開審査でも必ずチェックされます。実装自体はそれほど難しいものではなく、すでに「アンインストール処理」で実装したwebhookと同じ要領で実装することができます。対応が必要となるWebhookは次の3種類です。

Topic	説明
customers/data_request	アプリで管理している顧客データの開示要求
customers/redact	アプリで管理している顧客データの削除要求
shop/redact	アプリで管理しているストアデータの削除要求

なお、アンインストール処理ではconfig/initializers/shopify_app.rbでapp/uninstalledというイベントを購読するという定義を行いましたが、GDPR必須のWebhookは「パートナーダッシュボード」→「アプリ管理」→「アプリ設定」から行います。

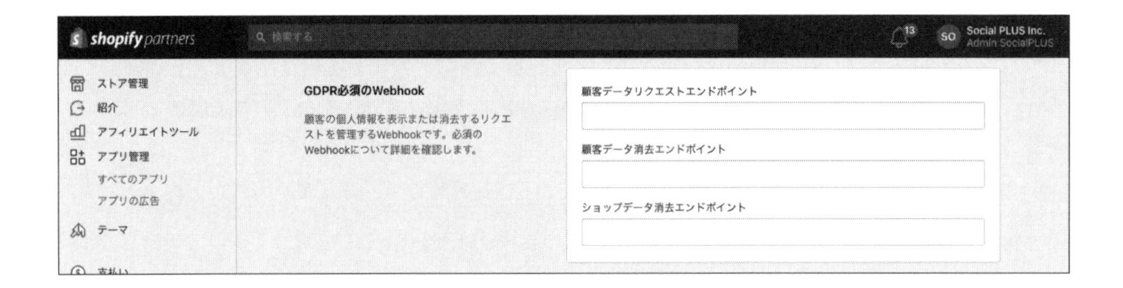

shopify_appライブラリを使用して実装した場合、設定するエンドポイントは次のようになります。

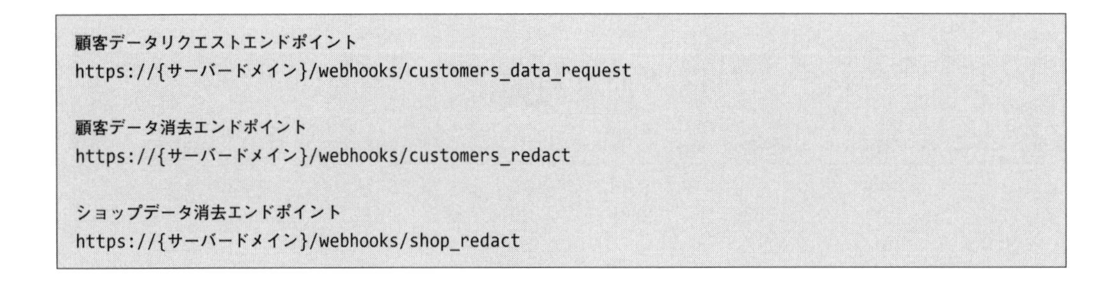

```
顧客データリクエストエンドポイント
https://{サーバードメイン}/webhooks/customers_data_request

顧客データ消去エンドポイント
https://{サーバードメイン}/webhooks/customers_redact

ショップデータ消去エンドポイント
https://{サーバードメイン}/webhooks/shop_redact
```

顧客データリクエストエンドポイントの実装

このWebhookは「ストア管理画面」→「顧客管理」→「顧客詳細」→「顧客データの要求」をクリックした際にリクエストされます。

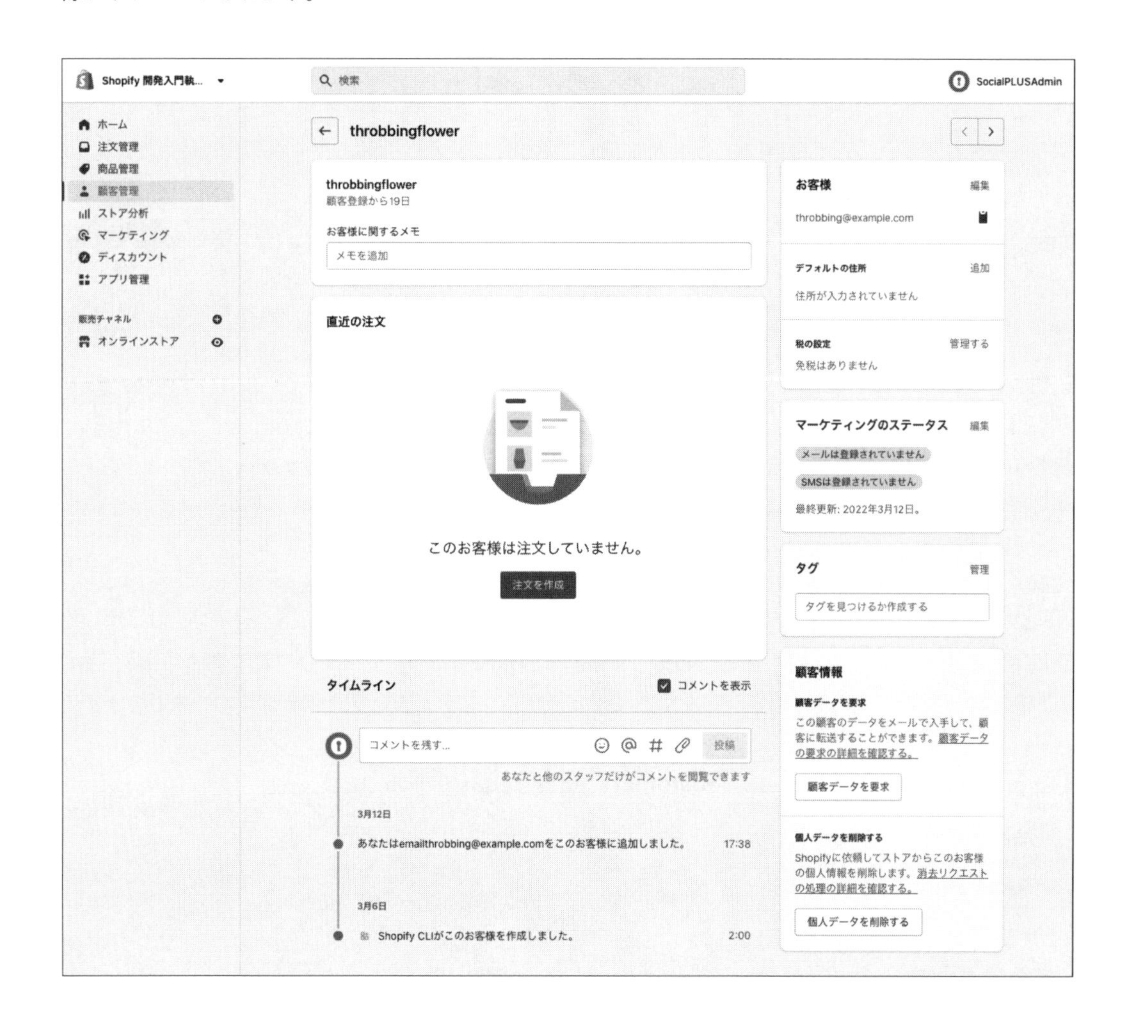

このWebhookを受け取った際は、マーチャントに対してアプリが保管している顧客情報や注文情報を提供する必要があります。情報の提供方法はとくに定められていませんが、メールによる提供が一般的でしょう。必ずしもシステムが自動応答する必要はないため、アプリのリリース初期はオペレーターが手動でメールを送るような運用でも良いかもしれません。

Webhookには次のようなJSONが付与されます。

```json
{
  "shop_id": 954889,
  "shop_domain": "{shop}.myshopify.com",
  "orders_requested": [299938, 280263, 220458],
  "customer": {
    "id": 191167,
    "email": "john@example.com",
    "phone": "555-625-1199"
  },
  "data_request": {
    "id": 9999
  }
}
```

実際に作成してみます。まずは次のコマンドを実行してジョブの雛形を生成します。

```
$ bin/rails g job shopify/webhooks/customers_data_request
```

作成された雛形ファイルを次のように編集します。今回作成したサンプルアプリでは顧客の情報をDBに保存していないため開示すべきデータはありませんが、システムにログを残すようにしておきます。

app/jobs/shopify/webhooks/customers_data_request_job.rb

```ruby
module Shopify
  module Webhooks
    class CustomersDataRequestJob < ApplicationJob
      queue_as :default

      def perform(shop_domain:, webhook:)
        logger.info("Customer data has been requested: #{webhook.inspect}")
      end
    end
  end
end
```

顧客データ消去エンドポイントの実装

このWebhookは「ストア管理画面」→「顧客管理」→「顧客詳細」→「個人データを削除する」をクリックした際にリクエストされますが、顧客の注文履歴に応じてリクエストまでにタイムラグがあります。

- 過去6カ月間注文履歴がない顧客の場合
  - クリックから10日後にWebhookがリクエストされる
- 上記以外
  - クリックから6カ月後にWebhookがリクエストされる

このWebhookを受け取った際は、アプリが管理している顧客の個人情報や注文履歴を削除する必要があります。Webhookには次のようなJSONが付与されます。

JSON

```json
{
  "shop_id": 954889,
  "shop_domain": "{shop}.myshopify.com",
  "customer": {
    "id": 191167,
    "email": "john@example.com",
    "phone": "555-625-1199"
  },
  "orders_to_redact": [299938, 280263, 220458]
}
```

実際に作成してみます。まず次のコマンドを実行してジョブの雛形を生成します。

```
$ bin/rails g job shopify/webhooks/customers_redact
```

作成された雛形ファイルを次のように編集します。こちらも顧客データの要求と同じく、今回作成したサンプルアプリでは顧客の情報をDBに保存していないため、システムにログを残すようにしておきます。

app/jobs/shopify/webhooks/customers_redact_job.rb

Ruby

```ruby
module Shopify
  module Webhooks
    class CustomersRedactJob < ApplicationJob
      queue_as :default
```

```
      def perform(shop_domain:, webhook:)
        logger.info("Customer redaction has been requested: #{webhook.inspect}")
      end
    end
  end
end
```

ショップデータ消去エンドポイントの実装

このWebhookはアプリがアンインストールされてから48時間後にリクエストされます。受け取った際は、アプリが管理しているストアの情報を削除する必要があります。

なお、本節で扱ったサンプルアプリではアンインストール時Webhookの処理でストアのデータ削除を実行しているため、このWebhookでは特に実行する処理はありません。アンインストールから48時間以内に再インストールされた際にデータ不整合が発生するような場合は、サンプルアプリのようにapp/uninstalledで削除する設計にすると良いでしょう。Webhookには以下のようなJSONが付与されます。

```json
{
  "shop_id": 954889,
  "shop_domain": "{shop}.myshopify.com"
}
```

実際に作成してみます。まずは次のコマンドを実行してジョブの雛形を生成します。

```
$ bin/rails g job shopify/webhooks/shop_redact
```

作成された雛形ファイルを以下のように編集します。前述のとおり、すでにストア情報は削除されているため、システムにログを残すようにしておきます。

app/jobs/shopify/webhooks/shop_redact_job.rb

```ruby
module Shopify
  module Webhooks
    class ShopRedactJob < ApplicationJob
      queue_as :default
```

```
      def perform(shop_domain:, webhook:)
        logger.info("Shop redaction has been requested: #{webhook.inspect}")
      end
    end
  end
end
```

まとめ

[9-4-4] ではサンプルアプリを通じてShopifyアプリの開発について解説しました。題材としては、埋め込みアプリとバッチ処理を中心としたメール配信アプリですが、アプリ開発に必要なノウハウを網羅するよう設計しているので、さまざまなアプリで応用できることでしょう。なお、サンプルアプリではストアフロントに関する開発は扱いませんでしたが、本項の内容に加えて [8-4　App extension] や [8-8　App proxies]、[A-1　App proxyでカスタマーのリクエストを判別する] が開発のヒントになるでしょう。あわせてご参照ください。

今回のサンプルアプリではRuby on Railsを使って開発を行いましたが、CLIはLaravelやNextJSにも対応しているので、実際に取り組む際は得意な言語やフレームワークを選択してください。また、CLIには搭載されていませんが、Pythonや.NETに対応したAPIライブラリも公開※されています。ほかにもhttps://github.com/Shopifyにはたくさんのソースコードが公開されているので、参考にすると良いでしょう。

※https://shopify.dev/apps/tools/api-libraries

Shopify CLIのメリットとデメリット

[9-4　CLIでサンプルアプリを作成する]の冒頭でも触れましたが、Shopify CLIおよび内包されるshopify_appやshopify_apiといったライブラリはバージョンごとに大きな仕様変更が入る場合があります。執筆時のShopify CLIは2.13.0ですが、CLIのバージョンを同じにしても、アプリの作成コマンド※を実行した際にインストールされるshopify_appやshopify_apiのバージョンは制御できないため、本誌と同じ環境で実行しても動作しない可能性があります。参考までに、執筆時のライブラリのバージョンを記載しておきます。

※ $ shopify app create rails

- shopify_api (9.5.1)
- shopify_app (18.1.2)

Shopify CLIは便利ですが、バージョンの違いによるトラブルに巻き込まれる場合もありますので、ご注意ください。また、新しいバージョンが公開された直後はバグによるエラーも多いようです。

なお、shopify_appやshopify_apiといったライブラリはGemfileでバージョン管理されているので、チーム開発におけるバージョン違いのトラブルは少ないでしょう。私のチームではCLIを利用せず、shopify_appとshopify_apiのみ利用して開発を行っています。皆さんのチームでもShopify CLIやライブラリをどこまで採用するのか、一度ご検討ください。

Appendix

Shopifyの開発に役立つヒント

この章では各章で紹介できなかったShopify運用実務で役に立つノウハウを紹介します。

A-1 App proxyでカスタマーのリクエストを判別する

A-1-1 カスタマーのリクエストを判別できないと何が問題なのか

ここでは、［8-8　App proxies］で解説したApp proxyを応用的に使ってアプリがログインしているカスタマーからのリクエストを判別する方法を紹介します。アプリがログイン中のカスタマーからのリクエストであることを判別したい場面とはどんなときでしょうか。具体例を挙げていきます。

カスタマーのポイント管理システムを作る例で考えてみましょう。カスタマーがアカウントページでポイントと商品を交換できる機能があるとします。「ポイントと商品を交換する」というボタンをクリックしたとき、アプリ（サーバー）に「ポイントと商品の交換」がリクエストされるとします。

このとき、受け付けたリクエストが本当にそのカスタマーからのリクエストであることをアプリは確認する必要があります。もし、本人以外の何者かがこのリクエストを実行できるとしたら大きな問題です。この機能の要件を満たす実装をする上で抑えておきたいポイントは次の2点です。

① 対象となるカスタマーのIDはどのような値か
② カスタマー本人からのリクエストであるか

まず、①を満たす実装を考えてみましょう。ログインしているカスタマーのIDは、ストアフロント画面より取得できるため、カスタマーのIDをリクエスト時に渡すことで、「どのカスタマーがポイントを商品に交換しようとしているか」ということをアプリ側で取得できます。

アプリのエンドポイント

```
POST https://shopify-app.example.com/point?item_id=11111&customer_id=12345
```

しかし、①を満たす実装だけでは問題があります。

例えば、別の誰かがこのカスタマーのIDを取得し、先ほどのリクエストを送った場合、アプリ側はカスタマー本人が送ったのか判別できません。そのため、他人のポイントを勝手に交換できてしまいます。

よって、「①どのカスタマーがポイントを商品に交換しようとしているか」ということに加え、「②カスタマー本人からのリクエストである」という情報を一緒にアプリへ渡し、アプリ側はその情報をチェックする必要があります。

A-1-2 共通鍵方式でカスタマーのリクエストを判別する

「②カスタマー本人からのリクエストである」ことを保証するため、共通鍵を用いたHMACを作成します。大まかな流れは次のとおりです。

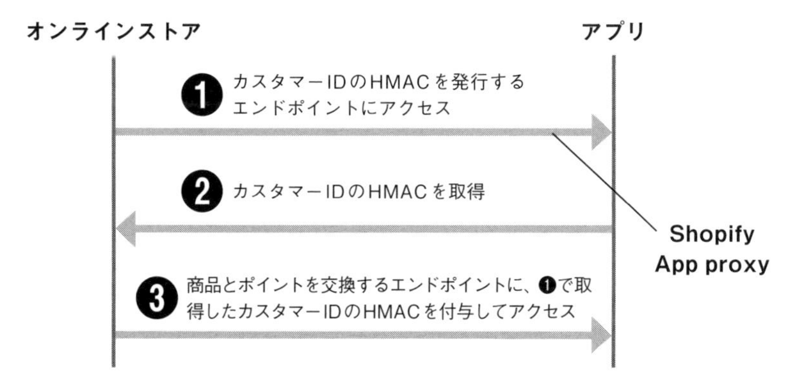

このときの「カスタマーIDのHMACを発行するエンドポイント」で、「App proxy ＋ 共通鍵方式」を使ってカスタマーIDのHMACを作成することがポイントです。カスタマーIDのHMACを発行するエンドポイントの処理はやや複雑ですが、概要図は次のようになります。

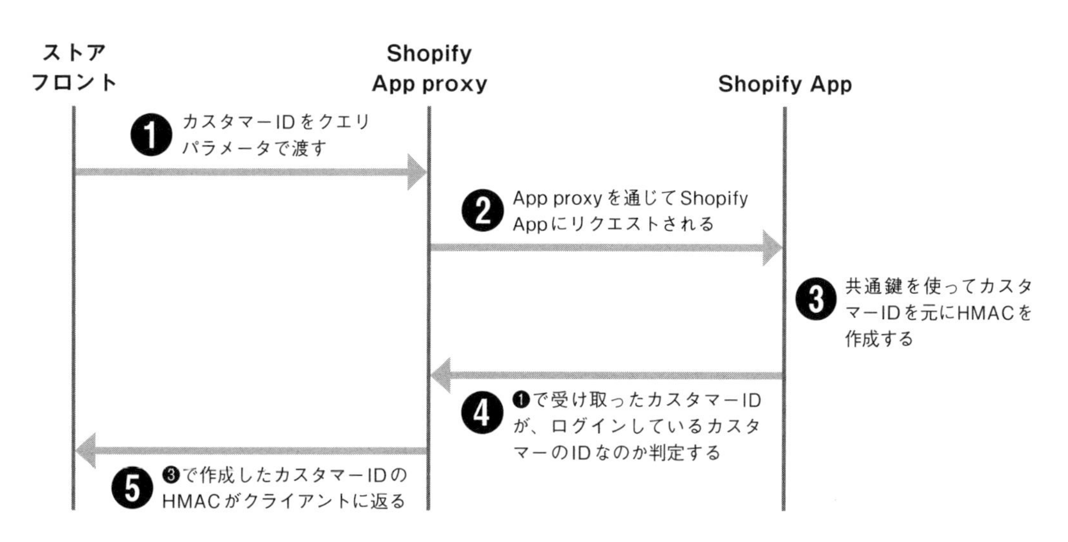

「カスタマーIDのHMACを発行するエンドポイント」は具体的には次のような実装になります。

App proxyのエンドポイント

```
POST https://example.shopify.com/apps/example/token?customer_id=12345
```

アプリのエンドポイント

```
POST https://shopify-app.example.com/token?customer_id=12345
```

アプリ側では受け取ったカスタマーIDの値と共通鍵を使ってHMACを生成します。共通鍵のアルゴリズムにHMAC-SHA512を使ってカスタマーIDのHMACを生成するRubyでの実装例は次のようになります。

コードA-1-2 token.rb

```ruby
require 'sinatra'
require 'openssl'

get '/token' do
  # App proxy リクエストの検証処理は省略

  token = generate_token(params['customer_id'])

  response.headers['Content-Type'] = 'application/liquid'
  <<~EOS
    {% layout none %}
    {% if customer.id == nil or customer.id != #{params['customer_id']} %}
      {"status":401,"message":"unauthorized","data":null}
    {% else %}
      {"status":200,"message":"success","data":{"token":"#{token}"}}
    {% endif %}
  EOS
end

def generate_token(customer_id)
  secret_key = '{HMAC用共通鍵}'
  OpenSSL::HMAC.hexdigest('SHA512', secret_key, customer_id)
end
```

App proxyには`Content-Type`に`application/liquid`を指定することでLiquidコードを返す、という機能があります。生成したカスタマーIDのHMACをレスポンスとして返すとき、`Content-Type`に`application/liquid`を指定し、Liquidコードを返します。レスポンスを返すときのLiquidコードの中で、リクエストの最初に指定されたcustomer_idのカスタマーであるかどうかを判定し、一致すれば共通鍵を使用して生成したカスタマーIDのHMACを返します。

クライアントはカスタマーIDのHMACを受け取ったあと、customer_idとカスタマーIDのHMACで「ポイントを商品に交換するエンドポイント」にリクエストします。「ポイントを商品に交換するエンドポイント」では受け取ったカスタマーIDのHMACを検証し、最初に生成したカスタマーIDのHMACと同じであれば「ログインしているカスタマーからのリクエストである」ということが保証されます。

共通鍵はストアごとに異なる値にしておきます。これにより万が一、共通鍵が流出した際に影響範囲を限定できます。

「ポイントを商品に交換するエンドポイント」のRubyでの実装例は次のようになります。

アプリのエンドポイント

```
POST https://shopify-app.example.com/point?item_id=11111&customer_id=12345&token=xxxxx
```

コードA-1-2 point.rb

```ruby
Ruby
require 'sinatra'
require 'openssl'

get '/point' do
  token = generate_token(params['customer_id'])
  if params['token'] == token
    # ポイントを交換する処理
  else
    # エラー処理
  end
end

def generate_token(customer_id)
  secret_key = '{HMAC用共通鍵}'
  OpenSSL::HMAC.hexdigest('SHA512', secret_key, customer_id)
end
```

以上が「App proxyでカスタマーのリクエストを判別する」手法です。また、実際はよりセキュアにするために、カスタマーIDのHMACの有効期限を設けるなどの実装をするのが良いでしょう。

A-2 Shopify APIのバージョニングとアップデート方法

ShopifyアプリのリリIース後、避けて通れないのがAPIのバージョンアップです。ここではShopify APIのバージョニングとアップデート方法について説明します。

公式ドキュメント
https://shopify.dev/api/usage/versioning

ShopifyのAPIバージョンは3カ月ごとに更新され、バージョン名はリリース日に基づいています。(例: 2022-01)

Shopifyの各安定バージョンは最低12カ月間サポートされます。サポートが切れた場合、自動的にサポート中の最も古いバージョンで動作します。しかしそれは、動作確認をしていないバージョンでリリースしたことと同義ですので、サポート期間内に新しいバージョンのAPIに更新することを強くおすすめします。

アップデートの手順は次のとおりです。

1. 該当バージョンのリリースノートを確認
2. コード内のShopify APIのバージョンを上げる
3. ステージング環境などで動作確認
4. 本番環境にリリース

1つずつ説明していきます。

1. 該当バージョンのリリースノートを確認

https://shopify.dev/api/release-notesより該当バージョンの更新内容を確認します。とくに「Breaking changes」という欄に互換性を破る変更がまとめられていますので、よく確認しましょう。

2. コード内のShopify APIのバージョンを上げる

Shopify APIのバージョンはShopifyアプリがリクエストするURLによって明示的に宣言されています。Admin APIやStorefront APIのURLを次に示します。

```
REST Admin API URL: /admin/api/{api_version}/{endpoint}.json
GraphQL Admin API URL: /admin/api/{api_version}/graphql.json
Storefront API URL: /api/{api_version}/graphql.json
```

この{api_version}の部分を2022-01から2022-04に変更することでリクエストするShopify APIのバージョンが変更になります。Shopify APIのライブラリを利用している場合は設定ファイルでバージョン指定するようになっていることが多いでしょうから、そちらのバージョンを更新しましょう。

また、ShopifyのGraphQL APIを利用していて、GraphQLのスキーマをプロジェクト内にダウンロードしている場合、GraphQLスキーマのバージョンも忘れず更新しておきましょう。

3. ステージング環境などで動作確認

主要な機能の動作を確認します。Shopify APIへのリクエストログを見て、リクエストされているAPIのバージョンが更新されていることを確認しましょう。

リクエストしているAPIのバージョンは、リクエストURLに含まれるAPIのバージョンやAPIレスポンスのヘッダにX-Shopify-API-Versionが含まれているので、そこから確認できます。

4. 本番環境にリリース

本番環境にリリースします。リリース後に不具合があった際のために、APIバージョン更新の差分をロールバックできるようにしておきましょう。

ここまでが大まかなShopify APIのバージョンアップの方法になります。一度に数バージョンアップデートすると、リリース時に不具合が出るリスクが増えたり、リリースノートの確認作業も大変になったりします。理想は新しいAPIバージョンが出るたびに更新することですが、現実的に難しいこともあるでしょう。半年に一度程度の頻度で最新のバージョンまで更新することをおすすめします。

A-3 アプリの審査について

本節ではアプリ開発の最後の砦であるアプリの審査について、自分の体験談を交えてお話しします。審査は短くとも1週間、長い場合は数カ月以上かかることもあります。なるべく短い期間で審査をパスできるよう、ポイントをまとめたのでご参考ください。

なお、公開アプリの審査は「アプリのリスト」を作成した後、公開申請を行うことで開始されます。これらの手順は［9-2　公開アプリの作成と公開手順］で解説していますので、まだ読まれていない場合は先にそちらをご一読ください。

A-3-1 審査をスムーズに進めるための準備

「アプリのリスト」にはアプリ審査用の動作確認手順を記載する欄があり、審査をパスするには審査チームがアプリの基本操作を実行できなくてはなりません。アプリの審査は英語圏の方が対応するため、日本語のUIでは理解してもらえないと考えたほうが良いでしょう。作成したアプリが最初から国際化対応している場合は良いのですが、日本語のみの対応というケースも多いでしょう。その場合は、次に示すような日本語翻訳付きのスクリーンショットを用意して、Google Driveなどを使って共有するとスムーズです。ご覧のとおり拙い英語ですが、それでもしっかり汲み取っていただけたようです。

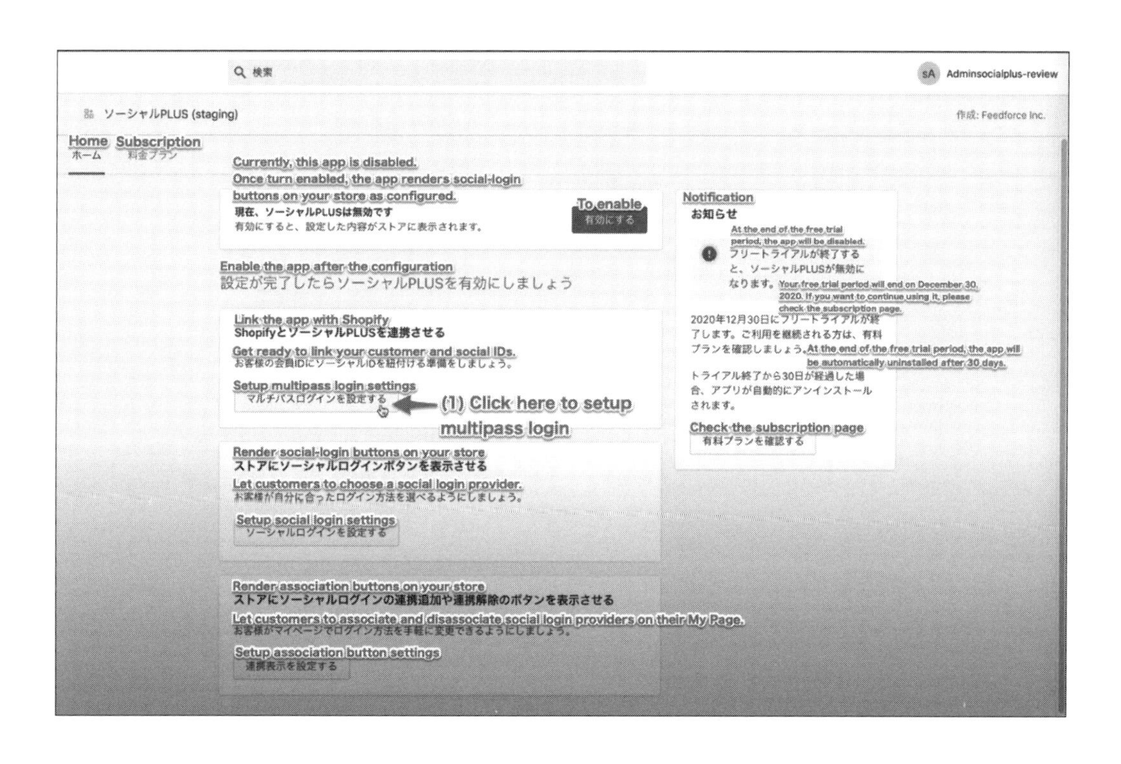
検索
Adminsocialplus-review
ソーシャルPLUS (staging)
作成: Feedforce Inc.
Home
ホーム
Subscription
料金プラン
Currently, this app is disabled.
Once turn enabled, the app renders social-login buttons on your store as configured.
現在、ソーシャルPLUSは無効です
有効にすると、設定した内容がストアに表示されます。
To enable
有効にする
Notification
お知らせ
At the end of the free trial period, the app will be disabled.
フリートライアルが終了すると、ソーシャルPLUSが無効になります。
Your free trial period will end on December 30, 2020. If you want to continue using it, please check the subscription page.
2020年12月30日にフリートライアルが終了します。ご利用を継続される方は、有料プランを確認しましょう。
At the end of the free trial period, the app will be automatically uninstalled after 30 days.
トライアル終了から30日が経過した場合、アプリが自動的にアンインストールされます。
Check the subscription page
有料プランを確認する
Enable the app after the configuration
設定が完了したらソーシャルPLUSを有効にしましょう
Link the app with Shopify
ShopifyとソーシャルPLUSを連携させる
Get ready to link your customer and social IDs.
お客様の会員IDにソーシャルIDを紐付ける準備をしましょう。
Setup multipass login settings
マルチパスログインを設定する
(1) Click here to setup multipass login
Render social-login buttons on your store
ストアにソーシャルログインボタンを表示させる
Let customers to choose a social login provider.
お客様が自分に合ったログイン方法を選べるようにしましょう。
Setup social login settings
ソーシャルログインを設定する
Render association buttons on your store
ストアにソーシャルログインの連携追加や連携解除のボタンを表示させる
Let customers to associate and disassociate social login providers on their My Page.
お客様がマイページでログイン方法を手軽に変更できるようにしましょう。
Setup association button settings
連携表示を設定する

検索
Adminsocialplus-review
ソーシャルPLUS (staging)
作成: Feedforce Inc.
Home
ホーム
マルチパスドメイン設定
Setup multipass login settings
顧客アカウント設定
Customer accounts
設定 > チェックアウト の顧客アカウント設定で「アカウントを必須とする」を選択し、顧客アカウント設定を保存します。
Visit "Settings > Checkout", choose "Accounts are required" and save it.
(2) Click here to visit customer account settings page
マルチパスログイン設定
Enable Multipass login
「マルチパスを有効にする」ボタンを押して、表示されたシークレットをコピーします。
Click "Enable Multipass login" and then copy displayed multipass secret.
チェックアウト
顧客アカウント

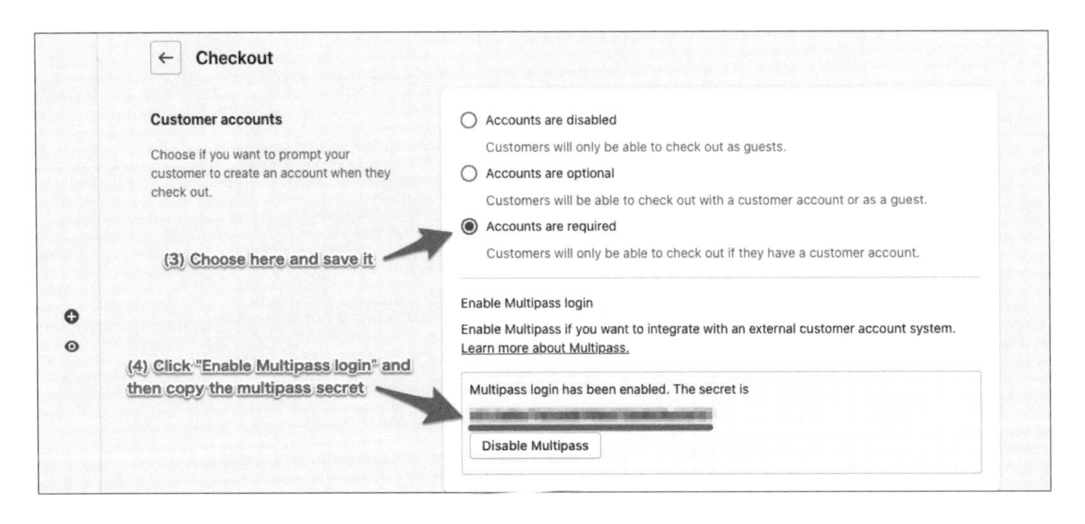

動作確認の手順ごとにスクリーンショットのファイル名に連番を振ったり、アプリの操作手順を番号付きで解説したり、審査チームが迷わず操作できる工夫を凝らしましょう。ちなみに我々の場合は操作手順の画像ファイルは38枚になりました。手間はかかりましたが、手順について追加で質問が来ることはなく、メールの往復回数の削減につながりました。担当者によるところではありますが、メールの返答に何日もかかる可能性がありますから、一度のメールでなるべく全ての情報を伝えるようにしましょう。

操作の実行手順を動画に収めて共有するのも効果的です。私の場合はスクリーンショットと動画をそれぞれ用意しました。

A-3-2 初回リリースは最小限の機能で

次に示すShopify公式の記事でも解説されていることですが、実はアプリの公開後に機能を追加・変更しても再審査となることはほとんどありません。

初めてのShopifyアプリ開発：気を付けるべき4つの間違い
https://www.shopify.com/jp/blog/partner-4-mistakes-app-development

当然ながら、アプリに沢山の機能があると審査で説明する内容も多くなり、審査が長引く可能性も高くなります。したがって、アプリの最小限の機能が実装できた段階で審査に進んでしまう方が得策です。アプリの作り込みは、審査を通過したあとで行いましょう。

ただし、審査後の機能追加でShopifyの要件を満たさなくなった場合、アプリの公開を停止される可能性もあるので更新の際は十分にご注意ください。

A-3-3 アプリの裏側の動作を説明する

審査ではアプリがShopifyの規定を満たしているかどうかもチェックされます。例えば、アプリがインストール時に要求する認可スコープは必要最低限である必要があります。しかし、一見不要に見えるスコープでもアプリの裏側では必要、という場合もあるでしょう。我々のアプリは「CRM PLUS on LINE」というソーシャルログインを提供するサービスですが、ソーシャルログインのアプリで何故`write_customers`（顧客情報を作成・編集する権限）が必要なのか、という指摘が入りました。このアプリは「ソーシャルログインで得られた情報を使って会員登録する」という機能を提供しているので、その際に顧客をAPIで作成する必要があるのですが、このことを英語で説明する必要がありました。

```
> The app requires "customer write" scope, because it creates a signed-up customer on the
customer registration flow. The registration flow is complex a bit:
>
> 1. A customer executes social-login.
> 2. Now the app is able to know the customer's social ID, but the customer does not have a
shopify account yet.
> 3. Therefore, the app redirects the customer to the app's own registration page with a JWT
that contains the customer's social ID as a hidden field.
> 4. The customer submits the account registration form, and the app creates the customer with
Shopify Admin API, and then links the customer ID with the social ID.
```

幸い、この説明だけで納得いただけたのですが、いま思えばフローチャート図を用意するなどして説明した方がよりスマートだったでしょう。

A-3-4 外部サービスと連携するアプリの場合は動作確認用のアカウントを用意する

我々の作成したアプリはソーシャルログイン機能をオンラインストアで提供するアプリですが、利用するにはLINEやYahoo!などのソーシャルログインプロバイダのアカウントが必要となります。審査の工程でもこれらのアカウントにログインする必要があるため、あらかじめ動作確認用のアカウントを用意し、ID/Passwordを審査チームに共有しました。

ところがLINEはアカウント発行に電話番号が必要であり、テスト用のアカウント発行が難しい状態でした。少し焦りましたが、審査チームにその旨を伝え、アカウント発行が容易なYahoo!ログインでの動作確認をお願いすることで審査を受けられました。外部サービスと連携するアプリを提供する場合は、テストアカウントの発行が容易であるか、難しい場合は代替手段が提供できるかを念頭に置くようにしましょう。

A-3-5 丁寧に根気よく対応する

ここまでいくつかのポイントを紹介しましたが、一貫して重要なのは「丁寧に根気よく対応する」ということです。例えば、こちらが用意した操作手順を審査チームが見落として気付かず、審査できないという返信が来てしまうこともありましたし、動くことを確認したはずのGoogle Driveのリンクが何故かエラーで開けなかった、ということもありました。審査のフローではさまざまなトラブルがありますが、常に丁寧に根気よく対応することで、お互いの認識を一致させることに努めましょう。

なお、英語圏の長期休暇にはご注意ください。我々はクリスマスの時期にアプリ審査を依頼していたので、年明けまで審査がストップする可能性もありました。幸い、我々のアプリを担当された方はクリスマス前日まで対応してくれたので、何とか年内にリリースすることができました。担当者の方には本当に感謝しています。

A-4

GraphQLクライアントの実装例

[9-4　CLIでサンプルアプリを作成する]で利用したAdmin API の GraphQLを実行するmoduleのソースコードを紹介します。GraphQLはアプリケーションのさまざまな処理で実行されますが、一箇所に処理をまとめておくことでエラーハンドリングや、ログの記録などを一元管理できて便利です。

ちなみに、このコードは我々が提供する「CRM PLUS on LINE」で実際に利用しているコードを簡略化したものになります。

app/models/concerns/graphql_executor.rb

```ruby
module GraphqlExecutor
  extend ActiveSupport::Concern

  # GraphQL のレスポンスにエラーが含まれた場合の例外クラス
  class Error < StandardError
    attr_reader :errors

    def initialize(errors)
      @errors = errors
      super(errors.inspect)
    end
  end

  class_methods do
    # GraphQL を利用して Shopify Admin API にリクエストを送る
    # 拡張データ含めて結果はすべて返す
    #
    # @param shop [Shop]
    # @param query [GraphQL::Client::OperationDefinition]
    # @param variables [Hash] default: {}
    # @return [GraphQL::Client::Response]
    def execute_query_plain(shop:, query:, variables: {})
      result = shop.with_shopify_session do
        client = ShopifyAPI::GraphQL.client
        client.query(query, variables:)
      end
      raise Error, result.errors if result.errors.present?

      result
```

```
    end

    # GraphQL を利用して Shopify Admin API にリクエストを送る
    # 結果はデータ部のみ返す
    #
    # @see GraphqlExecutor.execute_query_plain
    # @return [GraphQL::Client::Schema::ObjectClass]
    def execute_query(...)
      execute_query_plain(...).data
    end
  end

  # GraphQL を利用して Shopify Admin API にリクエストを送る
  #
  # @see GraphqlExecutor.execute_query
  def execute_query(...)
    self.class.execute_query(...)
  end
end
```

[3-3-1] で解説したように、GraphQLで実行するクエリによってはページネーションを考慮する必要があります。次に紹介するGraphqlIteratorは、ページネーションを単純な繰り返し処理として扱うためのmoduleです。遅延評価※やRate Limitの考慮が内部で実装されており、ビジネスロジックのコードも読みやすくなります。ただし、非同期処理向けに設計されているため、リアルタイム性の高い処理で使用する際はご注意ください。

※https://docs.ruby-lang.org/ja/latest/method/Enumerable/i/lazy.html

app/models/concerns/graphql_iterator.rb

```ruby
Ruby
module GraphqlIterator
  extend ActiveSupport::Concern
  include GraphqlExecutor

  class_methods do
    # GraphQL を利用して Shopify Admin API にリクエストを送り、結果を Enumerator として返す
    #
    # @param shop [Shop]
    # @param query [GraphQL::Client::OperationDefinition]
    # @param path [String, Array<String>]
    #   イテレーターで取得したい Connection の path (snake_case)
    #   ネストされている場合は配列で指定する
    #   Connection は `edges` と `pageInfo` を field としてもつ
    # @param variables [Hash]
    #   Query 実行に利用する変数 default: {}
    # @return [Enumerator::Lazy]
    #   node を引数として返す Enumerator
    # @raise [GraphqlExecutor::Errors::Base]
```

```
    #   GraphQL の実行に失敗した場合
    def iterate_query(shop:, query:, path:, variables: {}) # rubocop:disable Metrics/AbcSize,
Metrics/MethodLength
      cursor = nil
      Enumerator.new do |y|
        loop do
          response = execute_query_plain(shop:, query:, variables: variables.merge(cursor:).
compact)
          connection = find_connection(response, path)
          connection.edges.each { |edge| y << edge.node }
          break if !connection.page_info.has_next_page? || connection.edges.blank?

          cursor = connection.edges.last.cursor
          sleep wait_time(response.extensions)
        end
      end.lazy
    end

    private

    # GraphQL の実行結果から Connection を取得する
    #
    # @param response [GraphQL::Client::Response] GraphQL の実行結果
    # @param paths [String, Array<String>] Connection の path (snake_case)
    # @return [Object] Connection オブジェクト
    # @raise [GraphqlExecutor::Errors::NotFound] 指定したリソースが見つからなかった場合
    def find_connection(response, paths)
      paths = [paths] if paths.is_a? String

      paths.inject(response.data) do |data, path|
        data.public_send(path) || raise(GraphqlExecutor::Errors::NotFound, response)
      end
    end

    # 消費した Query Cost を元に回復に必要な時間を計算する
    #
    # @param extensions [Hash] Admin API (GraphQL) のレスポンスに含まれる Rate Limit 情報
    # @return [Float] Rate Limit の回復に必要な時間 [秒]
    def wait_time(extensions)
      actual_query_cost = extensions.dig('cost', 'actualQueryCost')
      restore_rate = extensions.dig('cost', 'throttleStatus', 'restoreRate')
      actual_query_cost / restore_rate
    end
  end

  # GraphQL を利用して Shopify Admin API にリクエストを送る
  #
  # @see GraphqlExecutor.execute_query
  def iterate_query(...)
    self.class.iterate_query(...)
  end
end
```

おわりに

最後までご覧いただきありがとうございます。本書はShopifyについて技術的に関わるすべての方に向けて執筆しました。これからストア構築やアプリ開発を始める方々の一助となりましたら幸いです。

Shopifyは非常に柔軟性が高く、素晴らしいECプラットフォームです。しかしドキュメントが多く、開発者が学習すべきこともたくさんあります。私自身、２年ほどShopifyアプリの開発に携わってきましたが、初めはわからないことだらけでしたし、初期リリースは調査と要件定義だけで数カ月を要するほど苦労しました。とくに、Appendixにも記載した「App proxyでカスタマーのリクエストを判別する」は、方法を思いつくまで共著者の長岡と２人で随分と頭を抱えたものです。開発について、社内外問わずご相談をいただくことがあるのですが、カスタマーの判別には皆さん同じく苦労されているようです。なかには実装方法が悪く、他社のアプリが動かなくなってしまった、というトラブルに見舞われたお話をベンダーの方から伺うことも。本書の端々には我々がこれまでに培ってきたノウハウが散りばめられています。私個人として、Shopify開発のトラブルを未然に防ぐための情報を世に発信したいという想いもあり、今回の執筆に臨みました。本書を通じて皆さんのShopify開発が楽しいものとなれば嬉しく思います。

今回の執筆にあたってお世話になった方々に謝辞を贈ります。
はじめにマイナビ出版の畠山さん、および出版に関わってくださった皆さん、何から何まで、本当にありがとうございました。皆さんのお陰で最後まで乗り切れました。
フィードフォースグループ代表の塚田さん、リワイア岡田さん、フラクタ河野さん、本書執筆の機会を作ってくださり感謝いたします。加えてソーシャルPLUS代表の岡田さん、自分と長岡に執筆のお声掛けをいただきありがとうございます。
本の査読を手伝ってくださったソーシャルPLUSエンジニアの北浦さん、奥村さん、休日の遅い時間までコメントをいただき、本当に助かりました。ありがとうございます。
著者のご家族の皆さん、陰ながら我々の執筆作業を支えていただき、本当にありがとうございました。著者から何かご褒美を貰ってください。
最後に私事ですが、妻に感謝を述べたいと思います。とくに執筆後半は娘の育児に関わる時間がほとんど取れず、たくさん苦労をかけました。いつも僕と娘を支えてくれてありがとう。君と一緒で本当に幸せです。

著者を代表して
佐藤 亮介

日本人エンジニアのための書籍を発行したく考え、河野さまをご紹介いただきました。今日の発行に至るまで、企画・構成から今回ご執筆いただきました強力なメンバーのご紹介と手厚いご支援、誠にありがとうございました。厚く御礼申し上げます。

編者記す

索引

【S～Z】

【あ～さ行】

【た～は行】

【ま～わ行】

STAFF

ブックデザイン：Concent,Inc.（深澤 充子）
DTP：富 宗治
担当：畠山 龍次

エンジニアのための
Shopify開発バイブル

2022年5月27日　初版第1刷発行

著　　者　加藤 英也、小飼 慎一、佐藤 亮介、大道 翔太、長岡 正樹
発 行 者　滝口 直樹
発 行 所　株式会社マイナビ出版
〒101-0003　東京都千代田区一ツ橋2-6-3 一ツ橋ビル 2F
☎ 0480-38-6872（注文専用ダイヤル）
☎ 03-3556-2731（販売）
☎ 03-3556-2736（編集）
✉ pc-books@mynavi.jp
URL：https://book.mynavi.jp
印刷・製本　シナノ印刷株式会社

ISBN978-4-8399-7819-8